SwiftUI 完全开发

李智威　著

中国水利水电出版社
www.waterpub.com.cn

·北京·

内 容 提 要

SwiftUI 是苹果公司推出的跨平台开源 UI 框架，同时支持 iOS、macOS、watchOS、tvOS 等多平台应用开发，使用这一框架可以使用很少的代码实现复杂的交互和功能，极大地提高了开发效率。

本书共 29 章，由浅到深系统性讲解了 SwiftUI 的背景、Swift 语言的语法基础、SwiftUI 基础组件、交互操作、数据存储、网络请求、硬件设备、付费模式、应用上架等内容，并在每个章节中结合生动有趣的案例进行讲解，提高书籍的趣味性。

通过对本书的学习，读者将会对 SwiftUI 框架及多平台开发有全面的认识，并能够使用 SwiftUI 进行独立开发。本书适合正在学习 Swift+SwiftUI 以及对 SwiftUI 感兴趣的开发人员阅读和参考。

图书在版编目（CIP）数据

SwiftUI 完全开发 / 李智威著. -- 北京 ： 中国水利
水电出版社，2023.9
ISBN 978-7-5226-1822-7

Ⅰ. ①S⋯ Ⅱ. ①李⋯ Ⅲ. ①移动终端－应用程序－
程序设计 Ⅳ. ①TN929.53

中国国家版本馆CIP数据核字(2023)第183537号

策划编辑：王新宇　　　　责任编辑：王开云　　　　封面设计：苏　敏

书　　名	SwiftUI 完全开发 SwiftUI WANQUAN KAIFA	
作　　者	李智威　著	
出版发行	中国水利水电出版社	
	（北京市海淀区玉渊潭南路 1 号 D 座　100038）	
	网址：www.waterpub.com.cn	
	E-mail：mchannel@263.net（答疑）	
	sales@mwr.gov.cn	
	电话：(010) 68545888（营销中心）、82562819（组稿）	
经　　售	北京科水图书销售有限公司	
	电话：(010) 68545874、63202643	
	全国各地新华书店和相关出版物销售网点	
排　　版	北京万水电子信息有限公司	
印　　刷	三河市德贤弘印务有限公司	
规　　格	184mm×240mm　16 开本　35.5 印张　857 千字	
版　　次	2023 年 9 月第 1 版　2023 年 9 月第 1 次印刷	
印　　数	0001—4000 册	
定　　价	118.00 元	

序

可能你无法想象，这本书是一名产品经理写的。

创作缘由

四年前，由于机缘巧合，我开始接触和了解 iOS 编程。由于当时公司缺少 iOS 开发工程师，在我的自告奋勇下，技术总监同意了我在产品本职工作之余，协助开发公司 iOS 版本应用的一些基本功能的请求。

虽然那时的我，除了大学时期学习过 C#、C++编程语言，毕业后从事的工作中没有使用过任何一种编程语言，但我很乐观，向技术总监"讨要"了一本编程书籍，便开始了蒙头摸索之路。

当时公司使用的是 Swift+UIKit 的编程方式，各种协议和样式约束让我头疼不已，每次实现一个小功能或者小页面，都几乎需要花费我一整晚的时间。后面慢慢熟悉其语法特征后，我能实现一些基本的功能了，也能和其他研发同事就某些技术问题深入讨论，这算是意想不到的收获。

说实话，从安装官方的开发工具写下第一行 HelloWorld，到在模拟器中运行测试第一个待发版的 App，我既懵懂又兴奋。项目在模拟器"跑"起来的那一刻，我感觉自己突破了产品经理的极限，成为了一名"懂技术"的产品经理。

之后由于对 iOS 编程的浓厚兴趣，我开始接触 Swift+SwiftUI 的编程方式。

SwiftUI 是苹果公司在 2019 年度 WWDC 全球开发者大会上发布的全新框架，在国内还较少有企业用于自家商用产品的开发，而且在国内能找到的相关开发书籍特别少，因而我在学习过程中花费了很长一段时间，也为此"掉了不少头发"。

为了后续方便学习和回顾，我开始在掘金技术社区发表专栏文章，用来记录 SwiftUI 的学习过程。在经历了大半年在平台上更新了 5 个专栏约 150 篇文章后，我有幸和掘金技术社区签约成为签约作者。后来有幸收到了中国水利水电出版社编辑的邀请，便萌生了写作出版的想法。

这便是本书的由来。

想法和尝试

在准备写这本书之前，我一直在想如何才能让这本书生动而有趣。

虽然这本书的目标读者更多的是 iOS 开发工程师，或是计算机专业毕业的学生，或是想要学习 iOS 编程的其他从业者，但我希望这本书能够适用于所有人，而不仅是程序员。

人人都应该学会编程，人人都可以通过编程学会如何独立思考，如何分析问题和解决问题。

我不希望这是一本枯燥的书籍，也不希望读者跟着书本的内容学到了最后，还是没有办法独立开发一款理想中的 App。

当初还在学习之初的我，找了很多国内外免费或付费的书籍和教程，跟着项目案例一行一行敲代码，到最后也只是实现了案例里的内容，却无法开发出一个完整的 App。

这对于一个想要通过努力实现理想和抱负的人是一种很大的打击。

我理想中的书籍是，当我们一步步跟着书本学习，最后能开发出一款可以上架 App Store 的 App；当我们编程遇到问题了，可以很快在书本对应的段落找到解决方案；当我们学习完最后一章或学到中途，就可以开发出自己想要的 App，而不是仅能完成书本中的案例……当然，书本中的知识点应该是最新的。

因此，本书既会包含基础知识，也会包含一些实战案例，我们会实现一个个很小很小的精美页面，并通过对编程中复杂概念的解析，讲述如何使用 SwiftUI 这一响应式 UI 框架搭建心中的"理想国"。

勘误和反馈

由于是第一次写书，编写能力略显稚嫩，书中难免会有一些错误或者不清晰的地方，在请读者见谅的同时，也欢迎给予指正和反馈。书中的所有案例都可以从 GitHub（https://github.com/RicardoWesleyli/SwiftUI.git）中下载，如果你有任何宝贵的想法和建议，也可以直接发送邮件至16620164429@163.com，期待与你的相遇。

致谢

感谢一直支持着我的江佩琦小姐，你的李智威先生已经写完这本书啦！

感谢中国水利水电出版社万水分社的编辑王新宇老师，在我写作过程中给予的鼓励和帮助，让我能顺利完成全部书稿。

最后感谢我的父母、琦琦的父母，还有我那准备步入职场的妹妹，以及在我人生道路上指引我的张勇老师、叶泳成老师、许治老师，感谢你们对我的支持和帮助，为我照亮未来的路。

谨以此书献给我最亲爱的家人，以及众多热爱 iOS 的朋友们！

李智威

2023 年 7 月于深圳

目 录

第 1 章　开启全新体验，你的第一个 SwiftUI 项目

1.1　初识 Swift 和 SwiftUI

我敢打赌，每个人第一次接触 SwiftUI 编程时，都会被它简明的声明式语法所惊艳。

在 2019 年度 WWDC 全球开发者大会上，随着新版本的 Xcode11 的更新，苹果公司（同"苹果"）正式发布了全新的用户界面框架——SwiftUI。SwiftUI 对于苹果而言无疑是重要的战略之一，它将逐步替代 UIKit 成为主流的 iOS 程序构建方式。

如果你之前接触过 UIKit 开发界面 UI，你一定会对需要写一大串代码才能构建一个基础的组件而头疼不已。而现在，哪怕没有多少编程基础的小白，只需要使用短短几行 SwiftUI 代码，就可以借助标准化组件和自定义样式，快速完成一个个绚丽的 UI 界面。

而 Swift，则是由苹果开发的一种功能强大且直观的编程语言，可用于在 iOS、iPadOS、macOS、watchOS 和 tvOS 上快速构建软件。其快速、安全和交互式，被认为是为苹果平台开发软件的最佳编程语言之一。

简单来说，Swift 是一种功能强大且易于使用的编程语言，SwiftUI 基于 Swift 的核心原则开发全新的用户界面框架。通过将 Swift 的强大功能与 SwiftUI 的简单性相结合，开发者可以在苹果平台快速创建高效且精美的用户界面。

1.2　Xcode，你的官方开发工具

由于苹果生态的封闭性，开发苹果生态应用需要使用苹果官方提供的软件开发工具 Xcode。

Xcode 是苹果公司向开发人员提供的集成开发环境（非开源），用于开发包括 iOS、iPadOS、macOS、watchOS 等的应用程序。由于该开发工具只运行在 macOS 设备上，为此你需要拥有一台苹果电脑或者运行 macOS 的设备，如 MacBook、MacBook Pro、Mac mini。当然，笔者建议使用配置较高的 MacBook Pro 产品线的设备。

准备好硬件设备后，我们需要在电脑的 App Store 软件中搜索并下载 Xcode 软件开发工具，如图 1-1 所示。

Xcode 使用的语言为英文，苹果公司似乎没有为其开发多语言的打算，因此在后续开发过程中我们会接触到一些常用功能的英文名称。这可能会有点困难，不过不用担心，本书会细化讲解。

下载并等待安装完成后，前期的准备工作就已经完成了。不需要像开发 Android 程序那样准备一堆工具包，也无须在安装开发工具时点击选项安装，App Store 会为你做好这一切。

图 1-1　Xcode 软件开发工具

　　这里唯一需要注意的是需要保证你的网络足够流畅，以及满足 Xcode 开发工具安装所需要的存储空间大小。Xcode 在后续更新迭代时也会占据较高的存储空间，这里略微提醒下。

　　点击 Xcode 应用图标打开开发工具，在首次加载时可能需要等待较长的时间，加载完成后，我们将看到 Xcode 的欢迎界面，如图 1-2 所示。

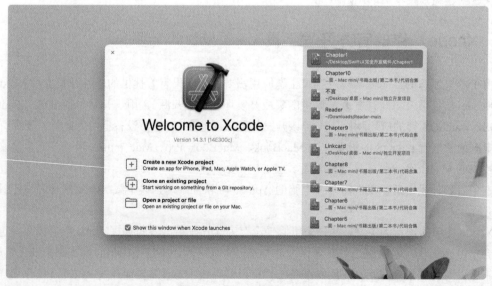

图 1-2　Xcode 的欢迎界面

在这里简单介绍下 Xcode 的欢迎界面，左边栏是常规的项目开发快捷指引，从上至下依次为：

- ❑　创建一个新的 Xcode 项目：为 iPhone、iPad、Mac、Apple Watch 或者 Apple TV 创建一个应用。
- ❑　克隆一个已经创建好的项目：从 Git 数据库中获得已经创建好的项目。
- ❑　打开一个项目或者文件：在你的电脑中打开已经创建好的项目。

左边栏底部的复选框是配置每次当 Xcode 开发工具启动时是否展示该欢迎界面，笔者建议勾选。如果取消勾选，在下一次打开 Xcode 时开发者只能看到顶部工具栏，无法第一时间判断 Xcode 是否已经打开。

如果已经关闭展示欢迎界面的配置项，开发者可以在确定 Xcode 开发工具打开后，通过使用键盘快捷键"Command+Shift+1"，重新打开欢迎界面。

右边栏是系统按照打开时间展示的开发者历史创建的项目，便于开发者快速打开近期的项目。我们在触控板上用双指点击，或者用鼠标右键点击程序坞的 Xcode 图标，也可以唤起查看历史项目。

非常好，工具已经准备齐全了，下一步我们来创建第一个 SwiftUI 项目吧。

1.3　快来创建第一个 SwiftUI 项目

在 Xcode 欢迎界面中点击"Create a new Xcode project"，Xcode 会打开一个供开发者选择项目模板的界面，如图 1-3 所示。

图 1-3　选择项目模板

Xcode 开发工具提供 Apple 全生态平台应用开发环境，可以开发 iOS 手机端或者 iPad 平板端应用、macOS 桌面版应用、watchOS 手表端应用等。我们选择 iOS 栏目下的 App 项目，创建一个 iOS 应用程序模板。

点击"Next"按钮，会进入项目配置界面，如图 1-4 所示。

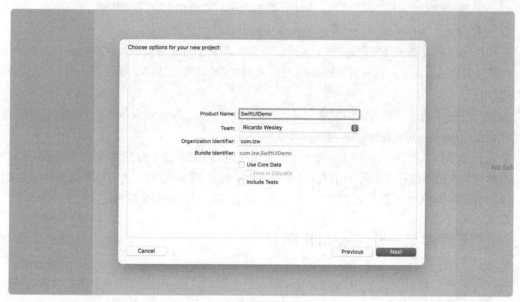

图 1-4　项目配置界面

在项目配置界面中，需要开发者填写该项目的基本信息。内容由上至下依次为：

- ❑　Product Name：项目的名称，建议使用具有一定标识的名称，如"SwiftUIDemo"。
- ❑　Team：团队名称，可以设置为"公司"或"个人组织"。
- ❑　Organization Identifier：组织标识符，该应用程序的唯一标识符，可以自定义填写。
- ❑　Bundle Identifier：反向域名，由系统自动生成，样式为组织标识符+项目名称。
- ❑　Interface：用户界面，使用的编程方式，需要选择 SwiftUI。
- ❑　Language：编程语言，需要选择 Swift。

其中值得注意的是：Product Name 为项目名称，需要填写英文名称，填写中文字符在创建项目后主文件将会报错，而且项目名称具有唯一性，后期如果想要修改项目名称，需要在项目中重新设置，不建议在项目文件夹中直接修改项目名称。

最后两个复选框，Use Core Data 询问是否使用 iOS 的数据存储，需要搭配内置的 CoreData 数据库使用，勾选后 Xcode 开发工具将会自动创建数据存储有关的代码文件，供开发者调用，这里暂时不需要勾选。Include Tests 询问是否集成单元测试，后续若需要单元测试，也可以自行创建，这里也无须勾选。

配置好项目信息后，点击"Next"按钮，选择项目存放位置，我们可以将其放置在 Desktop 桌面上，如图 1-5 所示。

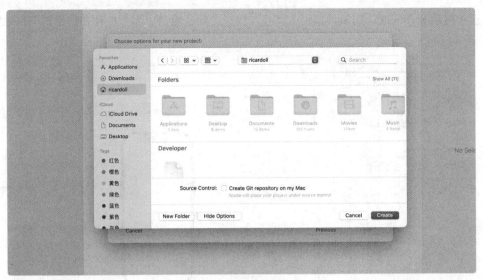

图 1-5　项目保存路径

选择存放目录后，点击"Create"按钮，稍等片刻项目就创建成功了，我们可以看到 Xcode 创建的示例代码，如图 1-6 所示。

图 1-6　新项目预览

1.4　简单了解下 Xcode 的操作和项目结构

我们来简单分析下项目结构，便于我们更好地了解和完善项目内容。顶部导航可以构建、运行

App，监控应用运行情况，切换预览设备型号，快速在预览窗口中添加控件和修饰符等，如图 1-7 所示。

图 1-7　Xcode 顶部导航

左侧导航栏可以查看项目文件结构、项目的运行情况、设备利用率等信息，基本上用得较多的功能是切换项目文件和查看运行时发生错误的提示信息等。我们来了解下项目工程的文件结构，如图 1-8 所示。

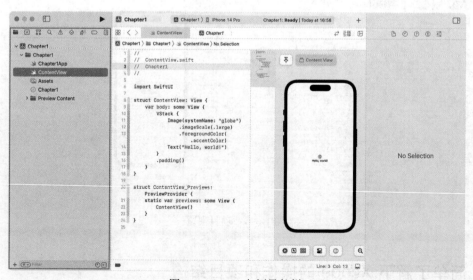

图 1-8　Xcode 左侧导航栏

在 Xcode13 及之后的版本中，Apple 官方调整了 Info.plist 配置文件的文件目录，这是一个很重要的项目文件，主要用于配置项目在模拟器中或者真机环境下运行一些特定功能所需要申请的系统权限，如"是否允许获得当前位置"。我们可以在左侧导航栏中点击"项目名称"，在子菜单中选择"TARGETS"，选择"Info"，在该菜单栏下配置相关权限，如图 1-9 所示。

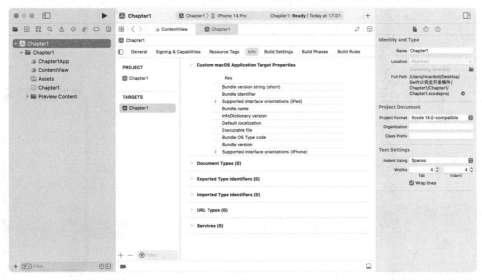

图 1-9　Info.plist 配置文件

Xcode 中间区域为编辑区域，我们在左侧导航菜单中选中一个文件，如"ContentView"，编辑区域就会打开该文件内容。同时我们也可以在编辑区域打开预览窗口，实时预览代码结果，如图 1-10 所示。

图 1-10　Xcode 编辑区域

右侧导航菜单主要是查看和编辑我们在导航区和编辑区选中的对象，包括检查对象的内容、描述信息、官方帮助信息、布局信息等。该区域在实际开发过程中使用不太频繁，很多时候为了展示更大面积的编辑区域，常常会点击右上角收起右侧导航栏，如图 1-11 所示。

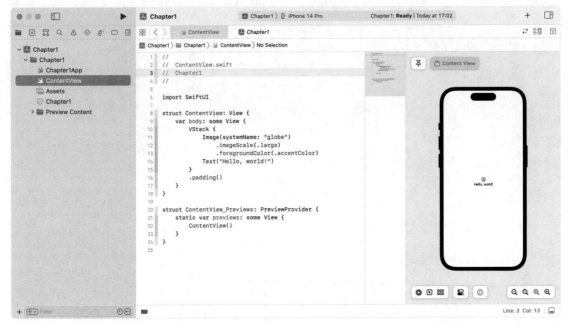

图 1-11　收起右侧导航菜单

1.5　预览你的第一个项目

由 Xcode 生成的示例代码，我们可以直接在预览窗口中实时查看代码运行的结果。这极大地提高了我们的开发效率，每当代码发生变化时，预览窗口将实时更新最新的代码运行结果并呈现给开发者调试。

当然我们也可以在 Xcode 顶部导航切换至不同的模拟器设备进行预览，查看应用在不同尺寸的模拟器设备下呈现的效果，如图 1-12 所示。

预览窗口的设备并不是真实的设备，只是代码所呈现的效果，部分 iOS 动画无法在预览窗口进行渲染。如果需要真实体验项目，我们会使用到 iOS 模拟器或者真机进行预览。

真机预览项目我们将在后续的章节中有所涉及，在没有接入真机设备时，点击 Xcode 顶部导航左侧的"运行"按钮，实时预览窗口将会停止，如图 1-13 所示。

Xcode 在提示"Build Succeeded"后会打开一个 iOS 模拟器，模拟器将会和正常 iOS 设备一样开机启动，启动完成后，模拟器将会直接打开预览当前 Xcode 代码结果，如图 1-14 所示。

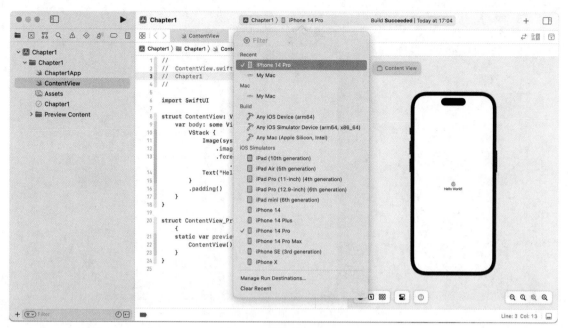

图 1-12　选择模拟器设备

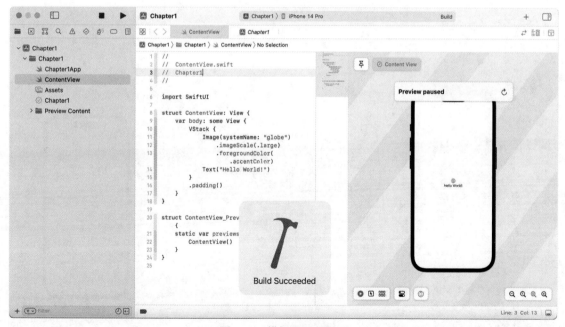

图 1-13　模拟器运行提示

图 1-14　模拟器预览效果

　　点击 Xcode 顶部导航左侧的"停止"按钮，模拟器设备将退出应用预览。我们再点击实时预览窗口中的 Preview Paused 右边的"刷新"按钮，又可以重新实时预览窗口查看效果，如图 1-15 所示。

图 1-15　预览窗口效果

1.6 简单分析视图文件代码

在 Xcode 创建的模板项目文件中，ContentView 视图文件提供了模板的示例代码，它告诉我们一个简单的视图包含哪些内容。我们可以看到图 1-16 所示的代码结构。

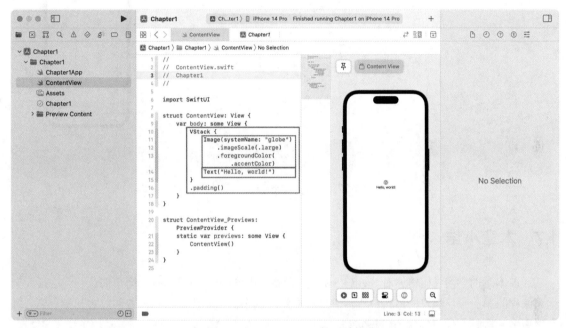

图 1-16　ContentView 代码结构

在每个视图文件中，我们都需要使用 import 加载 SwiftUI 框架，在 ContentView 视图文件的主体代码框架中，使用了 VStack 垂直布局容器，将内部的所有组件按照纵向进行排布。VStack 垂直布局容器使用{}花括号进行包裹内容，这是 Swift 语法中的闭包写法，后面笔者会详细讲解 SwiftUI 常用的几个布局容器。

在 VStack 垂直布局容器中，放置了两个基本的空间 Image 图片控件和 Text 文本控件。其中，Image 图片控件使用【"."+修饰符】进行修饰美化，.imageScale()修饰符是让图片缩放大小至.large "大"，.foregroundColor()修饰符是修改图片的前景色（填充色）为.accentColor "默认颜色"。

PreviewProvider 是一种用于生成预览的协议，用于在预览窗口中预览 ContentView 视图中的内容。基础控件和常用修饰符的使用在后续的章节中会一一列举，这里我们尝试修改下 Image 图片控件中的图片和 Text 文字控件中的文字，看看在预览窗口中的实际效果，如图 1-17 所示。

图 1-17   PreviewProvider 预览效果

1.7   本章小结

通过本章的学习，相信你对 Swift、SwiftUI 及 Xcode 的基本使用都有了简单的认识，这是我们学习编程的第一步。学习的最初过程，便是对你学习的东西做初步的接触。若你对它开始好奇，并产生更多的接触，便可以快速掌握它。

在本章中并没有涉及太多关于 SwiftUI 声明式语法的介绍，本章的最终学习成果是创建和保存你的第一个项目。当你在预览窗口看到代码预览结果时，那么恭喜你，完成了本章的所有内容。

后续我们都会怀着一个目标去学习每个章节中的内容，当你不断完成章节的内容时，也代表着你的学习进度逐渐趋于完成。我希望你在完成所有章节后能够有所收获，也真切地希望在你脑海中那个一直想完成的事情，在章节学习结束时能够完成。

接下来，我们将学习 SwiftUI 基础控件部分的内容，请保持期待吧。

第 2 章　文字的魅力，Text 文字的使用

如果有什么能够直击人心，文字定是其中之一。

在 SwiftUI 中，使用文字的基础控件是"Text"文字控件，Text 文字控件是显示和格式化静态文本的基本控件，它提供了一种灵活的方式在用户界面中显示文本内容。Text 文字控件能够处理简单和复杂的文本格式，包括字体、颜色和间距调整，以及粗体、斜体和下画线等文本样式美化。我们也可以使用 Text 来显示动态的、变化的应用程序模型的文本数据，来构建允许动态和响应式的用户界面。

此外，Text 还集成了其他 SwiftUI 组件，以提供高级的基于文本的功能，如链接和富文本编辑等，这些优质的特性使其成为构建基于文本的用户界面的多功能且强大的控件。

本章我们将学习在 SwiftUI 中关于 Text 文字控件的常见使用场景。

2.1　创建一个新的视图文件

我们回到第 1 章，打开 SwiftUIDemo 项目文件，在左侧导航中点击选中名为"SwiftUIDemo"的文件夹，点击鼠标右键创建一个新的 SwiftUI 视图文件，如图 2-1 所示。

图 2-1　新建 SwiftUI 视图文件

点击 "New File" 创建一个新文件，在选择文件模板弹窗中选择 "SwiftUI View"，这是 SwiftUI 视图文件模板，如图 2-2 所示。

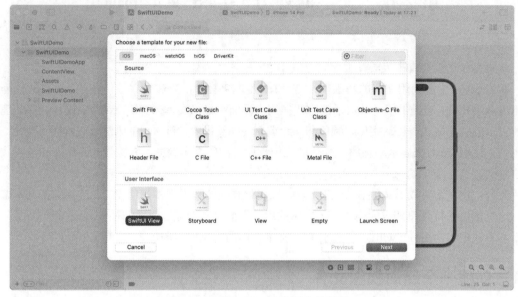

图 2-2　选择 SwiftUI 视图文件模板

点击 "Next" 按钮，将新的 SwiftUI 视图文件命名为 "SwiftUIText"，方便我们记忆和学习。点击 "Create" 按钮创建后就得到了一个新的 SwiftUI 视图文件，如图 2-3 所示。

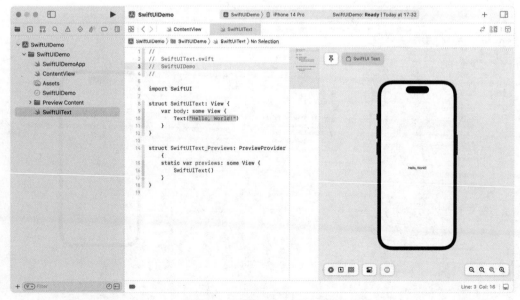

图 2-3　SwiftUIText 代码示例

如此操作，我们便创建了一个新的视图文件。后续学习中，我们为每个知识点都创建一个新的视图，方便学习和理解。

2.2　使用修饰符格式化文字

在 SwiftUI 中，基础控件都以首字母大写的单词替代，这对于初学者非常友好。

文字控件使用 Text 文字进行声明，使用英文格式下"()"括号声明内容。文字参数部分，SwiftUI 使用英文格式的"""""双引号进行闭包处理。如果我们想要修改展示的文字内容，只需要更改双引号闭包内的内容。我们尝试将内容修改为一句 Slogan，如图 2-4 所示。

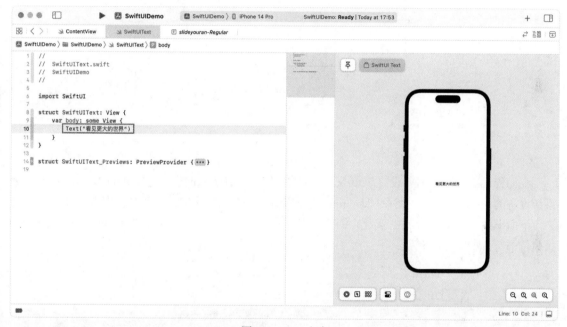

图 2-4　Text 文字

```
Text("看见更大的世界")
```

在预览窗口中，展示的 Text 控件内容默认使用系统默认字号、默认字体、默认颜色。而在开发中如果需要修改文字的样式，我们需要使用样式的"修饰符"，修饰符的使用方式为在控件后使用"."加修饰符名称。

首先我们尝试修改文字的大小，我们希望这个字体再大一点，字体大小的设置使用到的修饰符是.font()字体修饰符，如图 2-5 所示。

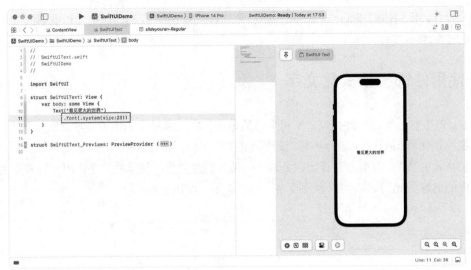

图 2-5　字体修饰符

```Swift
Text("看见更大的世界")
    .font(.system(size:23))
```

我们告诉 SwiftUI，需要设置 Text 文本控件的字体，设置字体的内容是字体的大小，调整 system 系统设备的系统字号 size 大小为 23，在预览窗口中可以看到文字的大小实时发生改变。

下面继续对 Text 文字进行美化，调整文字的颜色，使用到的修饰符是 ".foregroundColor()" 前景色修饰符，如图 2-6 所示。

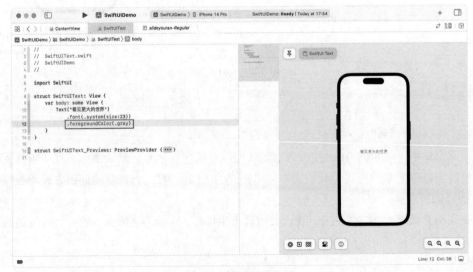

图 2-6　前景色修饰符

```swift
Text("看见更大的世界")
    .font(.system(size:23))
    .foregroundColor(.gray)
```

在 ".foregroundColor()" 前景色修饰符中，依旧使用点语法填写颜色，这里使用的是 ".gray" 灰色。灰色的文字作为启动页的 Slogan 内容可能不够明显，我们可以让文字加粗，文字加粗使用到的修饰符是 ".fontWeight()" 字重修饰符，如图 2-7 所示。

图 2-7　字重修饰符

```swift
Text("看见更大的世界")
    .font(.system(size:23))
    .foregroundColor(.gray)
    .fontWeight(.bold)
```

2.3　更多修饰符和使用场景

除了一些常用文本格式化修饰符外，在实际应用场景对于文字的展示也会有一些要求，比如在文本文字较多时需要对文字进行行数限制，以保证样式的整体性，如图 2-8 所示。

图 2-8　行数限制修饰符

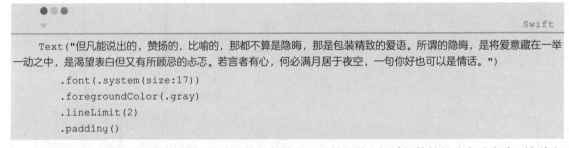

"`.lineLimit()`" 行数限制修饰符用于设置文字最多显示的行数，超过行数的部分自动省略。这种文字处理方式很好地告知用户整段文字过长，在预览时省略了部分内容，促使引导用户点击阅读全文，这是常用的文字列表的展示方式之一。"`.padding`" 填充修饰符在这里的作用是在 Text 文字四周填充一个空白的空间，后续的章节中我们会提及该修饰符的使用方法。

在多行文本展示中，系统默认的对齐方式为左对齐，这符合我们传统的阅读习惯；而 SwiftUI 也可以帮助开发者快速选择其他文本对齐方式，如"居中对齐"，如图 2-9 所示。

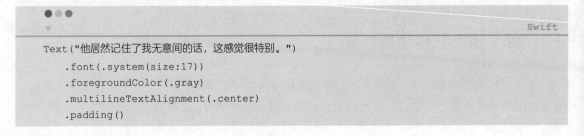

图 2-9　对齐方式修饰符

另外，Text 文字控件的常用修饰符还可以支持字间距等更加细化的调整，这里整理了一些其他常用的 Text 文字控件修饰符，见表 2-1。

表 2-1　文字控件修饰符

修饰符	名称	示例
.tracking()	字间距	.tracking(5)，字间距为 5
.lineSpacing()	行间距	.lineSpacing(5)，行间距为 5
.truncationMode()	截断模式	.truncationMode(.head)，文本头部截断省略
.border()	边框	.border(Color.blue, width: 1)，边框为蓝色，边框宽度为 1
.blur()	模糊	.blur(radius: 1)，模糊度为 1
.rotationEffect()	2D 旋转	.rotationEffect(.degrees(20), anchor: UnitPoint(x: 0, y: 0))，00 为起点旋转 20°
.rotation3DEffect()	3D 旋转	.rotation3DEffect(.degrees(60), axis: (x: 1, y: 0, z: 0))，空间坐标轴旋转 60°

2.4　在项目中使用自定义字体

除了常规的样式设置外，我们经常可以看到启动页中的 Slogan 呈现出不同样式的文字字体，凸显出开发者想通过 App 传达给用户的情感。SwiftUI 中支持直接使用系统自带的字体对 Text 文字控件进行修饰，但在此之前需要在 Xcode 导入相应的字体文件。

首先需要在网上下载开源可商用的字体文件，并将其拖入项目，如图 2-10 所示。

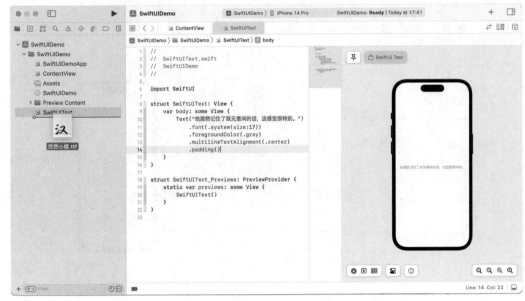

图 2-10　导入本地字体文件

拖入字体文件后，Xcode 会提示添加文件到项目的确认弹窗，请务必勾选"Add to targets"添加到项目复选框，表明该字体文件可以被指定项目 SwiftUIDemo 使用，如图 2-11 所示。

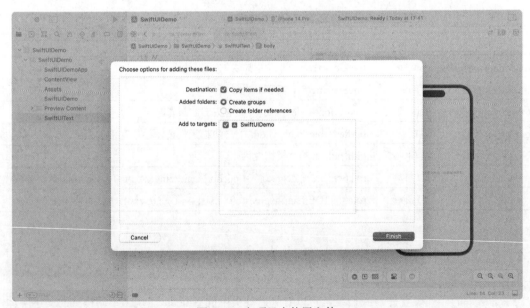

图 2-11　在项目中使用文件

点击"Finish"按钮后，字体文件便成功导入项目，在左侧导航栏中点击字体文件，可以在编辑区域预览字体效果，如图 2-12 所示。

图 2-12　预览字体文件

在使用自定义字体之前，由于需要使用非苹果官方内置的字体，因此需要额外的配置，告知系统我们需要使用该字体文件的内容。在左侧导航栏中点击"项目名称"，在子菜单中选择"TARGETS"，选择"Info"，在该菜单栏下配置相关权限，如图 2-13 所示。

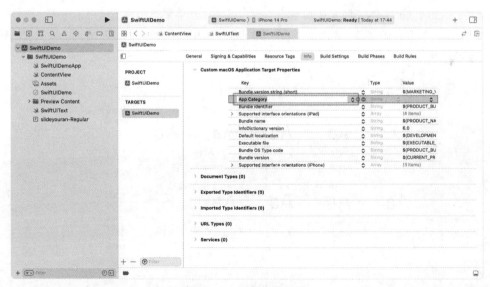

图 2-13　配置相关权限

在"Custom iOS Target Properties"栏目最后一行，当鼠标指针获得焦点时将会显示"+"号，点击"+"号，添加配置 Key 为"Fonts provided by application"，创建完成后，点击展开内容，在 Key 为"Item 0"的 Value 项填写需要使用的自定义字体文件的名称，如图 2-14 所示。

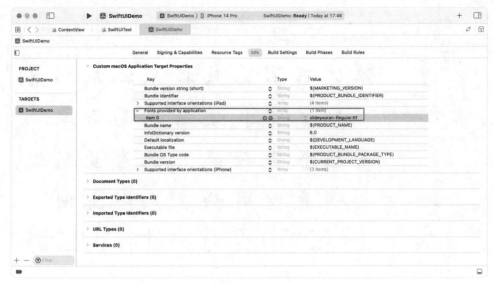

图 2-14　配置自定义字体权限

另外，在使用自定义字体时，我们常常会碰到使用中文名称命名的开源字体，这些开源字体的文件名称和实际可调用字体的标识符往往有所差别，这时候我们需要查找并正确配置字体名称，否则自定义字体将无法生效。

正确的做法是双击字体文件安装到电脑本地，然后打开苹果电脑内置的"字体册"软件，选择"我的字体"，找到安装的字体，并点击"开关信息面板"按钮，找到"标识符"选项，复制"PostScript名称"，复制名称内容，如图 2-15 所示。

图 2-15　本地查看自定义字体名称

图 2-15 中，如果需要使用"得意黑"字体，则"SmileySans-Oblique"为需要配置的字体名称。

回归正题，接下来我们需要在视图中使用自定义字体。点击 SwiftUIText 视图文件，选中".font()"字体修饰符，使用"command + /"对该行代码进行快速注释。接着使用".font()"字体修饰符，在需要配置修饰符的内容中使用".custom()"自定义修饰符，使用自定义字体，如图 2-16 所示。

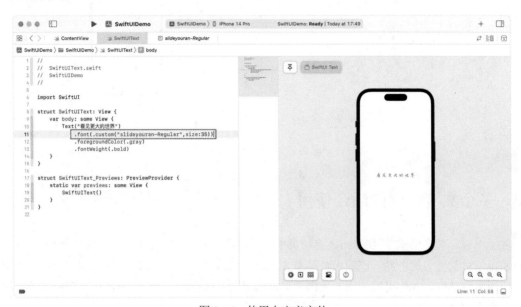

图 2-16　使用自定义字体

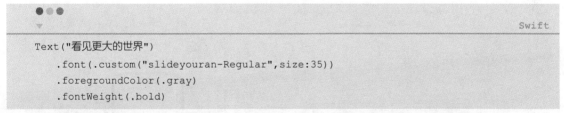

```swift
Text("看见更大的世界")
    .font(.custom("slideyouran-Regular",size:35))
    .foregroundColor(.gray)
    .fontWeight(.bold)
```

这里需要注意的是，不同字体的大小和实际展示效果会有差异，因此在更换了自定义字体后，还需要调整原来的字体 size，使其在视觉上更加协调。我们再换一个文字内容感受一下自定义字体带来的用户体验，如图 2-17 所示。

```swift
Text("真正的宁静并不是避开车马喧市，而是在心灵修篱种菊，这才是真正的宁静。")
    .font(.custom("slideyouran-Regular",size:35))
    .foregroundColor(.gray)
    .fontWeight(.bold)
```

图 2-17　修改文字内容

2.5　多个文字控件的组合使用

除了单独一句话的文字 Slogan，启动页中通常也会展示应用的名称让用户加深印象。例如：今日头条，看见更大的世界。该应用名称与 Slogan 的文字大小、颜色甚至字体都不一样。

应用名称部分，我们可以使用较大的字号、凸显的字体颜色，而 Slogan 则可以使用较小的字号、不那么凸显的字体颜色，如图 2-18 所示。

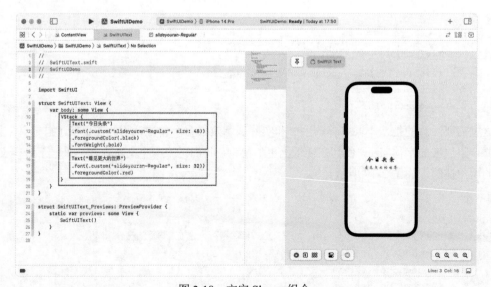

图 2-18　文字 Slogan 组合

```Swift
VStack {
    Text("今日头条")
        .font(.custom("slideyouran-Regular", size: 48))
        .foregroundColor(.black)
        .fontWeight(.bold)

    Text("看见更大的世界")
        .font(.custom("slideyouran-Regular", size: 32))
        .foregroundColor(.red)
}
```

VStack 垂直布局容器在前面有所提及，它可以让内部的元素按照纵向居中的方式进行布局。在 VStack 垂直布局容器我们使用了两个 Text 文字控件，使用不同的修饰符来优化文字，呈现不一样的效果。

再举一个应用场景的例子，在应用登录页面，在页面的底部我们可以看到"登录即代表同意隐私政策和用户协议"的字样，其中的"隐私政策"和"用户协议"与其他文字样式有所不同，这里也可以使用布局容器和 Text 文字控件的组合，如图 2-19 所示。

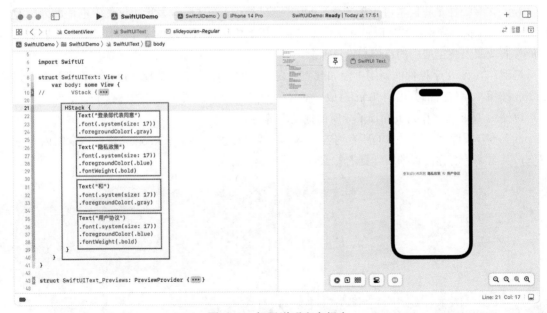

图 2-19　权限说明文字组合

```Swift
HStack {
    Text("登录即代表同意")
```

```
        .font(.system(size: 17))
        .foregroundColor(.gray)

    Text("隐私政策")
        .font(.system(size: 17))
        .foregroundColor(.blue)
        .fontWeight(.bold)

    Text("和")
        .font(.system(size: 17))
        .foregroundColor(.gray)

    Text("用户协议")
        .font(.system(size: 17))
        .foregroundColor(.blue)
        .fontWeight(.bold)
}
```

2.6 本章小结

　　Text 文字控件是我们学习的第一个 SwiftUI 基础控件，在实际开发运用过程中也是最为关键的控件之一。在构建简单的文字时，可以通过文字常用的修饰符对显示的文本进行格式化，以展示不同的样式效果，突出应用的格调和设计理念。

　　当然，Text 文字控件的使用不仅如此，由文字延伸的控件还有很多，如后续章节中将提到的 Button 按钮，其样式部分也由 Text 组成。在实际开发过程中，顶部导航的标题本质上也是文字，也可以使用 Text 文字作为页面顶部导航的标题，等等。

　　恭喜你，阅读完成了本章的所有内容。当然笔者也希望你能打开 Xcode，跟着本章的内容完成案例，甚至期待着你能根据所学到的知识点，写下属于你的文字。

第 3 章　视觉传达，Image 图片的使用

对比文字，图片所传达的信息更加直观。图片提供了清晰的视觉表现，比书面文字或口语化文字更容易理解。图片可以传递意义和信息，不受语言和文化障碍的限制，比文字更能与用户建立更强的联系。而在日常工作过程中，特别是需要做展示呈现类的文稿如 PPT 时，我们更倾向于用更少的文字搭配优秀的图片或者背景突出自己想要呈现的内容。

在 SwiftUI 中展示图片使用到的基础控件是 Image 图片控件，我们可以用它快速展示本地的图像、SF 符号图片或者远程图片。此外，Image 图片控件支持市面上几乎所有的图像格式，包括 JPG、PNG 和 SVG 等。而且我们可以通过不同的修饰符对展示的图片进行调整和美化，例如修改其大小和纵横比等。

当然，SwiftUI 中的 Image 图片控件也有一些限制和已知的错误。例如，它可能无法正确处理动画图像或者像素较大的图像，并且在一些比较老的设备上可能会遇到一些性能问题或者不兼容的问题。

本章我们将学习 SwiftUI 基础控件部分中关于 Image 图片控件的常用场景。

3.1　展示一张本地图片

和之前的章节一样，我们创建一个新的 SwiftUI View 文件，命名为"SwiftUIImage"，如图 3-1 所示。

图 3-1　SwiftUIImage 代码示例

在第 1 章中，我们了解过了在 SwiftUI 项目的文件目录，其中的"Assets"资源库作为项目的图片资源、颜色资源等存储的文件，同时也可以快捷使用通用的颜色和应用图标。

点击左侧菜单选中"Assets"资源库文件，可以查看"Assets"资源库文件内容，如图 3-2 所示。

图 3-2　Assets 资源库文件

使用 Assets 的一个好处是，我们可以很容易地在应用的不同视图之间重复使用同样的图片，使整个项目的用户体验一致，而且可以很大程度减少重复代码和资源的量，这很重要。

可以通过点击底部的"+"号或者通过拖入的方式导入图片等资源文件，如图 3-3 所示。

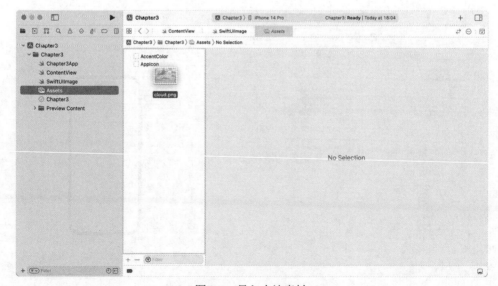

图 3-3　导入本地素材

为了提高图片素材的使用便捷性，双击图片修改其名称，例如改名为"DemoImage"。由于不清楚中文名称是否会出现意想不到的问题，建议使用英文名称，如图 3-4 所示。

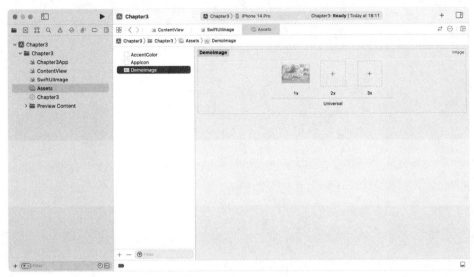

图 3-4　修改素材名称

在 Assets 资源库中导入文件并修改其文件名，不会对真实导入的文件名有影响，只是对导入的文件在项目中规定命名，以文件名称建立索引达到快速访问的效果。我们可以点击鼠标右键，选择"Show in Finder"在文件夹中查看导入的文件，如图 3-5 所示。

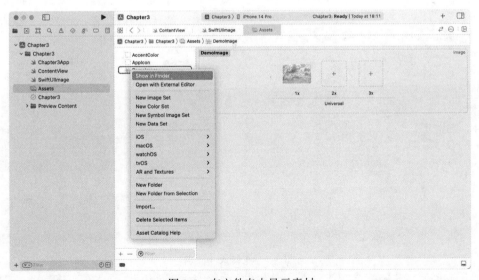

图 3-5　在文件夹中显示素材

打开本地目录后，我们可以看到导入的素材文件被放在了一个之前重命名名称的文件夹中，双击文件夹进入，可以看到导入的文件，其文件名还是原有的文件名，如图 3-6 所示。

图 3-6　素材文件夹

另外，我们在 Assets 资源库选中图片可以看到系统需要导入 3 个尺寸的图片，这是为了更好地在不同型号的设备上展示，如图 3-7 所示。

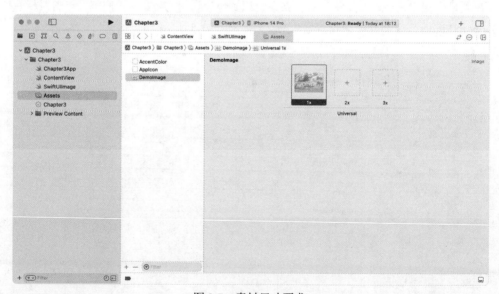

图 3-7　素材尺寸要求

我们回到项目中，选中"SwiftUIImage"视图文件，展示图片的方式我们使用到的是"Image"图片控件，如图 3-8 所示。

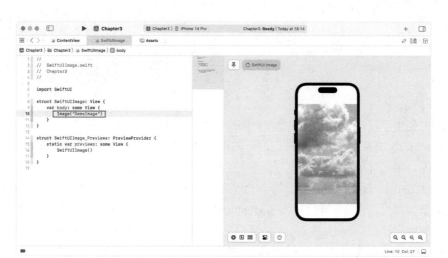

图 3-8　展示图片

```Swift
Image("DemoImage")
```

3.2　使用修饰符格式化图片

和 Text 文字控件用法类似，我们使用 Image 基础控件，在括号的双引号中输入素材名称，就可以直接在视图中展示图片。同样地，我们也可以用修饰符对图片进行格式化。

在预览窗口中，我们可以看到图片只展示了部分内容，这时候如果我们想要看到完整的图片，就需要对图片进行缩放，将其自动缩放到预览窗口的内容展示区域内，如图 3-9 所示。

图 3-9　用修饰符调整图片大小

```Swift
Image("DemoImage")
    .resizable()
    .scaledToFit()
```

这里我们使用了以下 2 个修饰符完成对图片的等比例缩放。

".resizable()"调整图片大小修饰符，允许我们对图片进行大小调整，即原有的图片文件是固定的静态视图，不允许用户调整大小，因此首先要允许图片进行拉伸等操作。

".scaledToFit()"保持横纵比修饰符，允许在保持图片原有的宽高比的基础上，等比例缩放图片直至在展示区域内。而且使用了".scaledToFit()"修饰符后，在后续调整图片大小时，图片将自动保持原有的宽高比，防止图片变形。比如我们只需要设置图片的宽度，由于使用了".scaledToFit()"修饰符，系统就会帮助我们自动计算调整图片的高度，如图 3-10 所示。

图 3-10　保持纵横比修饰符

```Swift
Image("DemoImage")
    .resizable()
    .scaledToFit()
    .frame(width: 280)
```

".frame()"尺寸修饰符，可以快速设置视图的宽、高，或者设置最大的宽、高。这里使用的是只设置了图片的 width（宽度），你也可以将其改成 height（高度）看看效果。

在 iOS 开发中，圆角贯穿了整个 UI 设计语言，我们在几乎所有 iOS 应用中都可以看到圆角的身影。设置圆角的方式也很简单，可以直接将圆角的修饰符作用在视图上，如图 3-11 所示。

图 3-11 圆角修饰符

```Swift
Image("DemoImage")
    .resizable()
    .scaledToFit()
    .frame(width: 280)
    .cornerRadius(16)
```

使用".cornerRadius()"圆角修饰符可以给展示的视图设置自定义的圆角度数，这里我们设置的圆角度数是 16。对比尖锐的直角，圆角在用户体验上显得"柔和"，更加容易被用户接受。

在第 2 章中，我们使用了 Text 文字，下面我们来看看将文字和图片进行结合会产生什么样的反应，如图 3-12 所示。

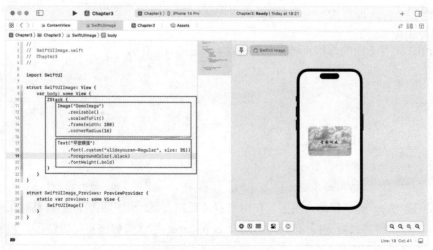

图 3-12 图片文字组合

```Swift
ZStack {
    Image("DemoImage")
        .resizable()
        .scaledToFit()
        .frame(width: 280)
        .cornerRadius(16)

    Text("平安顺遂")
        .font(.custom("slideyouran-Regular", size: 35))
        .foregroundColor(.white)
        .fontWeight(.bold)
}
```

这里我们使用到了一个新的视图布局容器——"ZStack"层叠布局容器，"HStack"为横向布局容器，"VStack"为纵向布局容器，三者共同构成了 SwiftUI 基础的布局容器，容器部分将会在后面的章节详细说明。

"ZStack"层叠布局容器是将内部元素堆叠在一起，简单来说就是控件覆盖控件，堆叠在一起。而且严格按照内部控件代码的编写顺序，我们先使用了 Image 图片控件，再使用了 Text 文字控件，则图片在底层，文字在上层。

由此我们便创建了简单的图文布局效果。

3.3　更多修饰符和使用场景

除了常用的修饰符外，我们再来学习一些实际应用场景中使用到的其他修饰符。我们可以使用".cornerRadius()"圆角修饰符将图片变成圆角矩形，那么如果要变成圆形该怎么办呢？是设置角度为 90 吗？

在 SwiftUI 中有专门的修饰符可以裁剪图片，如图 3-13 所示。

```Swift
Image("DemoImage")
    .resizable()
    .scaledToFit()
    .frame(width: 280)
    .clipShape(Circle())
```

比如我们在 App 的"我的"页面，在用户登录后需要展示用户头像，那么我们在获得用户头像的图片后，可以将其裁剪为圆形进行展示。".clipShape()"裁剪修饰符可以把图片裁剪为想要的形状，例如"Circle()"圆形。

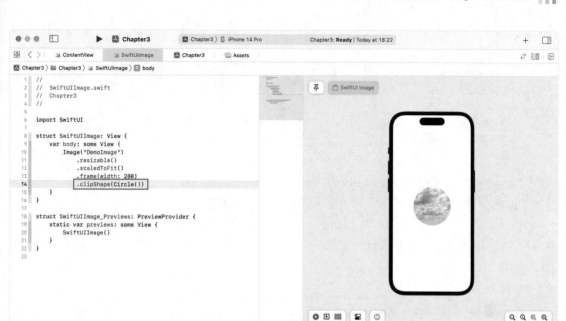

图 3-13　裁剪修饰符

如果在应用中展示的图片需要保持色调的一致，但我们使用的图片素材又是深色的图片素材，我们可以设置降低图片透明度，如图 3-14 所示。

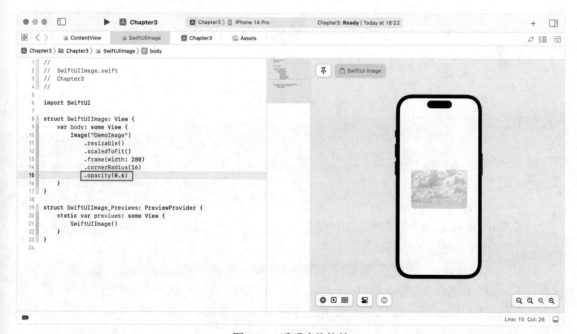

图 3-14　透明度修饰符

```swift
Image("DemoImage")
    .resizable()
    .scaledToFit()
    .frame(width: 280)
    .cornerRadius(16)
    .opacity(0.6)
```

"`.opacity()`"透明度修饰符的范围为 0~1，作用在视图上可以调整视图的透明度，这时如果使用 ZStack 层叠视图将文字"藏"在图片后面，则会展示出来。

如果是图片与图片层叠，SwiftUI 还提供了一个有意思的修饰符——"`.blendMode()`"混合模式修饰符，我们再导入一张图片素材到资源库中，命名为"DemoImage2"，素材命名不能重复，如图 3-15 所示。

图 3-15　导入图片素材

然后使用 ZStack 层叠视图将两张图片堆叠在一起，其中顶部的图片我们使用"`.blendMode()`"混合模式修饰符，如图 3-16 所示。

使用"`.blendMode()`"混合模式修饰符可以将我们准备好的两张图片混合在一起，这里使用的模式是"`.color`"颜色混合，即设置.blendMode()修饰符的图片作为颜色部分，混合到底部视图中与之混合，有点像 Photoshop（以下简称"PS"）当中的"正片叠底"效果。而在 SwiftUI 中，我们只需要一个修饰符就可以实现高级的样式效果，实属有些令人惊喜。

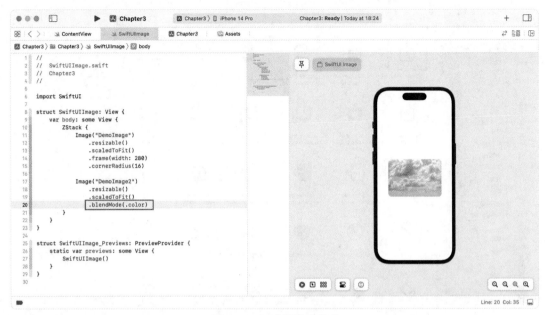

图 3-16　混合模式修饰符

```Swift
ZStack{
    Image("DemoImage")
        .resizable()
        .scaledToFit()
        .frame(width: 280)
        .cornerRadius(16)

    Image("DemoImage2")
        .resizable()
        .scaledToFit()
        .blendMode(.color)
}
```

3.4　在项目中使用 SF Symbols 图标库

在实际开发过程中你肯定会遇到使用"图标"的场景，比如用图标符号"+"来代替文字"新增"，使应用更加灵动。另外，在开发应用时，常常需要 UI 设计人员设计专用的图标，从而避免在商用过程中发生侵权。

苹果公司似乎考虑到了这点，与其让开发者们使用各式各样的图标，不如规划一个统一的图标库供开发者直接使用，这便是 SF Symbols 图标库，如图 3-17 所示。

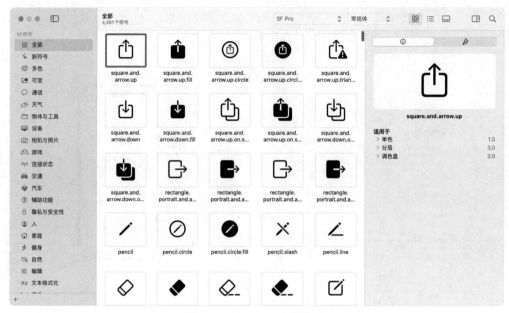

图 3-17　SF Symbols 图标库

读者可去官网自行下载，网页中下载位置如图 3-18 所示。

图 3-18　SF Symbols 图标库下载地址

下载 SF Symbols 图标库是为了让开发者更快地查询需要的 SF 图标的名称，而 SF Symbols 图标库是内置在 SwiftUI 中的，可以直接使用。使用 SF Symbols 图标库的方法很简单，甚至不需要做更多的准备，使用 Image 图片控件可以直接展示图标，如图 3-19 所示。

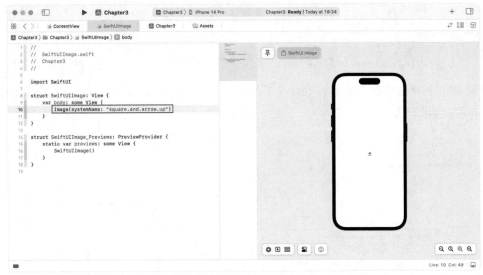

图 3-19 使用 SF 图标

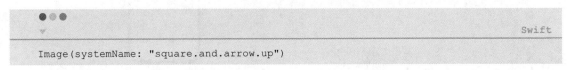

```Swift
Image(systemName: "square.and.arrow.up")
```

和常规展示导入的图片素材不同，我们需要在 Image 图片控件中告知我们使用的是系统自带的图标素材，素材名称需要指定为 systemName。

而使用 SF Symbols 图标后的图片又跟标准的图片使用有所区别，比如设置图标素材的尺寸，可以直接像 Text 文字控件一样，使用 ".font()" 字体修饰符，如图 3-20 所示。

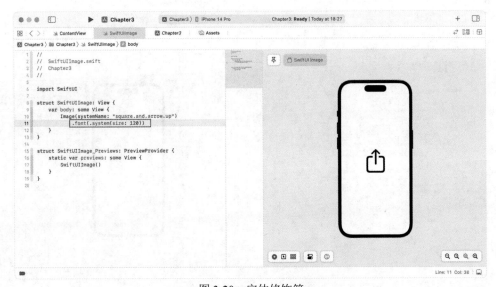

图 3-20 字体修饰符

```Swift
Image(systemName: "square.and.arrow.up")
    .font(.system(size: 120))
```

设置 SF 符号图标的填充色也和 Text 文字控件的方法一致，直接使用 ".foregroundColor()" 前景色修饰符，如图 3-21 所示。

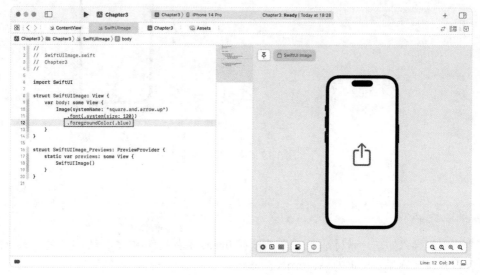

图 3-21　前景色修饰符

如果我们想让 SF 符号图标更像一张图片，也可以通过其他修饰符进行美化，如图 3-22 所示。

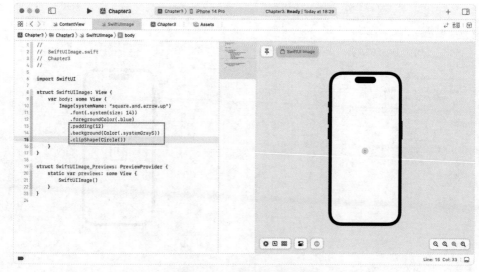

图 3-22　更多修饰符组合

```Swift
Image(systemName: "square.and.arrow.up")
    .font(.system(size: 14))
    .foregroundColor(.blue)
    .padding(12)
    .background(Color(.systemGray5))
    .clipShape(Circle())
```

有时候使用一些修饰符的组合可以达到意想不到的效果，比如使用".padding()"填充修饰符，将图标四周填充出 12 的空白区域；再使用".background()"背景颜色修饰符，将填充的空白区域"涂上"颜色，这里使用的颜色是系统中的浅灰色；最后使用".clipShape()"裁剪修饰符将背景区域裁剪为圆形。

如此，便完成了一个圆形的按钮样式。

3.5　从互联网上获得一张图片

在实际开发过程中，一些简单的按钮图标可以使用 SF 图标库，一些固定不变的图片素材可以直接导入项目；但如果所有的项目素材都放在应用包中，会导致安装包特别大。而且有很多应用，例如资讯类应用，其图片素材都是随后台回传的数据而变化的，这时候再多的本地素材也无法完全覆盖。

在过往使用 UIKit 作为用户界面框架时，可以通过网络请求来图片，然后将图片转为 Data 数据，再使用 UIImage（Image 的前身）展示图片。在 SwiftUI 中，这个过程被整合成了一个标准的基础控件——AsyncImage 异步图片控件。

AsyncImage 异步图片控件通过异步请求的方式，从 URL 中异步显示图片，且在使用过程中也不会阻塞主线进程的活动。

例如，我们先声明一个网络的图片链接：

```Swift
let imageURL = "https://×××.image?"
```

然后使用 AsyncImage 异步图片控件请求访问图片链接地址 imageURL，如图 3-23 所示。

```Swift
AsyncImage(url: URL(string: imageURL)) { image in
    image
        .resizable()
        .scaledToFit()
        .frame(width: 280)
```

```
        .cornerRadius(16)
    } placeholder: {
        ProgressView()
    }
```

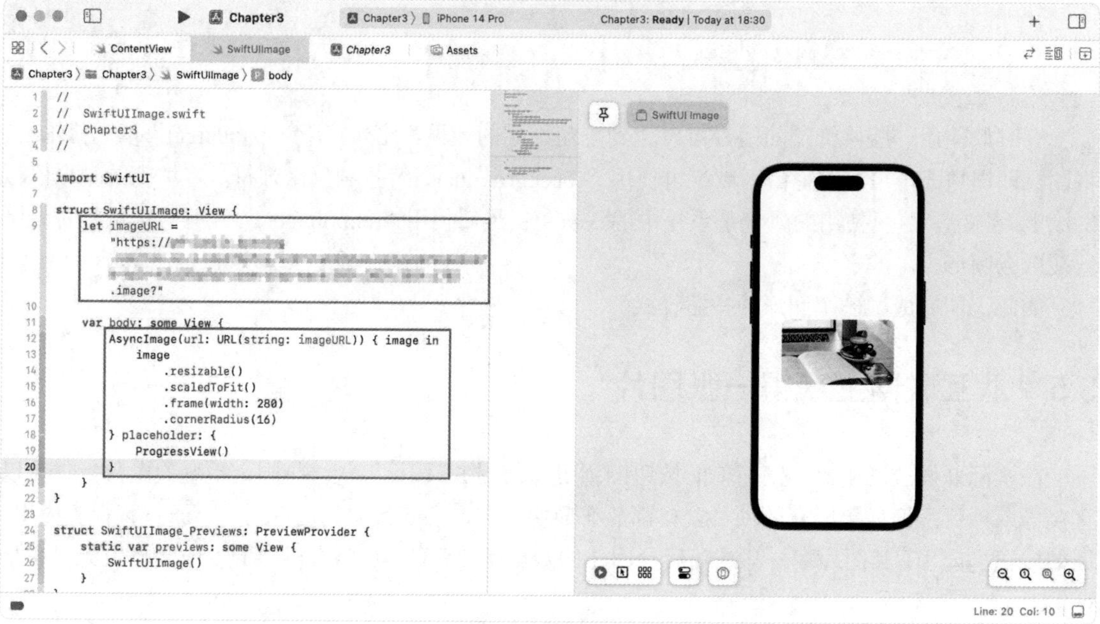

图 3-23　显示互联网图片

AsyncImage 异步图片控件，需要在 string 中指定图片的 URL 链接地址，然后直接访问链接展示图片。我们通过 AsyncImage 异步图片控件访问 URL 地址，URL 地址为之前声明好的 imageURL，在获得图片之后返回图片 image。对于 image 图片的格式化和前文学习的 Image 图片控件一致。

AsyncImage 异步图片控件还可以设置在异步请求过程中的 placeholder 缺省图片，如果请求的图片尺寸和分辨率过大，则可以展示一个"ProgressView()加载中"基础控件作为过渡；也可以自定义样式，比如构建一张默认的缺省图片，如图 3-24 所示。

```
Swift

Text("图片加载中")
    .font(.system(size: 24))
    .foregroundColor(.gray)
    .padding()
    .frame(width: 280,height: 160)
    .background(Color(.systemGray6))
    .cornerRadius(16)
```

图 3-24 缺省图片

3.6 本章小结

Image 图片控件的加入，让我们更容易在应用中呈现多样化的内容，包括展示项目导入的静态图片素材、使用苹果官方的 SF 符号、通过异步请求获得一张网络图片等。本章我们还了解了 Image 图片控件常用的修饰符，以及其在不同使用场景下所呈现出的效果。后面章节中我们将结合一些交互动作和动画，让图片视图更具有交互性，以便提供更好的用户体验。

通过本章的学习，相信你对 Image 图片控件的使用有了更加深入的了解。是否已经可以构建自己想要的页面了？下一章，我们将结合 Text 文字控件和 Image 图片控件，使用 Stack 布局容器完成一些完整的页面示例。

第 4 章 图文排版，Stack 布局容器的使用

在使用 SwiftUI 基础控件时，我们提及了多个基础控件组合的例子及三个常用的布局容器，分别是 VStack 纵向布局容器、HStack 横向布局容器、ZStack 堆叠布局容器。

VStack 纵向布局容器中的控件或元素将按照代码从上至下的优先顺序垂直展示；HStack 横向布局容器中的控件或元素则是从左到右；ZStack 堆叠布局容器比较特殊，它是基于 z 轴实现从底层到外层的排布方式。

每个布局容器都可以设置参数，调整元素布局的间距、对齐方式等内容，可以说是贯穿了整个项目。没有布局容器，基础控件只是单独的个体；而布局容器的加入使其呈现出整体效果。通过组合的图文排版，应用给用户提供优秀的视觉体验。

单一学习布局容器的过程有些无聊，我们结合前几章学习的 Text 文字控件和 Image 图片控件，来完成一些在实际应用开发过程中使用到的页面。

4.1 实战案例：启动页

还是以启动页为例，之前我们使用多个 Text 文字控件完成了一个简单的启动页，那么我们再将它做得更加绚丽一些。我们先创建一个新的 SwiftUI View 文件，命名为"SwiftUIStack"，如图 4-1 所示。

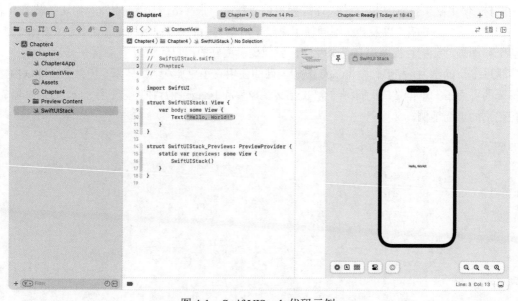

图 4-1　SwiftUIStack 代码示例

设想一下启动页的布局，我们可以用一整张图片作为页面背景，然后再展示应用图标和应用名称信息，这是目前最主流的启动页设计方式。那么首先是背景图片部分，我们先在 Assets 资源库中导入一张用于背景制作的图片，将其命名为"StartupPageImage"，并将其展示出来，如图 4-2 所示。

图 4-2　展示本地图片

```Swift
Image("StartupPageImage")
```

由于图片尺寸原因，使用 Image 图片控件展示的图片大于设备展示区域，为了展示较为完整的图片，我们使用修饰符对其进行调整，如图 4-3 所示。

图 4-3　格式化图片样式

```swift
Image("StartupPageImage")
    .resizable()
    .aspectRatio(contentMode: .fill)
    .edgesIgnoringSafeArea(.all)
```

在上面的代码中，".resizable()"调整图片大小修饰符允许我们对图片素材大小进行调整；".aspectRatio()"指定横纵比修饰符的作用等同于".scaledToFit()"保持横纵比修饰符，允许在保持原有图片的宽高比的基础上，等比例缩放图片。其中，contentMode 参数可以设置为不同的值，例如.fill 或者.fit，根据设备展示区域自动调整图片的尺寸。

这里还使用了一个新的修饰符——".edgesIgnoringSafeArea()"忽略安全区域修饰符。在 iPhone X 系列及之后的产品线中，苹果公司开始使用全面屏的设计语言，为了保证底部菜单和顶部菜单不被遮挡，在 iOS 项目开发过程中会自动保留顶部和底部的安全区域。这里为了使图片素材铺满全屏，需要使用".edgesIgnoringSafeArea()"忽略安全区域修饰符忽略所有的安全区域。当然你也可以试试将它注释掉，观察安全区域的位置及其特点。

接下来我们来完成应用图标和应用名称的部分。应用图标我们同样可以使用 Image 图片控件来展示，而应用名称则使用 Text 文字控件，它们之间的布局关系是横向布局，而"应用图标和应用名称"这个组合与背景图片的关系是：背景图片在底层，"应用图标和应用名称"的组合放置在顶层。

了解了它们之间的关系后，我们先使用 ZStack 堆叠布局容器构建框架部分，如图 4-4 所示。

图 4-4　ZStack 堆叠布局容器

```swift
ZStack {
```

```
    // 背景图片
    Image("StartupPageImage")
        .resizable()
        .aspectRatio(contentMode: .fill)
        .edgesIgnoringSafeArea(.all)

    // 应用图标和应用名称
    HStack {

    }
}
```

上述代码中，我们在视图最外层使用 ZStack 堆叠布局容器，内部的元素将呈现堆叠布局，背景图片在底层，应用图标和应用名称在顶层。而应用图标和应用名称则使用 HStack 横向布局容器，对两个元素进行横向排布。

我们在 Assets 资源库中导入应用图标的图片，将其命名为 "ApplicationIcon"，并拟定一个应用名称，将它们展示到 HStack 横向布局容器中，如图 4-5 所示。

图 4-5　HStack 横向布局容器

```
// 应用图标和应用名称
HStack {

    // 应用图标
    Image("ApplicationIcon")
```

```
        .resizable()
        .aspectRatio(contentMode: .fit)
        .frame(width: 60)
        .cornerRadius(16)

    // 应用名称
    Text("夜空鱼")
        .font(.system(size: 32))
        .foregroundColor(.white)
        .bold()
}
```

应用图标部分，我们使用 Image 图片控件展示"ApplicationIcon"图片素材，并通过".resizable()"调整图片大小修饰符、".aspectRatio()"指定横纵比修饰符、".frame()"尺寸修饰符、".cornerRadius()"圆角修饰符，让应用图标最终呈现出一个圆角的 60*60 的正方形。

应用名称部分则很简单，使用".font()"字体修饰符、".foregroundColor()"前景色修饰符、".bold()"字体加粗修饰符，创建一个白色 32 号字号加粗显示的应用名称。

但这里我们发现应用图标和应用名称间距太近了，我们希望两块内容保持一定的距离，这时候就需要设定好 HStack 横向布局容器的元素间距，如图 4-6 所示。

图 4-6　HStack 横向布局容器参数设置

```
// 应用图标和应用名称
```

```
HStack(alignment:.center,spacing:20) {
    // 代码块
}
```

对于 Stack 布局容器，我们可以使用其内置的两个重要参数——"alignment"对齐方式和"spacing"间距，以确定容器里元素的位置。这里 HStack 横向布局容器设置了内部元素的对齐方式为居中对齐，间距为 20。

如果容器有三个元素，我们想要其中两个元素间距为 20，这两个元素和第三个元素间距为 40，该怎么做？很简单，我们需要再使用一个容器，两个容器配合使用，你想到了吗？

回到主题，我们看到应用图标和应用名称已经完成了，但是这两个元素的组合置于背景图片的中间，如果我们希望它放在底部靠上的位置，该怎么办呢？

这里有两个办法，一个是直接设置 ZStack 堆叠布局容器的参数，如图 4-7 所示。

图 4-7 ZStack 堆叠布局容器参数设置

```
ZStack(alignment: .bottom) {
    // 代码块
}
```

这是最为简单直接的方法，设置 ZStack 堆叠布局容器的元素对齐方式为底部，这样处于顶层的元素就会移动到底部。另一种方法则需要借助一个新的容器——VStack 纵向布局容器，将 HStack 横向布局容器中的内容放置在内部，如图 4-8 所示。

图 4-8　VStack 纵向布局容器

```Swift
VStack{
    // 占位空间
    Spacer()

    // 应用图标和应用名称
    HStack(alignment:.center,spacing:20) {
        // 代码块
    }
}
```

　　为了让应用图标和应用名称组合的横向布局容器放置在底部，我们使用 VStack 纵向布局容器。这里使用了一个新的基础控件——"Spacer()"占位空间，它可以说是我们使用最频繁的基础控件之一，可以根据设备大小自由扩展。

　　如上述代码所示，我们在 VStack 纵向布局容器放置了"Spacer()"占位空间和前面完成的 HStack 横向布局容器的内容，这里可以将其看作两个元素，而由于"Spacer()"占位空间具有自动扩展的特性，就把 HStack 横向布局容器"挤"到下面了。

　　是不是有些神奇？

4.2　实战案例：缺省页

　　下面我们再尝试完成一个页面——缺省页。特别是一些文字编辑类应用的列表，当页面列表中没有内容时会呈现一个缺省的页面内容，指引用户进行下一步的操作，例如"还没有收到消息哦，先去逛逛社区吧"，或者"暂无数据"等字样。

我们仍然需要提前准备一些图片素材，在 Assets 资源库中导入应用图标的图片，将其命名为"DefaultImage"；然后使用图片和文字，以及 VStack 纵向布局容器来实现缺省页，如图 4-9 所示。

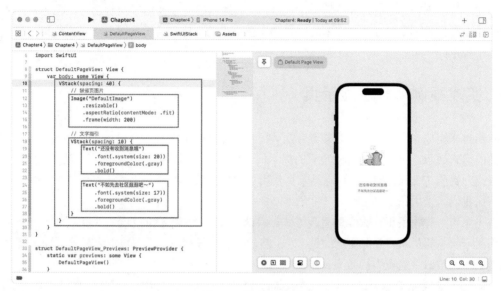

图 4-9　缺省页案例

```Swift
VStack(spacing: 40) {
    // 缺省页图片
    Image("DefaultImage")
        .resizable()
        .aspectRatio(contentMode: .fit)
        .frame(width: 200)

    // 文字指引
    VStack(spacing: 10) {
        Text("还没有收到消息哦")
            .font(.system(size: 20))
            .foregroundColor(.gray)
            .bold()

        Text("不如先去社区逛逛吧~")
            .font(.system(size: 17))
            .foregroundColor(.gray)
            .bold()
    }
}
```

在上述代码中，我们使用了两个 VStack 纵向布局容器。首先是外层，对缺省页图片和文字指引进行垂直排版，文字指引部分也使用垂直排版。这就是前文提及的使用场景，当多个元素都采用垂直布局但要求的间距不一样时，我们就需要使用多个布局容器。

而文字指引部分，这里想分享的一个点是：我们对两段文字使用了两种字号，这是一种增强用户体验的设置方式。我们对主要突出的内容和次要突出的内容，需要呈现不一样的效果，哪怕只是简单的字号不同。

4.3 实战案例：状态显示页

我们再来完成一个页面——状态显示页，状态显示页的呈现方式在设计上有两种方式：一种是以页面的形式展示，类似于支付成功后的提示信息页面；另一种是使用"弹窗"的方式进行展示，如等级提升提醒、成就提醒等。状态显示页使用页面形式的方法和前文"缺省页"的实现方法差不多，下面我们来采用第二种方法。

首先思考下弹窗采用什么样的呈现方式。假设是凸显一个白色的"悬浮"在页面上的页面，页面上面展示状态等信息。值得注意的是，为了凸显弹窗的效果，在弹窗与主要显示页面之间有一个"半透明"的类似"遮罩"的效果。

我们先来完成弹窗部分的内容。在 Assets 资源库中导入弹窗的主要展示图片，将其命名为"PopoverImage"，与文字一同搭建主体内容，如图 4-10 所示。

图 4-10　状态显示页案例

```Swift
VStack(spacing: 20) {
    // 展示图片
    Image("PopoverImage")
        .resizable()
        .aspectRatio(contentMode: .fit)
        .frame(width: 120)

    // 文字指引
    VStack(spacing: 10) {
        Text("签到成功")
            .font(.system(size: 20))
            .foregroundColor(.black)
            .bold()

        Text("再签 2 天可获得 500 积分")
            .font(.system(size: 17))
            .foregroundColor(.gray)
    }

    // 确认按钮
    Text("知道了")
        .font(.system(size: 17))
        .foregroundColor(.white)
        .bold()
        .padding()
        .frame(width: 180)
        .background(Color.green)
        .cornerRadius(32)
}
```

上述代码中，我们的开发思路和缺省页一致，使用两个 VStack 纵向布局容器，然后使用 Image 图片控件和 Text 文字控件配合搭建样式。

是不是有一种感觉，使用 SwiftUI 搭建页面时需要有"整体思维"。首先分析页面中有哪些元素、需要使用什么样的控件，同时考虑这些控件之间的布局方式。有了这些思考过程，在代码编写过程中就可以很清晰地"描述"页面内容，这就是所谓的"码感"。

回到正题，页面的形式我们已经搭建完成了，接下来我们将它变成一个弹窗。方法也很简单，我们将整个视图的内容作为一个整体，设置该视图整体的大小，如图 4-11 所示。

```Swift
// 弹窗
VStack(spacing: 20) {
    //代码块
```

```
    }
    .padding()
    .frame(maxWidth: 320)
    .background(Color.white)
    .cornerRadius(16)
```

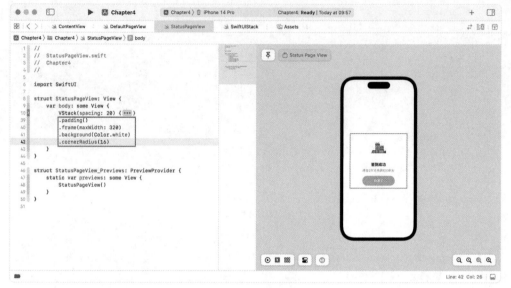

图 4-11　视图弹窗化

　　我们将整个视图作为一个整体，然后使用 ".padding()" 填充修饰符、".frame()" 尺寸修饰符、".background()" 背景修饰符、".cornerRadius()" 圆角修饰符，将视图修饰为一个圆角矩形。

　　由于背景颜色使用的是白色，我们在预览窗口时无法识别。接下来我们来完成"半透明"的类似"遮罩"的效果。思路也很简单，我们可以搭建一个"半透明"的视图，使用 ZStack 堆叠布局容器将弹窗和遮罩呈现层级关系，如图 4-12 所示。

```
                                                                    Swift

ZStack{

    // 遮罩
    VStack {
        Spacer()
    }
    .frame(minWidth: 0, maxWidth: .infinity, minHeight: 0, maxHeight: .infinity)
    .background(Color.black)
    .opacity(0.6)
    .edgesIgnoringSafeArea(.all)
```

```
    // 弹窗
    VStack(spacing: 20) {
        // 代码块
        }
    .padding()
    .frame(maxWidth: 320)
    .background(Color.white)
    .cornerRadius(16)
}
```

图 4-12　背景遮罩

上述代码中，在 **ZStack** 堆叠布局容器有两个视图：一个是遮罩视图；另一个是弹窗视图。遮罩视图我们采用的方法是使用 **VStack** 垂直布局容器，内部只有一个"Spacer()"占位空间的基础控件，它可以根据容器的大小自动填充空白的空间。那么我们只需要指定该容器的大小，就可以设计背景遮罩视图。

使用".frame()"尺寸修饰符、".background()"背景修饰符、"opacity()"透明度修饰符、".edgesIgnoringSafeArea()"忽略安全区域修饰符，将遮罩视图的大小变成自定义，然后填充黑色的背景颜色。为了凸显半透明效果，通过设置透明度的方式使其半透明，最后让视图忽略安全区域铺满全屏。如此，便实现了背景遮罩视图的效果。

在".frame()"尺寸修饰符使用中，我们使用的并不是固定设置宽度和高度，而是指定最小、最大宽度和高度，特别是最大宽度和最大高度为".infinity"自适应。这么做的好处在于不同设备分辨率下，无须调整视图的尺寸，系统会自动适配。

完成到这里，你有没有试着修改图片和文字来搭建其他页面？比如图 4-13。

图 4-13　权限显示页案例

4.4　小知识：如何收起代码块

在开发过程中，当我们需要搭建的代码块越来越多时，该如何快速收起和展开代码块呢？这需要在 Xcode 中进行设置：在 Xcode 顶部的系统工具栏中点击 "Xcode"，选择 "Settings"，在 "Text Editing" 栏目中勾选 "Code folding ribbon"，如图 4-14 所示。

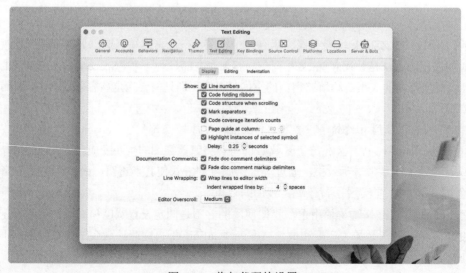

图 4-14　收起代码块设置

设置完成后，Xcode 就可以基于代码中的容器和控件的特性，在代码编辑区域的"行数"旁展示可收起和展开的功能，如图 4-15 所示。

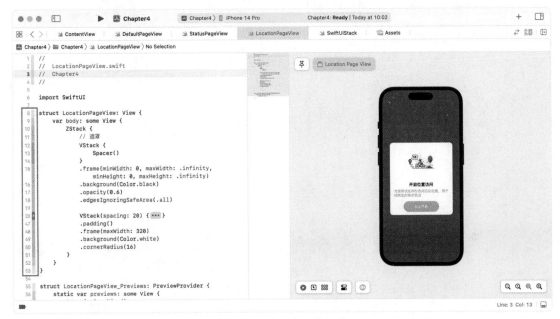

图 4-15　收起代码块操作

另外，在鼠标指定行也可以通过快捷键"option+command+左/右方向按键"，对该行代码所包裹的区域进行折叠代码或展开代码。这样做的好处是，对于已经完成的视图的代码，我们可以收起，从而专注于当前的视图或者功能的实现。

4.5　本章小结

本章内容基本是以实际开发案例为主，甚至可以直接应用在实际开发项目当中。图文排版在实际开发应用过程中十分广泛，构建单一的静态视图，乃至后面我们要学习的动态加载的视图，也都是基于单一的图文排版的内容进行扩展。

在本章中，我们通过案例学习了 VStack 纵向布局容器、HStack 横向布局容器、ZStack 堆叠布局容器在不同场景下的使用，相信你对布局容器应该有了一定的了解。学习到这个阶段，其实我们已经可以搭建各种各样的静态页面了，只是还不会进行页面之间的交互、数据的传递，还有功能的实现。

我希望你能通过本章所学到的内容，尝试搭建自己理想中的页面样式。当然也可以从互联网上找一些页面的例子进行临摹，当积累一段时间获得"码感"后，相信你很快就能完成各种各样绚丽的页面。

下一章，我们将先回归到代码本身。为了更好地学习后续的章节，我们需要对 Swift 编程语言有所了解，包括一些开发过程中会使用到的字面量（常量、变量）、运算符，以及一些简单的判断规则等，当然我也会根据案例进行详细讲解。

磨刀不误砍柴工，我们先来补充一些编程知识。请保持耐心和信心，跟着我一起学习。

第 5 章　Swift 语法初探，磨刀不误砍柴工

2014 年，苹果公司推出了 Swift 编程语言，用来代替服役已久的 Objective-C 编程语言。Swift 的快速、安全、可交互等特性，使其比 Objective-C 编程语言更具可读性、更容易访问和更容易维护，而且还可以和 Objective-C 代码兼容。

Swift 的主要优点之一是它的安全性。它的内置特性可以很好地避免代码编程过程中的错误，例如自动引用计数（ARC）来管理内存，可空类型来防止空指针异常，以及类型推断来避免类型错误等。Swift 还强制严格键入代码，在代码出错时会及时给出提醒，因此在实际开发过程中可以减少很多错误代码。

在性能上，Swift 的一大特点是它更快，特别是在处理大型数据集或者复杂算法时。由于 LLVM（低级虚拟机）的使用，通过模块化和可重用的编译器和工具链等技术，使其编译速度有了质的飞跃。

Swift 还具有实时的交互性，除了使用 Xcode 进行日常编程工作外，我们还可以借助苹果官方推出的学习编程的教育工具——Swift playground。Swift playground 允许开发人员编写代码并实时查看结果，从而降低学习的难度，而且其提供的一系列教育课程，使我们可以更加快速地掌握 Swift 编程语言。

时至今日，Swift 已经成为开发 iOS、iPadOS 和 macOS 应用程序的流行语言，被应用开发行业的许多顶级公司和开发人员使用。通过 Swift 配合 SwiftUI，我们得以快速构建理想中的应用。

下面我们就来学习下 Swift 语言在实际开发过程中的一些用法。

5.1　常量和变量

首先我们创建一个新的 SwiftUI View 文件，命名为"SwiftLanguage"，如图 5-1 所示。

在 SwiftUI View 文件给出的示例代码中，我们看到了标准的 Text 文字控件。Text 控件中的文字内容，是由其括号中的双引号的字符串所决定的，当我们需要修改文字内容时，就需要在指定控件中更改。

如果我们把内容"抽离"出来，将 Text 基本控件作为框架，会发生什么？如图 5-2 所示。

```Swift
struct SwiftLanguage: View {

    let text = "Hello, World!"

    var body: some View {
```

```
        Text(text)
    }
}
```

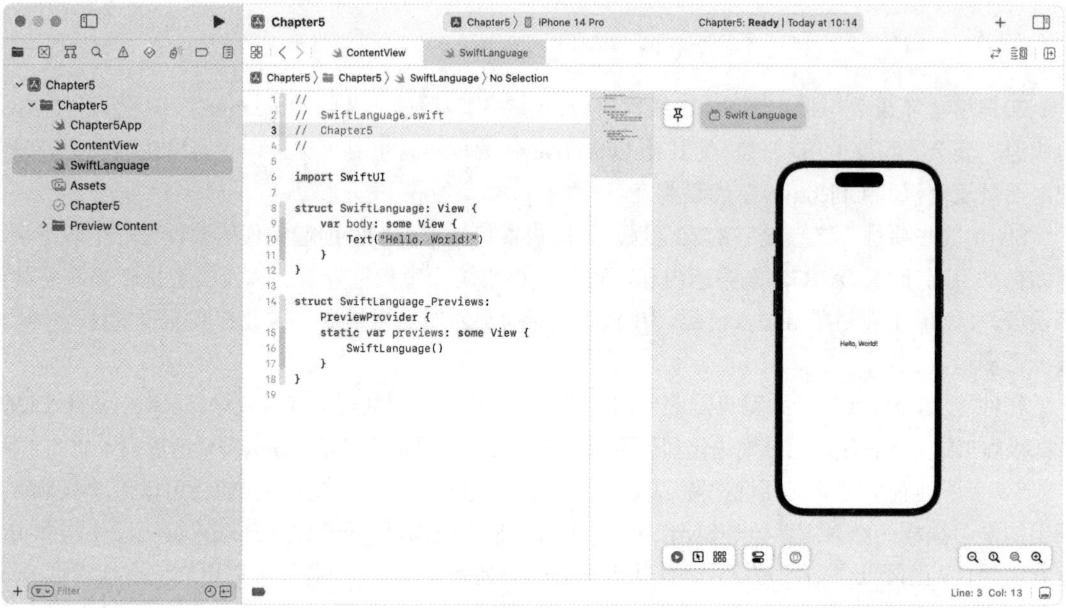

图 5-1　SwiftLanguage 代码示例

图 5-2　text 参数声明

在上述代码中，我们使用关键字"let"声明了一个常量"text"，通过赋值运算符"="，对其赋值为""Hello, World!""；然后在 Text 文字控件中的值，我们使用声明的"text"来代替。

这样的好处是，当我们需要修改文字的内容时，只需要修改声明好的 text，而不需要在代码块中寻找控件。这一方面可以节省不少编程的时间；另一方面，在实际编程过程中很重要的一个编程思想是组件化，即构建一个具有完整功能的组件，开发者可以在项目的不同页面，通过传入值的方式复用该组件。这无疑大大减少了代码量，而且增强了 App 中 UI 样式的统一性。

与"let"声明常量相对应的是由"var"关键字声明的变量，常量的参数内容通常是不可变的，常用于声明官网、隐私政策链接地址、网络请求 URL 地址等。而变量是可以先给予一个默认值，然后在实际场景中给变量重新赋值，以显示不同的内容。例如 Toast 冒泡提示，其内容就是使用"var"声明的变量，在不同场景下提示不同的内容。

这里举个例子，如图 5-3 所示。

图 5-3　TextDemo 文字组件

```Swift
import SwiftUI

struct SwiftLanguage: View {
    var body: some View {
        TextDemo(text: "Hello, World!")
    }
}
```

```
struct SwiftLanguage_Previews: PreviewProvider {
    static var previews: some View {
        SwiftLanguage()
    }
}

// MARK: - 文字组件

struct TextDemo: View {
    var text: String

    var body: some View {
        Text(text)
    }
}
```

在图 5-3 中，我们首先构建了一个新的视图 TextDemo，相当于创建了一个新的 SwiftUI View 文件，然后使用 "var" 关键字声明了一个 String 字符串类型的参数 text。这时候我们并没有给 text 赋值，而是在 TextDemo 的 body 视图中使用它，这样便搭建了一个简单的文字组件。

然后我们再回到上面的 SwiftLanguage 视图中，在 body 视图中使用 TextDemo 这个我们已经搭建好的文字组件，并给它内部的 text 变量传入值。这时候我们再 "套个娃"，如图 5-4 所示。

图 5-4　参数值传递

图 5-4 中，我们在 SwiftLanguage 视图中使用 "let" 关键字声明了常量 text，并赋予了默认值 ""Hello, World!""；然后将常量 text 的值给到 TextDemo 视图组件中使用 "var" 关键字声明的变量

text，便实现了给变量 text 赋值的效果。

是不是挺好玩的？

在 SwiftUI 实际开发过程中有很多这样的处理方式，我们会创建一个单独的 Swift 文件，将项目中的重要参数都在同一个 Swift 文件中维护。在项目中使用参数时，就从这个 Swift 文件中关联查询。当参数值发生变化时，则项目中所有使用到该参数的地方都会发生变化，如图 5-5 所示。

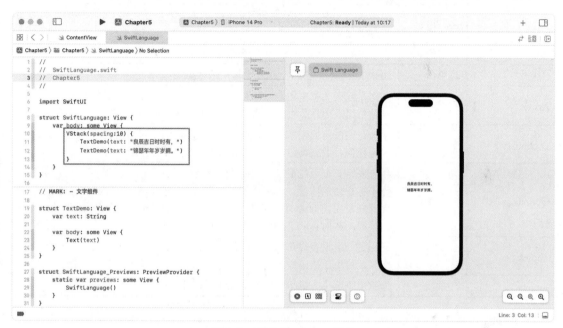

图 5-5　复用 TextDemo 组件

在图 5-5 的 SwiftLanguage 视图中，我们不再需要给两个 Text 都使用同样的修饰符，而只需要搭建好一个标准的 Text 组件，然后在主要视图中调用即可，代码量一下子就少了很多。

另外，我们在开发过程中常常需要对代码块的功能或者作用进行说明，这时候需要使用到 Swift 的代码注释。代码注释一般会出现在两种业务场景中：一种是代码块命名，我们使用 "//" 进行注释，注释的部分不参与运算。如果需要突出注释，可以在内容后增加 "MARK: -" 来凸显注释内容。另一种是多行注释，使用 "/*注释内容*/"，常常用来解释实现方法，或者注释这个代码块。

良好的注释说明习惯，可以帮助我们在回顾代码时快速了解该代码实现的业务内容；也方便在需要项目协同时，帮助其他协同开发者快速熟悉和看懂自己的代码。

5.2　Swift 中的数据类型

要熟悉 Swift 编程语言，需要对常用的数据类型有所了解。如果你在之前学习过其他编程语言，那么你会发现编程语言的数据类型大同小异。Swift 常见的数据类型见表 5-1。

表 5-1 常见数据类型

数据类型	类型名称	类型说明
Int	整型	用于表示整数，它可以用来表示各种长度，如 8 位、16 位、32 位和 64 位整数
Double 和 Float	浮点数	用于表示小数，Double 是 64 位浮点数，而 Float 是 32 位浮点数
String	字符串	用来表示文本的一系列字符。Swift 中的字符串是兼容 Unicode 的，可以用来存储任何类型的文本
Bool	布尔值	表示为 true 或者 false，常用于条件语句和控制语句中
Color	颜色值	用来表示颜色，是 SwiftUI 中常用的数据类型
Array	数组	数组是元素的有序集合，在 Swift 中，数组可以包含任何类型的数据，包括其他数组，而且数组的索引是整数
Dictionary	字典	字典是键值对的无序集合。Swift 中的字典可以存储任何类型的数据，键可以是任何可散列类型，如字符串或者整数
Optional	可空类型	用于表示一个可能不存在的值。可空类型是 Swift 特有的特性，用于处理可能不存在值的情况。可空类型可以包含一个值，也可以为 nil（不存在），而且在使用它们之前必须进行拆封。这要求开发人员明确地处理值不存在的情况，从而有助于避免错误，并提高安全性
Tuples	元组	元组是一组组合成单个复合值的值。在 Swift 中，元组可以包含任意数量的元素，可用于从函数中返回多个值，也可以将相关值分组在一起
Enums	枚举	通常用来定义一组相关的值，比如星期几

数据类型常常用在组件构建和参数声明中，而在 Swift 语言中，Swift 是自动根据声明的常量或者变量参数的值来判断类型的，比如我们的"text"，由于赋予的值是 String 字符串类型，则"text"就是一个 String 字符串类型的常量参数。

这里举一个例子，如图 5-6 所示。

```Swift
// MARK: - 文字组件

struct TextDemo: View {
    var text: String
    var textSize: CGFloat
    var textColor: Color

    var body: some View {
        Text(text)
            .font(.system(size: textSize))
            .foregroundColor(textColor)
    }
}
```

图 5-6　声明多个参数

在我们搭建的 TextDemo 视图中，我们声明了三个变量参数 text、textSize、textColor，并确定了它们的类型分别为 String、CGFloat、Color。在 body 内容中，我们用参数代替了固定的参数值，这种方式使得该组件更加灵活。在其他使用 TextDemo 组件的场景，我们都可以传入不同的参数值获得不一样的效果。

如下面的代码所示。

```Swift
VStack(spacing: 10) {
    TextDemo(text: "你好，世界。", textSize: 23, textColor: .black)
    TextDemo(text: "愿日子如熹光，愿你能幸福~", textSize: 17, textColor: .gray)
}
```

我们在 VStack 纵向布局容器中排列文字，调用 TextDemo 视图的内容，并赋予了不同的 text 文字内容、textSize 文字字号、textColor 文字颜色，以此呈现出了主要标题和次要标题的效果。

另外，在实际开发过程中，无论声明的是参数、结构体还是页面名称，我们在命名的时候都需要遵照一定的原则。常见的命名方式为"驼峰命名法"，也就是开始单词为小写，后面组合的单词首字母大写，如 textSize、textColor。虽然 Swift 也支持中文、emoji 等命名方式，但在实际开发过程中，为了统一规范，还是建议使用英文进行命名。

5.3　运算符及使用场景

5.3.1　常用的运算符

在 Swift 中，运算符是用于对值和变量进行操作的符号或者标记，允许开发人员执行诸如算术、比较、赋值和逻辑等任务。Swift 中一些最常见的运算符见表 5-2。

表 5-2　常见运算符

运算符	示例	说明
赋值运算符	=	用于给参数赋值
算术运算符	+、-、*、/、%	加、减、乘、除、求模
组合赋值运算符	+=、-=、*=、/=、%=	用于将赋值操作和算术运算结合起来
三元运算符	条件 ? 结果 1 : 结果 2	用于根据条件判断结果，符合条件时呈现结果 1，不符合条件时则呈现结果 2
比较运算符	==、!=、>、<	用于比较两个值，并返回一个布尔值，输出的结果是 true 或者 false
逻辑运算符	&&、||、!	与、或、非
空合运算符	条件为空 ?? 默认值	用于在控件赋值为空时给一个默认值，避免出错
区间运算符	...、.. <、...<2	闭区间、半开区间、单侧区间，常用于确定数据范围

看完后是不是有点头大呢？没有关系，这里将对每一种运算符都给出一个实际开发过程中的使用案例，帮助大家理解和使用运算符。

5.3.2　赋值运算符和算术运算符

赋值运算符就不用多说了，在前文的案例中我们使用最多的就是 "＝" 实现的参数赋值。算术运算符使用比较多的场景是进行 String 字符串的拼接和基础的算术运算。这里举一个例子，如图 5-7 所示。

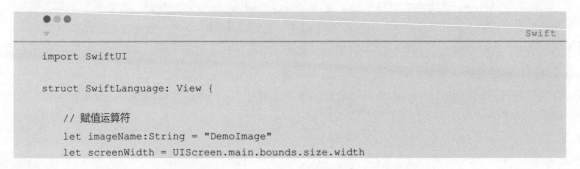

```Swift
import SwiftUI

struct SwiftLanguage: View {

    // 赋值运算符
    let imageName:String = "DemoImage"
    let screenWidth = UIScreen.main.bounds.size.width
```

```
var body: some View {
    Image(imageName)
        .resizable()
        .scaledToFit()
        .frame(width: screenWidth - 20) // 算术运算符
}
}
```

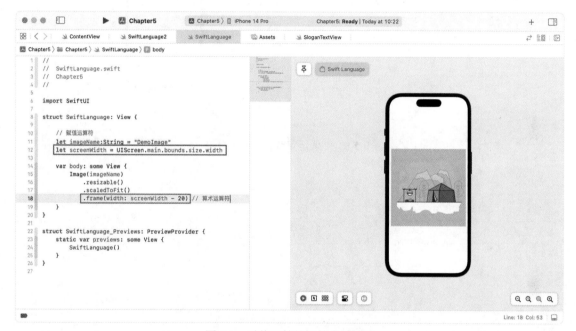

图 5-7　赋值运算符和算术运算符

　　在上述代码中，我们使用关键字"let"声明了两个常量 imageName、screenWidth，并使用赋值运算符赋予了默认值。其中，imageName 参数的默认值为图片素材"DemoImage"，而 screenWidth 参数的默认值为"UIScreen.main.bounds.size.width"设备展示区域宽度。

　　而在对图片设置尺寸时，在".frame()"尺寸修饰符的 width 宽度参数赋值上，我们使用算术运算符中的"-"减法，赋值为 screenWidth 参数的值再减去 20 的数据，则图片的宽度就会根据计算出的结果作为最终的宽度值。

　　以上便是赋值运算符和算术运算符的简单使用。

5.3.3　三元运算符

　　我们再看一个例子，如图 5-8 所示。

图 5-8　赋值运算符和三元运算符

```swift
import SwiftUI

struct SwiftLanguage: View {

    var isOn:Bool = true

    var body: some View {
        Image(systemName:  isOn ? "video" : "video.slash")
            .font(.system(size: 32))
            .foregroundColor(isOn ? .black : .gray)
    }
}
```

上述代码中，我们用到了两类运算符：赋值运算符、三元运算符。赋值运算符部分在 SwiftLanguage 视图中使用关键字"var"声明了一个变量 isOn，它是一个 Bool 类型的参数，默认值为 true。

在 Image 文字内容的展示上，使用了三元运算符加以判断，当 isOn 参数为设置的默认值时，图片内容为"video"，否则图片内容为"video.slash"。同样的使用方法，在".foregroundColor()"前景色修饰符上，我们也使用了三元运算符加以判断，使参数 isOn 处于不同状态下，视图呈现不同的效果。

三元运算符在实际开发过程中经常使用，用于表明在不同状态下呈现两种相互对立的内容，如果满足则结果为 A，不满足则结果为 B。我们可以切换一下 isOn 的状态看看效果，如图 5-9 所示。

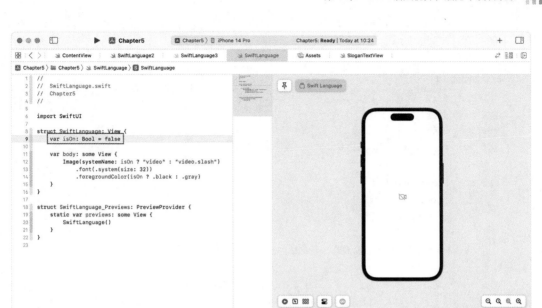

图 5-9　切换 isOn 参数状态

5.3.4　比较运算符和逻辑运算符

比较运算符和逻辑运算符在实际开发过程中经常一同使用，用于表示同时满足或者满足其中一种条件，抑或是不满足某一种条件时，系统将呈现什么结果，如图 5-10 所示。

图 5-10　比较运算符和逻辑运算符

```Swift
import SwiftUI

struct SwiftLanguage: View {
    var isLogin: Bool = true
    var text: String = "人生得意须尽欢，莫使金樽空对月。"

    var body: some View {
        if isLogin && text.count > 0 {
            Text(text)
        } else {
            Text("网络似乎出了点问题，请稍后再试～")
        }
    }
}
```

上述代码中，我们使用关键字"var"声明了两个变量 isLogin、text 并对其赋予了初始值。在视图展示时，通过"if"关键字进行条件判断，我们使用"&&"逻辑运算符，表示需要同时满足两个条件。

第一个条件是 isLogin 参数，这里比较特殊，需要说明一下，由于参数是 Bool 类型，则在条件判断时，我们可以单写 isLogin 参数，表示"满足它当前默认值时"的条件，相当于"isLogin == true"，这里的"true"是声明变量时给予的默认值。

第二个条件是 text 参数的值的".count"字数总量需要">0"。在实际开发的项目中，在很多输入框的判断上我们都会使用这一种判断，用于判断用户输入的内容是否为空。

通过比较运算符和逻辑运算符的组合，当同时满足两个条件时，Text 的文字内容展示为"text"参数的值；如果不满足，展示的内容则为"网络似乎出了点问题，请稍后再试～"。

5.3.5 空合运算符

空合运算符通常运用在更加深度的开发过程中。为避免由于网络问题等原因传入空值导致的错误，比如网络信号不好的情况下，App 可能无法展示内容；或者数据加载了一半却中断，系统无法识别而导致内存溢出。这些问题对于一款软件来说是致命的，所导致的错误可能会使应用程序再也无法正常打开。

这时 Swift 提供了空合运算符的概念，即当必要的参数为空时，开发者可以设置一个默认的值，从而使软件正常运行。这里举个例子，如图 5-11 所示。

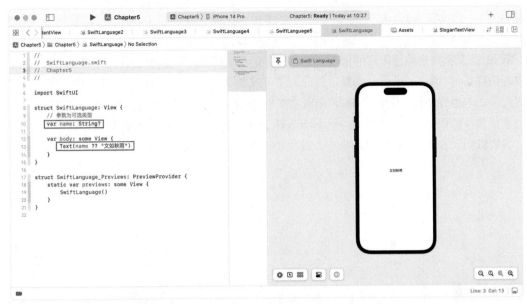

图 5-11　空合运算符

```swift
import SwiftUI

struct SwiftLanguage: View {

    // 参数为可选类型
    var name: String?

    var body: some View {
        Text(name ?? "文如秋雨")
    }
}
```

上述代码中，我们声明的变量 name 并未对其参数赋予默认值，这在开发逻辑上是准备从其他页面传入值或者通过网络请求获得值。因此，在 Text 控件中展示时，Text 控件会因为找不到传入的参数值而导致内存溢出。这时我们就可以使用空合运算符，在 name 参数没有值的时候赋予一个默认值，Text 控件即可正常运行。

5.4　本章小结

可能对于 iOS 学习者来说，最不愿意看的章节就是关于编程语法这一章了。在我还在到处寻找资料的过程中，大多数的编程类书籍关于语法部分，都会跳出实际开发项目，以理论上简单的逻辑说明为主。因此在本章，对于提及的每一部分的内容，为了让读者学以致用，均使用了一些实际项目案例作为讲解。

Swift 语言和其他编程语言的语法大同小异，但在实际应用场景中会有些许差异。大学时我学的编程语言是 C 语言，授课方式是以原理为主，或者以代码作为讲解。在脑袋嗡嗡学完之后考试是通过了，但也许是我"天资愚笨"，未能在掌握基础语法之后活学活用，实属有些遗憾。

本章涉及的内容不多，但都是在实际开发中会频繁使用到的内容，希望能对你有所帮助。下一章，我们将回到 SwiftUI 的学习过程中，继续学习 SwiftUI 基础控件和使用场景。

第6章 点击交互，Button 按钮的使用

如果说内容页面是单向的提供信息的窗口，那么交互操作就是双向互动的媒介。

20 世纪 70 年代，施乐公司开发出第一个图形用户界面，代表着人机交互历史上的一个重要转折点。在这之后，苹果公司的麦金塔电脑将图形用户界面推广开来。到了 20 世纪 80 年代和 90 年代，个人电脑革命将电脑带入千家万户。在此期间，HCI 研究人员专注于开发更友好的界面，窗口化操作系统被正式推出。

21 世纪互联网的兴起，以及计算机和移动设备的广泛使用，标志着人机交互进入一个新时代。iPhone、iPad 等触屏界面和移动设备日益普及，给人机交互研究带来了新的挑战和机遇。到如今，人工智能的兴起和自然语言处理的广泛使用，迎来了人机交互的新时代，人类与计算机的交互变得更加直接。语音交互，如 Siri 和 Alexa，以及可穿戴式交互，如 Apple Watch。

而在常规的电子设备交互上，目前用户采用更多的是点击、长按、拖拽等操作，告知操作界面我们想要什么、喜欢什么、不喜欢什么。本章我们将学习一个新的 SwiftUI 基础控件——Button 按钮，来实现与用户界面基础的人机交互。

6.1 创建一个简单的按钮

首先我们创建一个新的 SwiftUI View 文件，命名为"SwiftUIButton"。在示例代码中，我们尝试将示例的 Text 文字通过修饰符美化成一个按钮的样式，如图 6-1 所示。

图 6-1 创建按钮样式

```Swift
Text("立即使用")
    .font(.system(size: 17))
    .foregroundColor(.white)
    .padding()
    .frame(width: 180)
    .background(Color.green)
    .cornerRadius(16)
```

上述代码中，要想让 Text 文字呈现一个按钮的样式需要分为两个步骤。

第一步是基础的文字内容的设置，通过 ".font()" 字体修饰符、".foregroundColor()" 前景色修饰符设置文字字号和文字颜色。

第二步是通过 ".padding()" 填充修饰符让文字四周撑开空白区域，再使用 ".frame()" 修饰符设置两边空白区域的宽度，最后设置 ".background()" 背景颜色修饰符和 ".cornerRadius()" 圆角修饰符，将空白区域填充颜色并设置为圆角。

那么一个简单的按钮的样式便写好了，下面我们让该按钮变成可以点击的按钮，如图 6-2 所示。

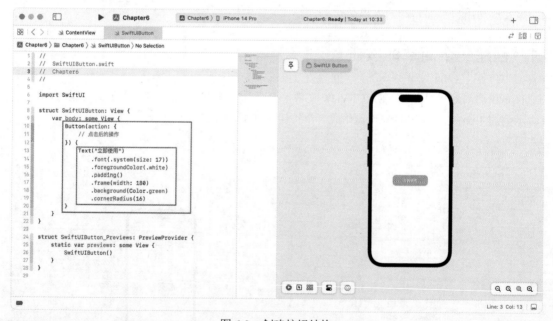

图 6-2　创建按钮结构

```Swift
Button(action: {
    // 点击后的操作
}) {
```

```
Text("立即使用")
    .font(.system(size: 17))
    .foregroundColor(.white)
    .padding()
    .frame(width: 180)
    .background(Color.green)
    .cornerRadius(16)
}
```

　　一个按钮需要包含两部分内容，一部分是按钮的样式，即上面我们完成的部分；另一部分是操作，即点击该按钮触发什么动作。在上述代码中，Button 按钮括号的 action 动作中包含的内容，便是点击按钮后需要执行的交互动作，如打开页面等。

　　除了文字按钮外，图标按钮在项目开发过程中也经常会使用到，我们只需要更改 Button 按钮中的内容部分，就可以使用按钮作为图标，如图 6-3 所示。

图 6-3　图标按钮

```Swift
Button(action: {
    // 点击后的操作
}) {
    Image(systemName: "trash")
}
```

　　这里值得注意的是，由于 Button 按钮的特性，纯文字按钮和图标按钮的默认前景色会设置为蓝色，以突出按钮的特性。因此，如果我们需要其他颜色的按钮，则需要自行使用".foregroundColor()"
前景色修饰符进行调整。

6.2　创建一个渐变色的按钮

为了实现更加绚丽的页面效果，我们常常需要使用到渐变色修饰页面样式。那么渐变色和按钮
的组合，会产生什么奇妙的效果？让我们试试。

在上述案例中，我们将 Text 作为按钮样式，并且使用".background()"背景颜色修饰符设置了
按钮的背景填充颜色，这是单一的背景颜色，那么我们将它变成两种颜色的渐变，如图 6-4 所示。

图 6-4　背景渐变色

```Swift
Text("立即使用")
    .font(.system(size: 17))
    .foregroundColor(.white)
    .padding()
    .frame(width: 180)
    .background(
        LinearGradient(gradient: Gradient(colors: [Color.blue, Color.green]),
            startPoint: .leading, endPoint: .trailing))
    .cornerRadius(16)
```

上述代码中，我们在.background()背景颜色修饰符中使用 Gradient 渐变色方法将背景颜色换成

蓝绿渐变色。Gradient 渐变色方法的代码结构为背景颜色为渐变色，渐变颜色为蓝色和绿色，渐变开始位置为左边，结束位置为右边。渐变色修饰符参数见表 6-1。

表 6-1　渐变色修饰符参数

参数	名称	说明
LinearGradient()	线性渐变	用于定义渐变色
gradient	渐变色	通常用颜色组，[Color.blue,Color.green]，也就是开始颜色是蓝色，结束颜色是绿色
startPoint	开始位置	通常使用.leading 左边、.trailing 右边、.top 上边、.bottom 下边
endPoint	结束位置	通常使用.leading 左边、.trailing 右边、.top 上边、.bottom 下边

通过对代码结构的理解，我们也可以通过修改渐变色的开始位置和结束位置，使其变成上下渐变或者其他渐变方式。

6.3　万物皆可变成按钮

Text 文字可以作为按钮的样式，本地 Image 图片可不可以呢？当然可以！

我们往 Assets 资源库中导入一张图片素材，将其命名为"WoodenFish"，并将其展示出来，如图 6-5 所示。

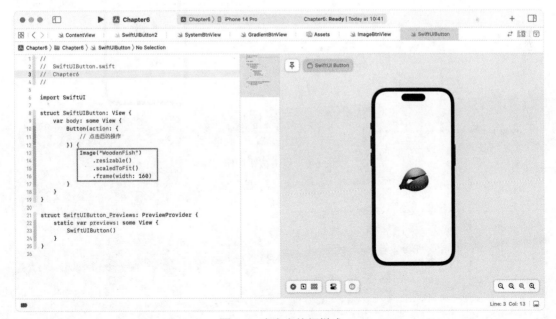

图 6-5　自定义按钮样式

```Swift
Button(action: {
    // 点击后的操作
}) {
    Image("WoodenFish")
        .resizable()
        .scaledToFit()
        .frame(width: 160)
}
```

把一张"木鱼"的图片作为点击的按钮，是不是挺有趣？我们可以再完善一下，比如我们给它加上文字，当每次敲击的时候，让它显示"功德+1"的字样，如图 6-6 所示。

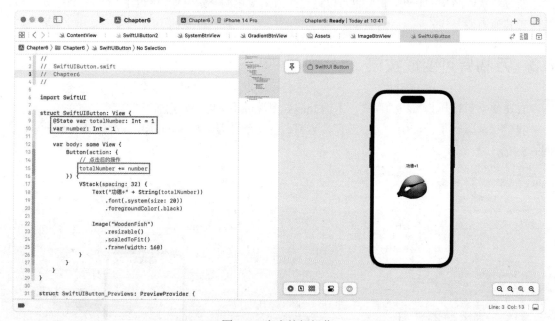

图 6-6　点击按钮操作

```Swift
import SwiftUI

struct SwiftUIButton: View {
    @State var totalNumber: Int = 1
    var number: Int = 1
```

```
    var body: some View {
        Button(action: {
            // 点击后的操作
            totalNumber += number
        }) {
            VStack(spacing: 32) {
                Text("功德+" + String(totalNumber))
                    .font(.system(size: 20))
                    .foregroundColor(.black)

                Image("WoodenFish")
                    .resizable()
                    .scaledToFit()
                    .frame(width: 160)
            }
        }
    }
}
```

上述代码中，我们首先使用"var"关键字声明了两个 Int 类型的变量 totalNumber、number，并赋予了默认值 1。其中，totalNumber 为最后呈现的结果数字，number 为每次累加的数。

这里先稍微提一下，由于 totalNumber 需要作为样式呈现的数值，因此使用了"@State"状态属性包装器进行包装，"@State"状态属性包装器的作用是"缓存"更新后的结果。@State 状态属性包装器的内容，在后面的章节中会做详细讲解。

```
                                                                Swift
@State var totalNumber: Int = 1
```

回到正文，在点击操作的代码中，我们在用户每次点击时，最终呈现的结果为 totalNumber 重新赋值为"totalNumber+number"的数字，由于 number 参数的默认值为 1，则每次点击时，totalNumber 参数最终的结果都会+1。

```
                                                                Swift
totalNumber += number
```

在样式呈现上，我们使用 VStack 纵向布局容器搭建视图，内部包含两个控件：Text 和 Image。由于我们将整个 VStack 纵向布局容器放置在 Button 按钮内容区域，则表示我们点击的内容是布局容器，而不是单一的 Text 文字或者 Image 图片。

如果我们想要点击的内容只有 Image 图片，则需要把 Button 按钮作为一个视图，然后和 Text 文字放置在 VStack 纵向布局容器中，如图 6-7 所示。

图 6-7　组合按钮布局

```swift
// 布局容器
VStack(spacing: 32) {
    // 文字内容
    Text("功德+" + String(totalNumber))
        .font(.system(size: 20))
        .foregroundColor(.black)

    // 图片按钮
    Button(action: {
        // 点击后的操作
        totalNumber += number
    }) {
        Image("WoodenFish")
            .resizable()
            .scaledToFit()
            .frame(width: 160)
    }
}
```

6.4　小知识：参数值类型转换

上述代码中的样式部分，Text 文字部分值得详细描述一下，Text 文字内容使用了第 5 章 Swift

语法中提及的算术运算符"＋"进行字符串的拼接。这是一个知识点，即在基础控件内容赋值时，我们可以直接使用运算符进行组合运算，在基础控件中可以直接计算出结果后展示内容。

```Swift
Text("功德+" + String(totalNumber))
```

另一个知识点是由于参数 totalNumber 是 Int 类型，而 Text 中的内容只能接收 String 类型的参数，因此我们可以直接使用"String()"类型转换对 totalNumber 参数进行类型转换，最终输出 String 的数值，再与前面的字符串进行拼接得到最终的结果内容。

6.5　使用 onTapGesture 修饰符

有时候我们会觉得使用 Button 按钮太麻烦了，Button 按钮的代码规范涉及样式和交互动作两部分内容，可能在代码编写过程中缺少一个括号或者花括号就会导致代码报错。另外，可能每次需要使用时不一定能够完全记得代码结构。这样那样的原因，可能让我们在使用 Button 按钮作为点击交互上有所抗拒。

这里再介绍一种可以实现点击交互的编程方案——使用 onTapGesture 修饰符。

SwiftUI 中，onTapGesture 修饰符可以为视图添加点击手势，并允许用户通过点击来与之交互。当点击视图时，和 Button 按钮一样会触发一个点击的交互动作。下面我们来举个例子，如图 6-8 所示。

图 6-8　onTapGesture 修饰符

```swift
Swift

// 图片按钮
Image("WoodenFish")
    .resizable()
    .scaledToFit()
    .frame(width: 160)

    //点击操作
    .onTapGesture {
        totalNumber += number
    }
```

上述代码中，我们给 Image 图片控件增加了一个修饰符——".onTapGesture {}" 点击修饰符，在其花括号的闭包中，我们实现点击后的操作，给 totalNumber 参数重新赋值为累加 number 参数。

```swift
Swift

//点击操作
.onTapGesture {
    totalNumber += number
}
```

我们会发现，这和 Button 按钮实现的效果几乎一样。

但不同的是，在真机实操的用户体验上 Button 按钮会提供点击后的反馈，在震动上会有一定的反馈。而且我们也可以看到当使用 Button 按钮作为点击交互时，SwiftUI 会凸显出按钮"点击下去"的反馈，引导用户去点击。当然，我们也可以通过代码实现这个效果，只不过如果使用 Button 按钮，SwiftUI 会帮我们直接实现。

6.6 小知识：如何批量重命名参数名称

在实际开发中，我们声明好的视图名称、参数名称可能在后续需要调整。但这时会碰到一个很尴尬的问题：在很多页面已经使用了该视图或者参数，如果这时候更改了参数名称的来源，则会导致在调用其相关视图时由于无法找到该参数而报错。

这可能是初学者最怕遇到的问题，改了个参数/页面名称，一堆视图文件中出现了报错信息，又需要返回去一个个修改，既麻烦又耗费心力。

Xcode 提供了非常便捷的名称重命名方式，如前面代码中的"totalNumber"参数，在视图中调用了两次。如果我们需要修改声明的参数名称，可以鼠标选中 totalNumber 参数，右键打开更多操作，选择"Refactor"，在其子菜单中选择"Rename"，如图 6-9 所示。

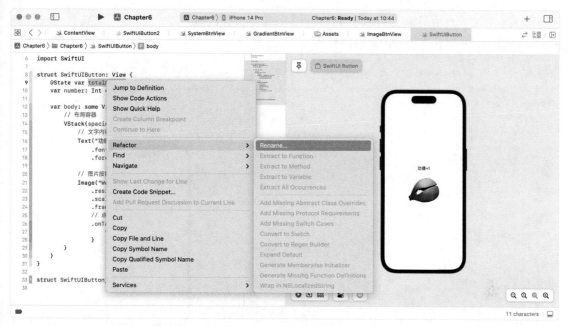

图 6-9 重命名参数操作

Xcode 就会在当前视图文件索引使用该参数的地方，并且标识出来，这时我们可以修改参数名称为"finNumber"，点击右上角的"Rename"按钮，即可完成参数名称的修改，如图 6-10 所示。

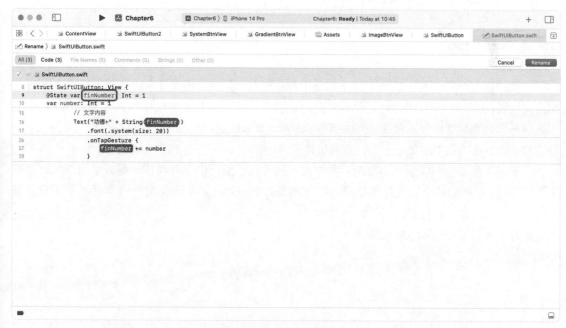

图 6-10 重命名参数确认

等待刷新完成之后，你就会发现，所有调用 totalNumber 的地方都成功更名为"finNumber"参数了，并且项目可以正常运行，如图 6-11 所示。

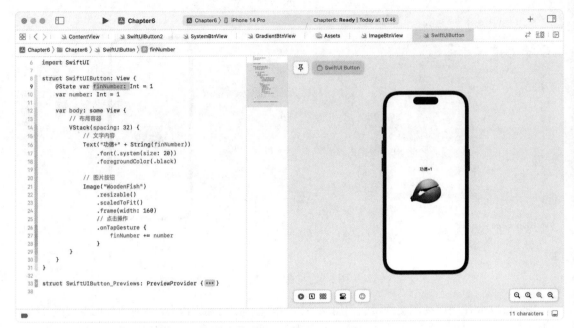

图 6-11　参数重命名更新情况

6.7　本章小结

本章的内容不多，本身 Button 按钮的使用就很简单，只需要在前几章的基础上使用 Button 按钮结构代码，就可以把视图转换成可以点击交互的按钮。Button 按钮的使用场景更多是在页面中充当返回操作或者新增操作等常规交互的指引，而对于复杂的视图交互，我们可以使用 onTapGesture 修饰符修饰复杂视图中的某个元素，使其可以被点击。

在学习了静态视图展示内容之后，我们在本章引入了基础的交互动作，那么在用户给计算机下了指令后，数据的传递和处理又是怎么实现的呢？下一章我们将学习另一种常用的基本交互方式——文本输入框，接收来自用户输入的内容。

别忘了要好好完成本章的案例哦。

第 7 章　文本输入，TextField 文本框的使用

从我们刚开始接触互联网时使用的浏览器搜索，到现在通过输入框的方式向 AI 咨询问题，输入框可谓无处不在。

文本输入框，似乎成了当下主流的信息交互方式，人们通过在输入框键入想要询问的内容，互联网就能快速完成信息检索、拼写纠正并给出搜索建议。这使人们在检索信息的过程中更加高效和准确，并可以快速且轻松地找到他们想要的内容。

此外，笔者在写这本书的时候，录入每一章节的标题部分，使用的也是文本输入框的方式。下面我们来继续学习 SwiftUI 中的基础控件 TextField 文本框，来帮助我们更好地掌握和使用 SwiftUI。

首先我们创建一个新的 SwiftUI View 文件，命名为"SwiftUITextField"，如图 7-1 所示。

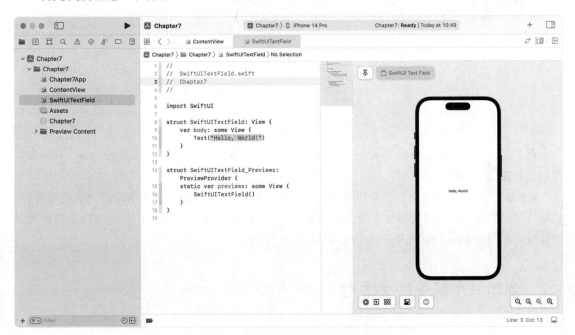

图 7-1　SwiftUITextField 代码示例

7.1　声明文本框参数

在创建 TextField 文本框前，我们需要提前声明一个用于存储文本框状态内容的参数，如图 7-2 所示。

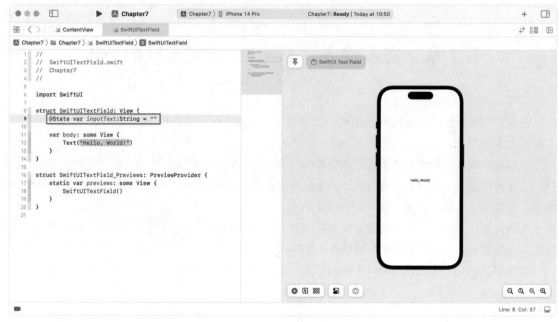

图 7-2   inputText 参数声明

```Swift
@State var inputText:String = ""
```

在上述代码中,我们使用"var"关键字声明了一个"String"类型的变量 inputText,并首次使用到了属性包装器@State。

@State 属性包装器是用于控制视图行为可变状态的变量,在视图中更新和重新渲染视图内容,以响应用户交互或者应用程序状态的更改。简单来说,就是当我们声明的变量 inputText 内容发生变化时,在使用 inputText 变量的地方就可以实时更新内容。

7.2   创建一个简单的文本框

我们使用@State 属性包装器的原因是,在使用 TextField 文本框控件时需要绑定 TextField 输入框输入的内容。下面我们来使用 TextField 文本框控件,如图 7-3 所示。

```Swift
TextField("请输入", text: $inputText)
```

图 7-3　TextField 文本框控件

使用 TextField 文本框，需要设置两部分的内容：一是文本框的占位文字，即当文本框未输入内容时展示的提示文字；二是绑定的内容，当我们创建一个 TextField 文本框时，它提示需要输入的内容为<#Binding<String>#>，即需要绑定一个 String 类型的变量。

这里我们绑定的参数变量为使用@State 属性包装器声明的变量 inputText，绑定变量使用的是符号"$"，在后面数据流的章节中我们会做详细讲解。

我们可以在预览窗口点击文本框输入内容，看看交互的效果，如图 7-4 所示。

图 7-4　键入内容的效果

除了标准的 TextField 文本框外，我们也可以使用下面的方式创建一个安全文本框，如图 7-5 所示。

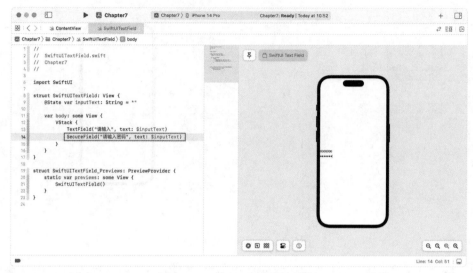

图 7-5　SecureField 安全文本框

```Swift
SecureField("请输入密码", text: $inputText)
```

7.3　使用修饰符格式化文本框

再回到 TextField 文本框的代码中，我们可以看到在预览窗口中展示的 TextField 文本框不是特别明显，在常用的类似登录页面中，我们可以看到文本输入框有一个边框，用以突显文本框的存在。我们可以给 TextField 文本框添加对应的修饰符，来格式化文本框的样式，如图 7-6 所示。

```Swift
TextField("请输入", text: $inputText)
    .textFieldStyle(RoundedBorderTextFieldStyle())
    .padding()
```

上述代码中，我们使用".textFieldStyle()"文本框样式修饰符，设置 TextField 文本框为"RoundedBorderTextFieldStyle()"圆角边框文本框样式，然后使用".padding()"填充修饰符将四周撑开空白区域，如此便呈现了上面的样式。

对于文本框还可以通过修饰符设置我们期望接收的内容格式，和一些常用的格式内容，如图 7-7 所示。

图 7-6　格式化文本框样式

图 7-7　文本框组合样式

```Swift
TextField("请输入", text: $inputText)
    .textFieldStyle(RoundedBorderTextFieldStyle())
    .textContentType(.telephoneNumber)
    .keyboardType(.numberPad)
    .disableAutocorrection(true)
    .padding()
```

上述代码中，".textContentType()"文字内容修饰符是设置我们希望文本框输入的内容类型，如 emailAddress 邮箱地址、URL 链接地址或者 telephoneNumber 电话号码等。

".keyboardType()"键盘类型修饰符，是当我们在真机或者模拟器中使用点击文本框时，设置唤起的键盘的类型。这里我们假设这是一个输入电话号码的文本框，我们希望输入时，iOS 的软键盘就自动切换为数字格式的键盘。这种场景我们就可以使用".keyboardType()"键盘类型修饰符，设置类型为 numberPad 数字键盘。

".disableAutocorrection()"禁用自动纠正修饰符是一个与日常使用习惯逻辑相反的修饰符，接收 Bool 类型的值，当值为 true 时，则唤起软键盘的时候就会禁用软键盘在输入时，iOS 自动纠正输入的内容。这在用户日常使用过程中特别重要，很多时候当我们指定文本框输入的内容时，iOS 总是自动纠正我们输入的内容，转换为它认为"合理"的输入内容。

7.4 实战案例：登录页面

我们结合之前所学章节的内容，搭建一个简单的登录页面，如图 7-8 所示。

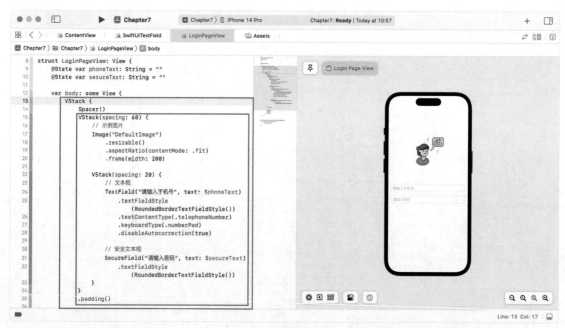

图 7-8 登录页面案例

在一个简单的登录页面中，一般包含两部分的内容：一部分是用来突显登录页面的图片或者文字标题；另一部分是用户登录操作的区域，包含需要用户输入的登录账号和密码。

为了实现用户输入的登录账号和密码，我们需要单独为其声明参数，代码如下：

```Swift
@State var phoneText: String = ""
@State var secureText: String = ""
```

在布局结构上，需要将用户操作的区域作为一个整体，即文本框的部分需要单独构建容器，代码如下：

```Swift
VStack(spacing: 20) {
    // 文本框
    TextField("请输入手机号", text: $phoneText)
    .textFieldStyle(RoundedBorderTextFieldStyle())
    .textContentType(.telephoneNumber)
    .keyboardType(.numberPad)
    .disableAutocorrection(true)

    // 安全文本框
    SecureField("请输入密码", text: $secureText)
    .textFieldStyle(RoundedBorderTextFieldStyle())
}
```

我们使用 VStack 纵向布局容器，将文本框和安全文本框纵向排布，并设置修饰格式化其样式。为了让两个控件布局协调，我们在 VStack 布局容器中设置 spacing 间距参数。

完成之后，我们再引入页面示例的图片，也采用 VStack 纵向布局容器进行布局，代码如下：

```Swift
VStack(spacing: 60) {
    // 示例图片
    Image("DefaultImage")
    .resizable()
    .aspectRatio(contentMode: .fit)
    .frame(width: 200)

    VStack(spacing: 20) {
        // 文本框
        TextField("请输入手机号", text: $phoneText)
        .textFieldStyle(RoundedBorderTextFieldStyle())
        .textContentType(.telephoneNumber)
        .keyboardType(.numberPad)
        .disableAutocorrection(true)

        // 安全文本框
        SecureField("请输入密码", text: $secureText)
```

```
        .textFieldStyle(RoundedBorderTextFieldStyle())
    }
}
.padding()
```

在外层的 VStack 纵向布局容器中，我们在用户操作区域前增加了一个示例图片，并格式化图片样式显示。布局容器除了使用 spacing 间距参数设置外，我们还使用 ".padding()" 填充修饰符增加容器与展示区域的边距。

这样就不需要在容器内给所有控件单独设置边距了，而是把整个容器作为一个整体，给该容器增加边距。

可以看到我们在完成后还包裹了一个 VStack 纵向布局容器，并增加了 4 个 "Spacer()" 填充空白区域控件。为何如此设计？相信你应该想到了，因为 VStack 纵向布局容器的布局方式是居中的，完成基础页面的搭建后我们会发现整个内容信息展示在页面中间，这样的展示内容不符合用户的常规习惯。

在设计美学上，人在初次看到一个事物时的视野是偏中轴线往上的位置，因此如果信息位于界面中间，而且用户操作输入的区域还在中间偏下，则会导致感官上的异错感，用户大脑就需要调节视野中元素的优先顺序。而凡是不符合大脑思维习惯的行为都会消耗更多的能量，可能会导致用户失去兴趣或者产生不好的第一印象。

因此，我们对页面又重新增加容器进行布局，尝试改善这种不适感，如图 7-9 所示。

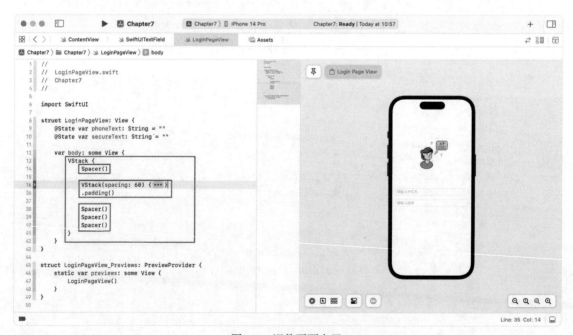

图 7-9　调整页面布局

7.5 实战案例：搜索框

为了让大家对文本框的使用场景有更深入的了解，这里再举一个场景示例，以常用的页面搜索框为例，如图 7-10 所示。

图 7-10 搜索框案例

```swift
TextField("搜索内容", text: $inputText)
    .padding(10)
    .padding(.horizontal, 25)
    .background(Color(.systemGray6))
    .cornerRadius(8)
    .overlay(
        Image(systemName: "magnifyingglass")
            .foregroundColor(.gray)
            .frame(minWidth: 0, maxWidth: .infinity,
                alignment: .leading).padding(.leading, 8)
    )
    .padding()
```

上述代码中，我们没有使用 TextField 文本框自带的样式修饰符，而是自定义了文本框的样式，使用".padding()"修饰符"撑开"四周的控件，其中的".padding(.horizontal, 25)"是为了让文本框的样式留出左右两边的位置，便于后面放置一个"搜索"图标。

常规地使用".background()"背景颜色修饰符、".cornerRadius()"圆角修饰符美化下样式；然后使用".overlay()"层叠修饰符在搜索框视图的基础上叠加一个"搜索"图标，这和 ZStack 堆叠修饰符的使用方式类似；最后再使用".padding()"修饰符控制整个视图留有一定的边距，便完成了搜索框样式的设计。

7.6 小知识：实现隐藏键盘

如果我们在真机或者模拟器中点击文本框，系统会弹出 iOS 软键盘，但是当我们输入完成后，软键盘并不会自动收起。这在很多场景，特别是多个文本框的场景下就显得不太合理了，可能直接导致用户输入完搜索内容，或者输入完账号密码之后无法点击文本框下面的确定按钮。

要解决这个问题，其中一个有效的方法就是自定义实现收起键盘的交互。我们新增一个 Swift 文件，命名为 HideKeyBoard，并将它放在 SupportFile 文件夹中。当然，我们也可以将之前创建的 SwiftUI 文件也放在该文件夹中，方便管理，如图 7-11 所示。

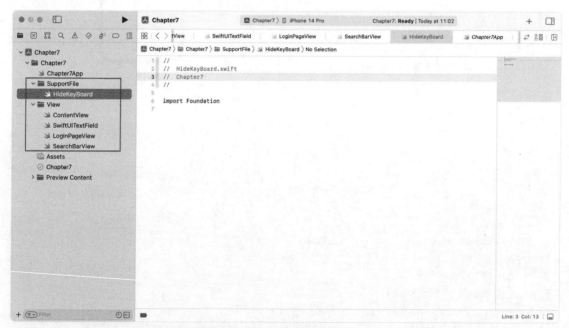

图 7-11　使用文件夹管理项目文件

下面我们采用 Extension 拓展方法来实现隐藏键盘的逻辑。Extension 拓展是在原有 SwiftUI 提供的功能的基础上，实现用户自定义的方法或者协议的方式，当原有功能无法很好地满足我们的业务场景时，就需要对原有功能进行拓展，使其可以叠加新的功能特性。

因此，为了实现隐藏键盘的逻辑，我们也可以利用 Extension 拓展的方式，如图 7-12 所示。

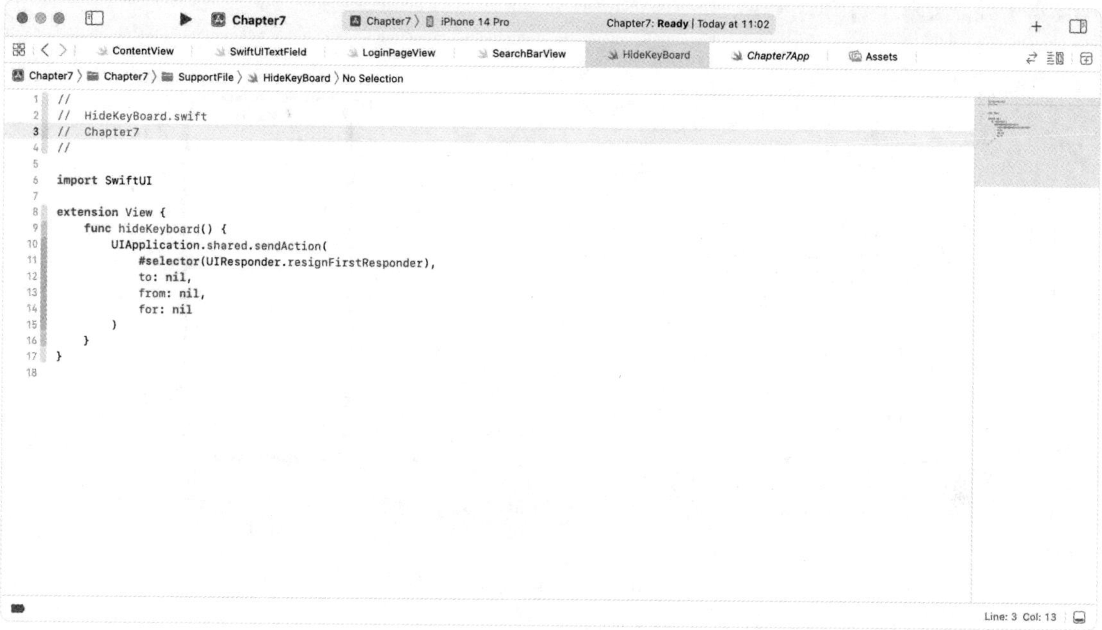

图 7-12　关闭键盘拓展方法

```swift
import SwiftUI

extension View {
    func hideKeyboard() {
        UIApplication.shared.sendAction(
            #selector(UIResponder.resignFirstResponder),
            to: nil,
            from: nil,
            for: nil
        )
    }
}
```

在上述代码中，我们给 View 增加了一个扩展，在扩展中我们添加了一个 hideKeyboard 的方法，用来在当前视图中关闭键盘。当在视图上调用 hideKeyboard 方法时，它会向第一响应者发送一条消息，告知其处于第一响应者状态并关闭键盘。

完成后我们就可以在 SwiftUITextField 视图中调用它，如图 7-13 所示。

图 7-13　点击触发关闭键盘

```Swift
// 点击时
.onTapGesture {
    hideKeyboard()
}
```

　　上述代码中，当我们点击整个 VStack 纵向布局容器时，将会调用"hideKeyboard()"隐藏软键盘的方法，如此便实现了在搜索框输入内容后点击其他空白区域隐藏键盘的效果。

　　当然，隐藏软键盘的方式还有其他，比如在软键盘上增加"完成"按钮等。

7.7　TextEditor 多行文本框的使用

　　上面我们学习了 TextField 文本框、SecureField 安全文本框，接下来我们再学习一种文本框——TextEditor 多行文本框。为了便于演示，我们先创建一个新的 SwiftUI View 文件，命名为"SwiftUITextEditor"；然后实现基本的 TextEditor 多行文本框的代码，如图 7-14 所示。

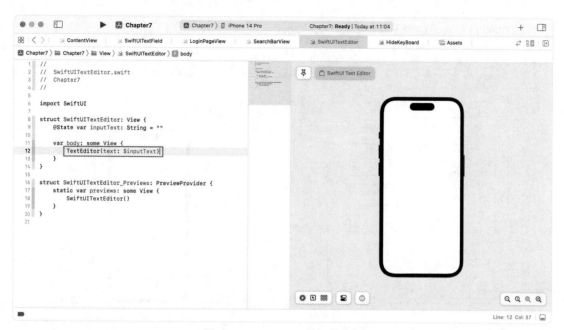

图 7-14　TextEditor 多行文本框

```swift
import SwiftUI

struct SwiftUITextEditor: View {
    @State var inputText: String = ""

    var body: some View {
        TextEditor(text: $inputText)
    }
}
```

　　在上述代码中，我们仍旧需要声明用于绑定文本框的 String 类型的参数，然后使用 TextEditor 基础控件的代码。但我们发现和 TextField 文本框不同，TextEditor 多行文本框没有 placeholder 参数，这就意味着我们没有相应的办法设置 TextEditor 多行文本框的提示文字。而且 TextEditor 多行文本框也没有 TextField 文本框类似 ".textFieldStyle()" 文本框样式修饰符。

　　非常遗憾的是，直到最新的版本中，苹果似乎都没有考虑解决这个问题，似乎多行文本框理应没有提示文字。

　　但也不是没有办法解决，还记得 ZStack 层叠布局容器吗？我们可以模拟一下，提示文字是在 TextEditor 多行文本框没有键入文字时展示的，而当多行文本框有输入的文字时，则隐藏提示文字。

我们可以自己实现这个逻辑，如图 7-15 所示。

图 7-15　自定义提示文字

```Swift
ZStack(alignment: .topLeading) {

    // 多行文本框
    TextEditor(text: $inputText)
        .padding()

    // 提示文字
    if inputText.isEmpty {
        Text("请输入内容")
            .foregroundColor(Color(UIColor.placeholderText))
            .padding(25)
    }
}
```

上述代码中，我们使用 ZStack 层叠布局容器，将 TextEditor 多行文本框与提示文字层叠在一起。提示文字部分，通过判断绑定输入的文字 inputText 来决定是否显示。当输入的文字内容 inputText 为空时，则展示文字，否则不展示。为了美化提示文字的样式，我们通过 ".foregroundColor()" 前景色修饰符为提示文字修饰颜色。

ZStack 层叠布局容器中的 TextEditor 多行文本框与提示文字的布局关系，我们采用对齐方式参数，设置为顶部左边对齐。

最后是边框部分，我们使用"`.overlay()`"层叠修饰符在 ZStack 层叠布局容器上堆叠一层矩形边框。完成后调整下整个视图的大小和边距，便实现了一个带有提示文字的多行文本框。

```Swift
ZStack(alignment: .topLeading) {

    // 多行文本框
    TextEditor(text: $inputText)
        .padding()

    // 提示文字
    if inputText.isEmpty {
      Text("请输入内容")
          .foregroundColor(Color(UIColor.placeholderText))
          .padding(25)
    }
}
// 边框
.overlay(
    RoundedRectangle(cornerRadius: 8)
        .stroke(Color(UIColor.placeholderText), lineWidth: 1)
)
.padding()
.frame(height: 320)
```

7.8　本章小结

回顾本章的内容，我们接触了三种常用的文本框，TextField 文本框、SecureField 安全文本框、TextEditor 多行文本框，并且了解了它们的特性和常规使用方法。

TextField 文本框常用于 App 中的登录、搜索等需要键入文字的场景，通过设置一些修饰符，可以让其指定输入我们需要的格式内容。

SecureField 安全文本框差不多仅用于密码输入的场景，在登录、重置密码等需要输入敏感信息的场景中使用。基础使用的修饰符和 TextField 文本框基本一致，更像是 TextField 文本框的延伸控件。

TextEditor 多行文本框则是在需要输入长文字时使用，如链接地址、详细住址等场景。但由于没有提示文字的参数，需要开发者自行完善一些功能和样式，如边框修饰符等。

合理地使用这三种基本控件，可以帮助我们快速构建一个需要用户输入的内容页面，比如在常见的笔记应用中，新增笔记时需要输入标题和笔记内容，就可以使用 TextField 文本框和 TextEditor 多行文本框来实现。

创建一款笔记 App 的案例在后面的章节中我们也会做一些尝试，因此好好掌握本章的内容，保持热情接收更多关于 SwiftUI 的知识吧。

第 8 章　数据呈现，List 列表的使用

在 SwiftUI 中，List 列表类似 Stack 布局容器，可以让内部的元素呈列表样式进行布局。在我们生活中常用的 App 里也随处可见 List 的身影，比如资讯类软件的信息流列表、餐饮类软件的商家推荐列表、购物软件的商品列表、出行软件的时刻列表……

List 列表的使用，可以很好地帮助我们实现具有相同样式结构内容的呈现，避免单独构建内容信息，有效地减少代码量并降低开发难度。

通过 List 列表视图，只需要简单调用 SwiftUI 提供的修饰符，我们便可以极少的代码量构建出一个允许用户滚动、编辑、删除的列表视图。

首先我们创建一个新的 SwiftUI View 文件，命名为"SwiftUIList"，如图 8-1 所示。

图 8-1　SwiftUIList 代码示例

8.1　创建一个简单的列表

我们先来看看如果要搭建一个类似列表的视图，需要做哪些内容，如图 8-2 所示。

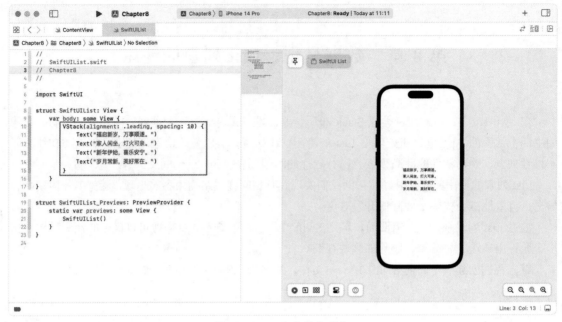

图 8-2　Text 文字组合列表

```Swift
VStack(alignment: .leading, spacing: 10) {
    Text("福启新岁，万事顺遂。")
    Text("家人闲坐，灯火可亲。")
    Text("新年伊始，喜乐安宁。")
    Text("岁月常新，美好常在。")
}
```

上述代码中，我们使用 VStack 纵向布局容器，将几个 Text 文字组件呈现纵向排布，并在 VStack 纵向布局容器参数上设置对齐方式为左对齐，内部组件的间距为 10。

这是使用布局容器实现的列表方式，我们换成 List 列表实现方式看看效果，如图 8-3 所示。

```Swift
List {
    Text("福启新岁，万事顺遂。")
    Text("家人闲坐，灯火可亲。")
    Text("新年伊始，喜乐安宁。")
    Text("岁月常新，美好常在。")
}
```

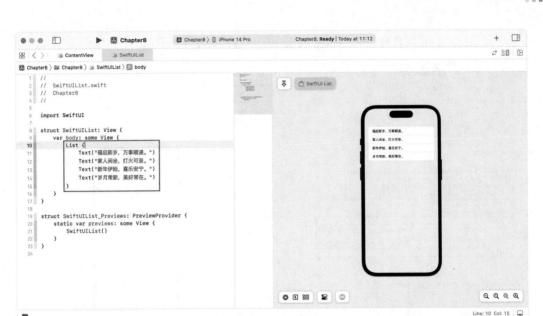

图 8-3　List 列表组件

上述代码中，我们使用 List 列表组件替换了 VStack 纵向布局容器，在预览窗口中可以看到 SwiftUI 会自动将我们的内容以列表的样式呈现。当然，这不仅仅是样式上的改变，SwiftUI 还实现了列表中的基础功能。

8.2　遍历数组中的数据

这时候，我们会发现在 List 列表中使用了很多 Text 文字控件，这在常规使用中是没有问题的，但一旦 List 列表中的控件数量超过 10 个，那么 List 列表就可能由于无法处理那么多的控件而导致内存溢出。

苹果也考虑到了这一点，提出了新的 List 列表的使用方法。我们可以将 List 列表的相同样式结构进行抽出，将数据内容定义为数组，然后再让 List 列表对数组内容进行遍历。

首先声明一个文字数组，代码如下：

```Swift
var sentences:[String] = ["福启新岁，万事顺遂。",
    "家人闲坐，灯火可亲。","新年伊始，喜乐安宁。",
    "岁月常新，美好常在。"]
```

我们使用"var"关键字声明了一个 String 字符串类型的数组 sentences，并对其赋值了内容。这里也可以直接省略":[String]"参数类型的部分，SwiftUI 会自动根据我们给予的默认值的内容判断其类型。

然后我们使用 List 列表遍历 sentences 数组中的内容，如图 8-4 所示。

图 8-4　从数组中遍历数据

```Swift
List {
    ForEach(sentences.indices,id: \.self) { item in
        Text(sentences[item])
    }
}
```

上述代码中，我们使用 List 列表和 ForEach 循环的方式遍历 sentences 数组中的内容。ForEach 使用索引遍历 sentences 数组，对于每个索引，使用 sentences 数组中对应的句子创建一个文本视图。参数 id 设置为 "\.self" 句子本身，表示索引用作每个文本视图的唯一标识符。

ForEach 循环的用法类似 for...in...的逻辑，从 sentences 数组中取出一个个数后，通过 Text 文字根据索引位置 item 展示 sentences 数组的句子。

这是单个组件的 List 列表呈现方式，如果有多个不同的组件，这时候我们该如何处理？

8.3　定义 Model 数据模型

如果我们希望在开发过程中创建一个包含图标和文字的 List 列表，如何创建一个既包含图片又包含文字的数组？

可以通过创建结构体并声明结构体参数类型的方式来实现。我们先新增一个文件夹，命名为"Model"，再创建一个 Swift 文件，命名为"SentencesModel"，如图 8-5 所示。

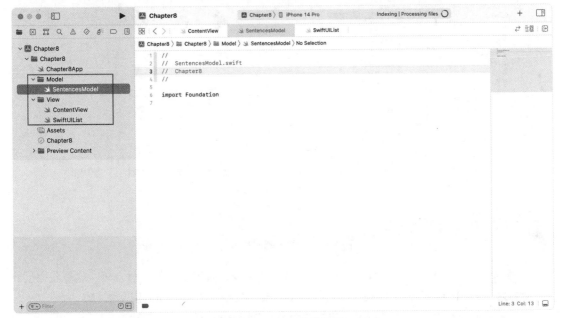

图 8-5　Model 数据模型

在 SentencesModel 文件中，我们需要做两件事情，一是创建一个包含需要的参数的结构体，代码如下：

```Swift
import SwiftUI

struct SentencesModel: Identifiable {
    var id: UUID = UUID()
    var image: String
    var text: String
}
```

上述代码中，我们首先引入了 SwiftUI，然后使用"struct"关键字创建了一个结构体 SentencesModel，并在其内容中声明了三个参数：UUID 类型的 id；String 字符串类型的 image；String 字符串类型的 text。

UUID 由 128 位数字构成，配合 Identifiable 协议使用，可以作为数据的唯一标识符。从理论上讲，拥有两个相同标识符的可能性几乎为零。

接下来我们导入一批图片作为演示的示例，如图 8-6 所示。

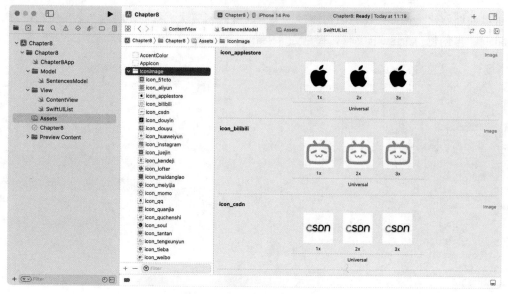

图 8-6　导入示例图片素材

在 Assets 资源库中，我们可以创建一个文件夹方便我们管理不同的素材合集，这里我们创建了一个名为"IconImage"的文件夹，然后导入了一批社交账号的图片作为演示素材。

当然，我们要给导入的素材按照一定格式命名，为了之后能够快速找到它。

完成之后我们回到 SentencesModel 文件中，声明一个符合 SentencesModel 结构体的数组定义数据集，如图 8-7 所示。

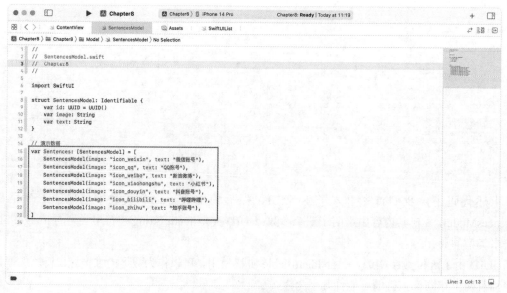

图 8-7　创建演示数据数组

```Swift
// 演示数据
var Sentences: [SentencesModel] = [
    SentencesModel(image: "icon_weixin", text: "微信账号"),
    SentencesModel(image: "icon_qq", text: "QQ 账号"),
    SentencesModel(image: "icon_weibo", text: "新浪微博"),
    SentencesModel(image: "icon_xiaohongshu", text: "小红书"),
    SentencesModel(image: "icon_douyin", text: "抖音账号"),
    SentencesModel(image: "icon_bilibili", text: "哔哩哔哩"),
    SentencesModel(image: "icon_zhihu", text: "知乎账号"),
]
```

上述代码中，我们声明了一个数组 Sentences，数组的类型为符合结构体 SentencesModel 的数组，对其赋值符合 SentencesModel 结构体的值，并使用"，"隔开每一条数据。

8.4　使用数据模型展示数据

完成数据准备后，我们再回到 SwiftUIList 文件中，这时候就可以注释之前声明的数组，换成数据模型中声明好的数组，代码如下：

```Swift
@State var sentences = Sentences
```

紧接着，重新构建样式内容，如图 8-8 所示。

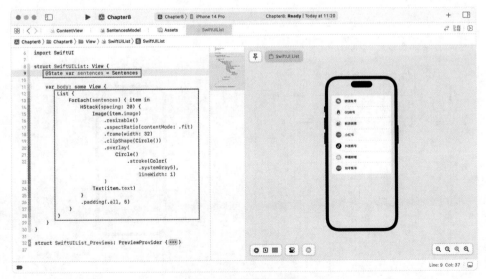

图 8-8　展示演示数据

```Swift
List {
    ForEach(sentences) { item in
        HStack(spacing: 20) {
            Image(item.image)
                .resizable()
                .aspectRatio(contentMode: .fit)
                .frame(width: 32)
                .clipShape(Circle())
                .overlay(
                    Circle()
                        .stroke(Color(.systemGray5), lineWidth: 1)
                )
            Text(item.text)
        }
        .padding(.all, 5)
    }
}
```

上述代码中，我们替换了 ForEach 循环中的数据源为 sentences，然后在内容部分使用 HStack 横向布局容器对 Image 图片和 Text 文字进行布局，并给整个 HStack 横向布局容器增加了边距。

这样看可能有点难理解，这里再做一下详细说明。

还记得前几章我们分享过 Swift 语言的特征吗？这里我们可以将结构进行抽离制作成一个组件，然后在需要的地方调用该组件并赋值，让我们来试试吧。

首先在 SwiftUIList 文件底部创建一个新的视图，命名为 ListItem，并将样式部分的内容抽离出来构建一个组件，如图 8-9 所示。

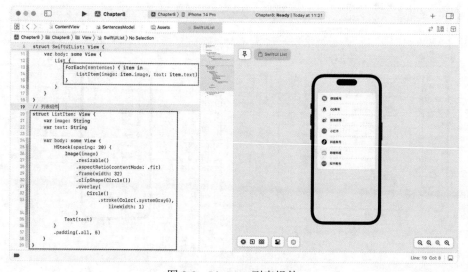

图 8-9　ListItem 列表组件

```swift
Swift
// 列表组件
struct ListItem: View {
    var image: String
    var text: String

    var body: some View {
        HStack(spacing: 20) {
            Image(image)
                .resizable()
                .aspectRatio(contentMode: .fit)
                .frame(width: 32)
                .clipShape(Circle())
                .overlay(
                    Circle()
                        .stroke(Color(.systemGray5), lineWidth: 1)
                )
            Text(text)
        }
        .padding(.all, 5)
    }
}
```

上述代码中，我们将展示的内容进行抽离，搭建一个新的结构体 ListItem。通过声明参数并设计样式，形成一个 Image 和 Text 的组合组件。

然后再到 SwiftUIList 视图中进行调用，并通过传入赋值的方式，与 List 列表和 ForEach 配合遍历 Sentences 数组中的数据，最后得到我们想要的视图效果。

```swift
Swift
import SwiftUI

struct SwiftUIList: View {
    var body: some View {
        List {
            ForEach(sentences) { item in
                ListItem(image: item.image, text: item.text)
            }
        }
    }
}
```

而且创建单独的视图构件后，我们会发现代码变得更加清晰和简单了。

8.5 拖动排序和滑动删除

接下来我们来实现 List 列表的长按排序和删除操作，这里主要介绍 SwiftUI 为 List 列表提供的通用的编辑操作模式。这是一种和 NavigationView 顶部导航配合使用的方式，首先我们要使用 NavigationView 顶部导航容器，如图 8-10 所示。

图 8-10　使用 NavigationView 顶部导航

```Swift
NavigationView {
    List {
        ForEach(sentences) { item in
            ListItem(image: item.image, text: item.text)
        }
    }
}
```

紧接着我们可以给 SwiftUIList 这个视图增加一个标题，如图 8-11 所示。

```Swift
.navigationBarTitle("账号中心",displayMode: .inline)
```

图 8-11　添加导航视图标题

上述代码中，我们使用"`.navigationBarTitle()`"导航栏标题修饰符给 List 列表视图增加了一个标题，标题名称为"首页"，展示方式为居中对齐。这里值得注意的是，"`.navigationBarTitle()`"导航栏标题修饰符需要修饰在视图内容上，而不是修饰 NavigationView 导航视图。

SwiftUI 在 List 列表控件上封装好了一个名为 EditButton 的按钮，用来快速对列表进行编辑操作，我们将 EditButton 添加到导航视图上，如图 8-12 所示。

图 8-12　添加编辑按钮到导航视图

```Swift
.navigationBarItems(trailing: EditButton())
```

我们可以看到在页面的右上角出现了一个"Edit"按钮，当我们点击时，"Edit"按钮会变成"done"按钮，这是 SwiftUI 封装好的 List 编辑功能。

要想使用编辑操作，我们还需要完成相应的功能操作。SwiftUI 提供了排序和滑动删除两种常用的操作。首先我们来实现排序操作，创建一个拖动排序的方法，代码如下：

```Swift
// 拖动排序方法
func moveItem(from source: IndexSet, to destination: Int) {
    sentences.move(fromOffsets: source, toOffset: destination)
}
```

上述代码中，我们创建了一个拖动排序的方法 moveItem。方法中接收单一的 IndexSet 类型的参数，用来定位当前要排序的列的位置，也就是拖动时系统知道了你正在操作的是哪一条数据。

在拖动完成后，系统将通过 Int 类型的排序数值来确定存放的位置，例如初始的排序是 0、1、2、3、4，假设我们把 3 拖动到 0，那么系统将自动更新重新排列后的顺序，从而实现排序的效果。

完成方法后，我们将 moveItem 增加到 List 列表中，如图 8-13 所示。

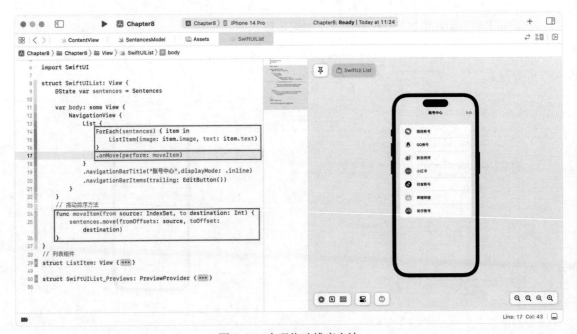

图 8-13　实现拖动排序方法

```Swift
.onMove(perform: moveItem)
```

这里需注意的是，我们操作排序的是 List 列表中的数据项，而不是 List 列表本身。因此，使用的 ".onMove(perform: ...)" 修饰符需要作用在 ForEach 循环结构上，用来实现 List 列表的拖动单条数据时改变其排序顺序。

在预览窗口点击 "Edit" 按钮，我们发现在 List 列表中，每一条列表数据右侧都会出现一个 "排序" 图标，拖动排序图标，就可以完成列表的自定义排序，如图 8-14 所示。

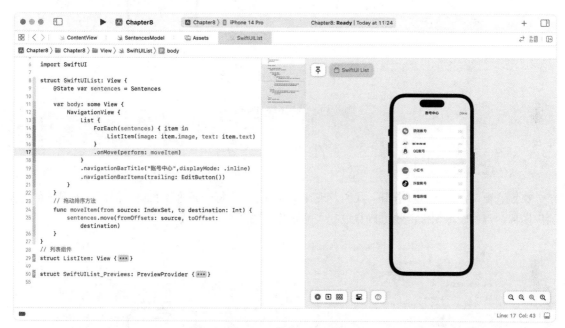

图 8-14 排序方法预览

同理，SwiftUI 也为 List 列表提供了删除操作，首先我们来创建滑动删除的方法，代码如下：

```Swift
//滑动删除方法
func deleteRow(at offsets: IndexSet) {
    sentences.remove(atOffsets: offsets)
}
```

在 deleteRow 删除列的方法中，我们接收单一的 IndexSet 类型的参数，用来定位要删除的列的位置；然后调用 remove(atOffsets: ....) 方法来删除 Messages 数组中被定位的特定项。

使用的方法也和排序类似，使用 ".onDelete(perform: ....)" 修饰符调用删除方法，如图 8-15 所示。

图 8-15　实现滑动删除方法

```Swift
.onDelete(perform: deleteRow)
```

在预览窗口点击"Edit"按钮，我们发现在 List 列表中，每一条列表数据左侧都会出现一个"删除"图标，点击删除图标，就可以完成列表的删除，如图 8-16 所示。

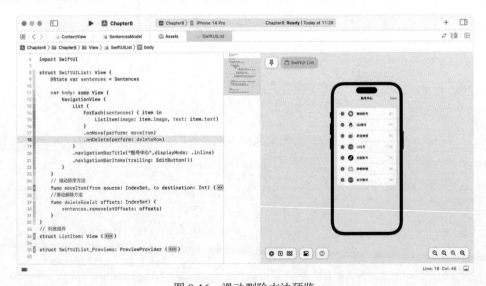

图 8-16　滑动删除方法预览

另外，哪怕是不点击"Edit"按钮进入编辑操作，也可以通过滑动 List 列表中的数据项实现滑动删除，如图 8-17 所示。

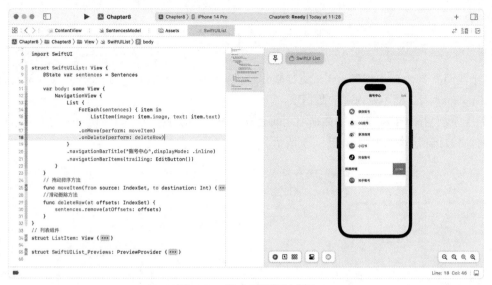

图 8-17　滑动删除方法特性

8.6　使用修饰符格式化 List 列表样式

List 列表的修饰符不多，最常使用的是对 List 列表的样式进行调整，SwiftUI 提供的默认样式为白色圆角的 List 列表和填充颜色的背景组合，如果我们需要更换 List 列表的样式，可以使用".listStyle()"列表样式修饰符修饰列表，如图 8-18 所示。

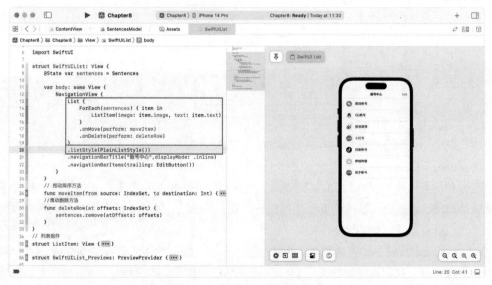

图 8-18　格式化 List 列表样式

```
.listStyle(PlainListStyle())
```

由于我们需要对 List 列表的样式进行整体修改，因而".listStyle()"列表样式修饰符使用的对象为 List 列表本身，而不是内部的数据项。

另外，我们看到 List 列表中数据项之间会有一条灰色的分割线，如果我们想要去掉分割线，则需要针对数据项进行操作，如图 8-19 所示。

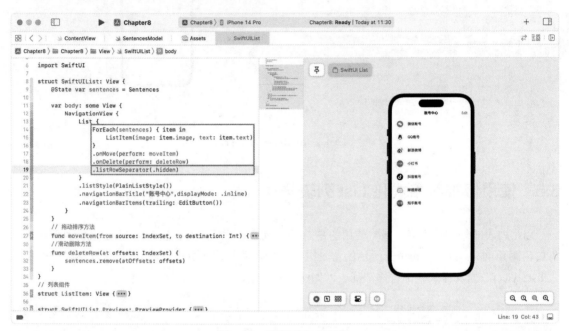

图 8-19　隐藏列表分割线

```
.listRowSeparator(.hidden)
```

上述代码中，我们给数据项内容部分增加了".listRowSeparator()"列表项分割线修饰符，设置参数为".hidden"隐藏，如此便实现了去掉 List 列表中的分割线。

还有一种场景比较难注意到，List 列表哪怕使用了".listStyle()"列表样式修饰符，其背景填充色也默认是白色。如果我们整体的页面是用统一的背景色的话，就会显得不太协调。这里给页面堆叠一个背景色看看效果，如图 8-20 所示。

这时候我们还需要对 List 列表项的背景颜色进行设置，使用到的修饰符是".listRowBackground()"列表项背景修饰符，我们设置颜色为".clear"清空颜色，如图 8-21 所示。

图 8-20 添加页面背景色

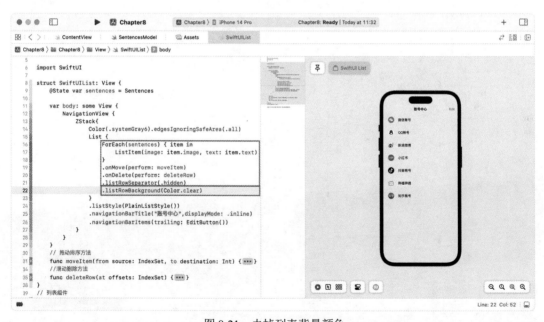

图 8-21 去掉列表背景颜色

```Swift
.listRowBackground(Color.clear)
```

8.7 本章小结

本章我们学习了很多的操作和概念，这里总结复盘一下。

首先是 List 列表控件的基础用法，放置在其容器内部的组件会组成列表的一部分。

其次为了优化性能，我们采用结构化编程的方式，将数据抽离，将样式结构抽离，通过定义 Model 数据模型，和创建视图组件的方式，大大减少了 List 列表的代码量，使其专注于展示数据。

功能方面，学习了 List 列表自带的编辑功能，实现了拖动排序、滑动删除操作，这一块内容应该有些难度，但我们只要理解它的实现逻辑和套用固定的代码，就可以很轻松地实现。

最后我们补充了几个在使用 List 列表中的常用修饰符，包括更改 List 列表的呈现形式、去掉 List 列表的分割线和背景颜色等。

基本上 List 列表所涵盖的内容都有涉及，当然后面进阶的章节中还会讲到网络请求部分，例如通过 API 接口和网络请求框架，从云端获取数据，而不仅仅使用本地的数据。相信你在逐步学习了相关章节之后，很快就能打造属于自己的、可以上架使用的 App。

所以不要着急，我们需要将相关内容学完，才能减少在实际开发过程中遇到的困难。

保持热情和期待吧。

第 9 章 页面顶部，NavigationView 导航视图的使用

你可以在几乎所有应用中看到导航视图的身影。

导航视图，也被称为顶部导航或者导航栏，是页面中顶部高度约 40～60px 位置的区域，主要用于放置页面标题和一些常用的功能等。在一些资讯类应用中，也会使用搜索框作为导航视图的主要内容。

导航视图的作用是做指引和导向性的工作，与底部导航视图相配合，形成了当下主流 App 中的流行 UI 设计风格。而我们之前的章节所涉及的内容，只是完成单一的页面或者功能；而导航视图可以很好地将多个应用的页面和功能串联在一起，以此呈现出一个完整的 App。

本章我们将学习 NavigationView 导航视图的常规使用方法。

首先我们创建一个新的 SwiftUI View 文件，命名为 "SwiftUINavigationView"，如图 9-1 所示。

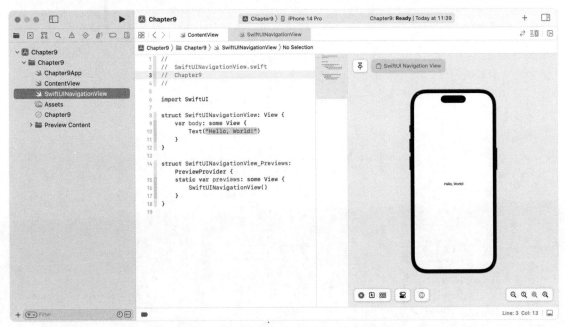

图 9-1 SwiftUINavigationView 代码示例

9.1 导航标题和导航按钮

NavigationView 导航视图类似于 Stack 布局容器，在 iOS16 版本中，苹果使用 NavigationStack

导航容器替代了 NavigationView 导航视图，可能是为了更加突出"容器"这一概念。

NavigationView 导航视图的使用方法很简单，只需要将页面的所有元素放置在容器内，如图 9-2 所示。

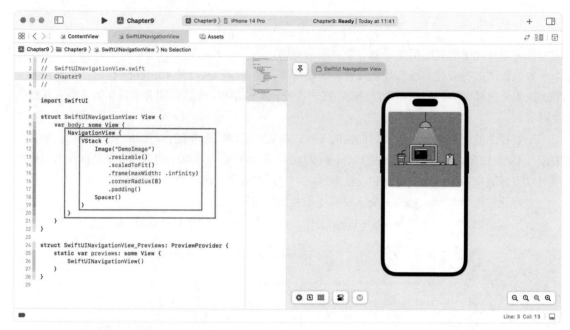

图 9-2　NavigationView 导航视图

```Swift
NavigationView {
    VStack{
        Image("DemoImage")
            .resizable()
            .scaledToFit()
            .frame(maxWidth: .infinity)
            .cornerRadius(8)
            .padding()
        Spacer()
    }
}
```

上述代码中，我们搭建了一个 VStack 纵向布局容器，在 VStack 纵向布局容器内放置了一个 Image 图片控件和 Spacer 填充空间控件，得到了一个类似 Banner 图的样式。在整个 VStack 纵向布局容器外层，我们使用 NavigationView 导航视图，由此得到了一个具有导航菜单的视图。

这时我们可能看不到导航的内容，因为 NavigationView 导航视图本身只作为容器使用，我们可以给内部的子视图添加导航视图修饰符，创建导航标题，如图 9-3 所示。

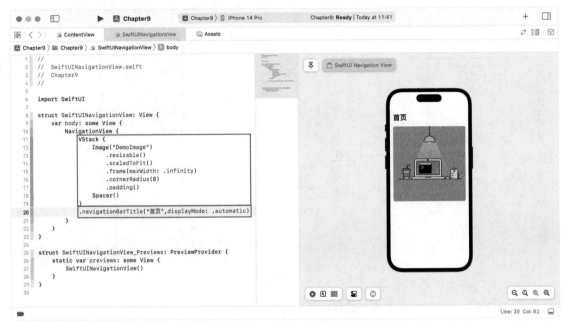

图 9-3　设置 NavigationView 导航视图标题

```Swift
NavigationView {
    VStack{
        // 隐藏了代码块
    }
    .navigationBarTitle("首页",displayMode: .automatic)
}
```

设置导航标题使用到的修饰符有两种：一种是上述代码中的"`.navigationBarTitle()`"顶部导航栏标题修饰符；另一种是"`.navigationTitle()`"导航标题修饰符。

两种方式都可以设置顶部导航标题，但前者提供了 displayMode 展示方式参数，帮助我们设置标题的展现形式，比如我们需要导航标题居中显示，可以设置 displayMode 参数的值为"`.inline`"，如图 9-4 所示。

```Swift
.navigationBarTitle("首页",displayMode: .inline)
```

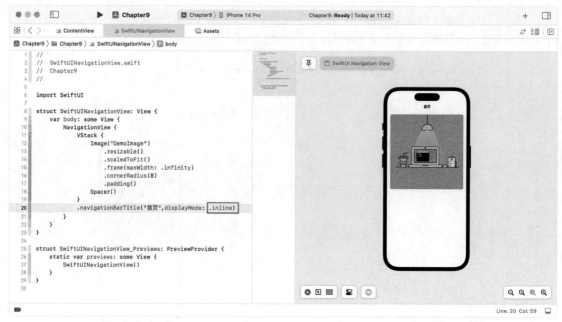

图 9-4　导航视图标题居中显示

在导航菜单中，除了常规设置导航标题外，我们还可以设置顶部导航的按钮。我们先创建一个按钮视图，后续再将其添加到 NavigationView 导航视图中，如图 9-5 所示。

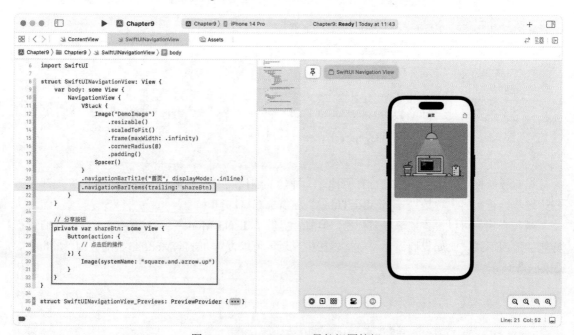

图 9-5　NavigationView 导航视图按钮

```Swift
import SwiftUI

struct SwiftUINavigationView: View {
    var body: some View {
        NavigationView {
            VStack{
                // 隐藏了代码块
            }
            .navigationBarTitle("首页",displayMode: .inline)
            .navigationBarItems(trailing: shareBtn)
        }
    }

    // 分享按钮
    private var shareBtn: some View {
        Button(action: {
            // 点击后的操作
        }) {
            Image(systemName: "square.and.arrow.up")
        }
    }
}
```

上述代码中，我们使用了一种很巧妙的方式创建了一个"private"私有的视图"shareBtn"，该视图和 SwiftUINavigationView 中的 body 视图层级平行，都属于 SwiftUINavigationView 文件；而且我们使用关键字 private 进行修饰，表明 shareBtn 视图只能被 SwiftUINavigationView 文件所使用。

这种开发方式与单独创建 struct 结构体的方式相比，优点是在一个视图文件中可以呈现所有需要使用到的视图内容，且在同一个文件中的参数可以直接使用，不需要进行双向绑定；缺点则是创建的视图代码只能被当前文件使用，不能复用到其他 SwiftUI 文件中。

创建好 shareBtn 按钮视图后，我们将其添加到导航视图中，使用的修饰符是".navigationBarItems()"导航栏元素修饰符，它提供两个参数，可以帮助我们设置左右两边的元素，这里我们将 shareBtn 按钮视图添加到右边。

同理，我们也可以创建左边的按钮，如图 9-6 所示。

```Swift
import SwiftUI

struct SwiftUINavigationView: View {
    var body: some View {
        NavigationView {
```

```
        VStack{
            // 隐藏了代码块
        }
        .navigationBarTitle("首页",displayMode: .inline)
        .navigationBarItems(leading: backBtn,trailing: shareBtn)
    }
}


// 返回按钮
private var backBtn: some View {
    Button(action: {
        // 点击后的操作
    }) {
        Image(systemName: "chevron.backward")
    }
}


// 分享按钮
private var shareBtn: some View {
    Button(action: {
        // 点击后的操作
    }) {
        Image(systemName: "square.and.arrow.up")
    }
}
}
```

图9-6　自定义返回按钮

当然，由于我们在 NavigationView 导航视图中添加的按钮视图是自定义的视图，我们可以给其添加更多的说明或者样式，如图 9-7 所示。

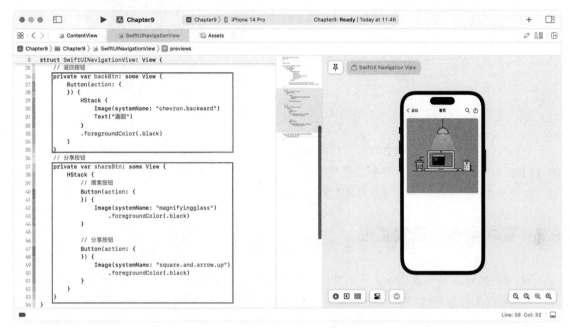

图 9-7　NavigationView 导航视图组合按钮

```swift
// 返回按钮
private var backBtn: some View {
    Button(action: {
    }) {
        HStack {
            Image(systemName: "chevron.backward")
            Text("返回")
        }
        .foregroundColor(.black)
    }
}

// 分享按钮
private var shareBtn: some View {
    HStack {
        // 搜索按钮
        Button(action: {
        }) {
            Image(systemName: "magnifyingglass")
```

```
            .foregroundColor(.black)
    }

    // 分享按钮
    Button(action: {
    }) {
        Image(systemName: "square.and.arrow.up")
            .foregroundColor(.black)
    }
}
}
```

上述代码中，我们在 backBtn 返回按钮视图里使用 HStack 横向布局容器搭建了具有文字说明的返回按钮样式，在 shareBtn 分享按钮视图里使用 HStack 横向布局容器创建了搜索按钮、分享按钮，实现了在 NavigationView 导航视图的一侧添加多个按钮。

9.2 实战案例：设置页面

NavigationView 导航视图除了可以设置顶部导航栏标题和导航栏按钮外，另一个实用的功能是实现页面之间的路由跳转。这在实际项目中，特别是在两个或者多个页面需要关联跳转的开发场景中十分常见。

以设置页面为例，我们创建一个简单的设置页面的样式，首先需要单独搭建设置页面中的栏目，我们创建一个新的 SwiftUI 文件，命名为"SettingBtn"，并且搭建单独的栏目样式，如图 9-8 所示。

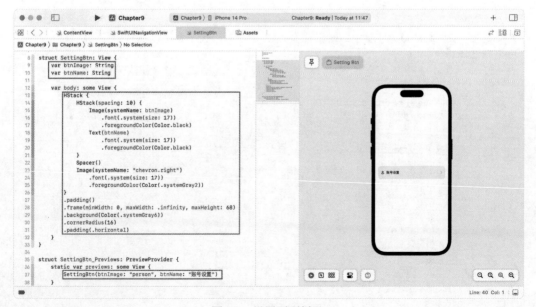

图 9-8　设置页面栏目

```swift
import SwiftUI

struct SettingBtn: View {
    var btnImage: String
    var btnName: String

    var body: some View {
        HStack {
            HStack(spacing: 10) {
                Image(systemName: btnImage)
                    .font(.system(size: 17))
                    .foregroundColor(Color.black)
                Text(btnName)
                    .font(.system(size: 17))
                    .foregroundColor(Color.black)
            }
            Spacer()
            Image(systemName: "chevron.right")
                .font(.system(size: 17))
                .foregroundColor(Color(.systemGray2))
        }
        .padding()
        .frame(minWidth: 0, maxWidth: .infinity, maxHeight: 68)
        .background(Color(.systemGray6))
        .cornerRadius(16)
        .padding(.horizontal)
    }
}



struct SettingBtn_Previews: PreviewProvider {
    static var previews: some View {
        SettingBtn(btnImage: "person", btnName: "账号设置")
    }
}
```

上述代码中，我们单独搭建了设置页面的栏目，首先使用"var"关键字声明两个用来传递的参数 btnImage、btnName，用于控制不同的栏目图标和栏目名称。

接着在 body 视图中完成样式部分的代码，用于呈现栏目的图标使用 Image 图片控件设置，栏目名称使用 Text 文字控件设置，两个元素在设计上位于栏目右侧，构成一个整体。

我们使用 HStack 横向布局容器，并设置 spacing 间距参数控制两个元素之间的距离。样式部分，两个元素的内容都使用".font()"字体修饰符和".foregroundColor()"前景色修饰符设置。

另外，设置栏目的右边为一个指向性的图标，我们也同样使用".font()"字体修饰符和".foregroundColor()"前景色修饰符进行设置。为了突出栏目内容，我们弱化了指向图标的颜色。

最后对于栏目所构成的整体，我们通过设置".padding()"边距修饰符、".frame()"尺寸修饰符、".background()"背景修饰符、".cornerRadius()"圆角修饰符美化样式内容，使其变成一个圆角矩形样式。

完成之后，我们回到 SwiftUINavigationView 文件中，绘制一个设置页面，如图 9-9 所示。

图 9-9   设置页面列表

```swift
import SwiftUI

struct SwiftUINavigationView: View {
    var body: some View {
        NavigationView {
            VStack {
                SettingBtn(btnImage: "person", btnName: "账号设置")
                SettingBtn(btnImage: "lock", btnName: "隐私设置")
                SettingBtn(btnImage: "paintpalette", btnName: "主题模式")
                SettingBtn(btnImage: "exclamationmark.square", btnName: "偏好设置")
                SettingBtn(btnImage: "questionmark.circle", btnName: "关于我们")
                Spacer()
            }
            .padding(.top)
```

```
            .navigationBarTitle("首页", displayMode: .inline)
            .navigationBarItems(leading: backBtn)
        }
    }

    // 返回按钮
    private var backBtn: some View {
        Button(action: {
        }) {
            HStack {
                Image(systemName: "chevron.backward")
                Text("返回")
            }
            .foregroundColor(.black)
        }
    }
}
```

上述代码中，我们使用 VStack 纵向布局视图作为布局容器，复用 SettingBtn 设置按钮视图的内容，通过给 btnImage、btnName 参数赋予不同的值，实现设置页面的不同栏目内容。当然，由于 VStack 纵向布局视图内部的元素都是居中对齐的，我们使用"Spacer()"填充空间控件使内部元素置顶。

如此，我们便实现了一个带有导航标题的设置页面。

9.3　基于顶部导航的页面跳转

完成设置页面的样式之后，我们来实现页面之间的跳转。首先需要一个新的页面作为跳转的目标页面。我们创建一个新的 SwiftUI 文件，命名为"AccountSettingView"账号设置页面，如图 9-10 所示。

```
                                                                        Swift

import SwiftUI

struct AccountSettingView: View {
    var body: some View {
        NavigationView {
            Text("Hello, World!")
                .navigationBarTitle("账号设置", displayMode: .inline)
        }
    }
}
```

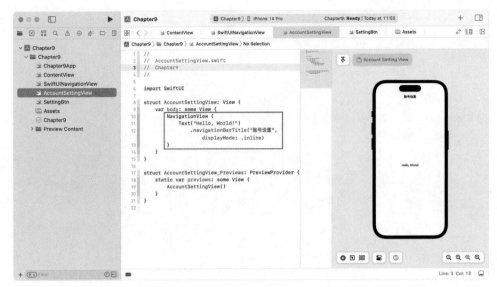

图 9-10　AccountSettingView 代码示例

在 AccountSettingView 账号设置页面中，我们依旧使用 NavigationView 导航视图和
".navigationBarTitle()" 导航栏标题修饰符给页面设置页面名称。

完成后，我们再回到 SwiftUINavigationView 文件中，我们希望点击设置页面的"账号设置"
栏目时，页面跳转到 AccountSettingView 账号设置页面。

当视图页面中有使用 NavigationView 导航视图时，我们可以直接使用 NavigationLink 参数进
行页面之间的路由跳转，如图 9-11 所示。

图 9-11　实现路由跳转

```Swift
NavigationLink(destination: AccountSettingView()) {
    SettingBtn(btnImage: "person", btnName: "账号设置")
}
```

上述代码中，使用 NavigationLink 参数实现页面之间的路由跳转。其中，destination 表示要跳转的目标页面，这里需要跳转的页面是 AccountSettingView 账号设置页面，在闭包中为点击的目标，设置为"账号设置"栏目。

在预览窗口中点击"账号设置"栏目，体验一下点击跳转效果，如图 9-12 所示。

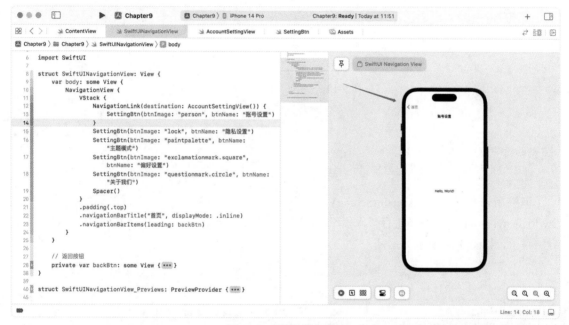

图 9-12　预览路由跳转

当我们进行页面跳转时会发现一个问题：单独查看 AccountSettingView 账号设置页面时导航菜单显示正常，但从 SwiftUINavigationView 视图跳转到 AccountSettingView 账号设置页面后，顶部导航菜单被"顶"下去了，仿佛同时存在两个导航菜单。

这种情况是正常的。因为 NavigationView 导航视图是通过"堆栈"的方式进入目标页面的，即目标页面会成为进入页面的栈内页面，也就是常说的"入栈、出栈"逻辑。因此，当目标页面也有 NavigationView 导航视图存在时，就会存在两个导航菜单：一个是目标页面的，另一个是进入页面的。

为了处理这种情况，对于目标页面的 AccountSettingView 账号设置页面，我们可以去掉 NavigationView 导航视图，只保留".navigationBarTitle()"导航栏标题修饰符，如图 9-13 所示。

图 9-13　导航栏标题问题修订

```Swift
Text("Hello, World!")
        .navigationBarTitle("账号设置", displayMode: .inline)
```

　　调整后，单独预览 AccountSettingView 账号设置页面时就不会出现顶部导航菜单，但从 SwiftUINavigationView 视图进行"入栈"操作时，AccountSettingView 账号设置页面就会显示顶部导航菜单，如图 9-14 所示。

图 9-14　页面跳转效果预览

如果在企业项目中使用 NavigationView 导航视图时，我们使用 NavigationLink 参数进行页面之间的跳转，则只需要在主视图上使用 NavigationView 导航视图，其进入的子页面都不需要使用 NavigationView 导航视图。

9.4　自定义返回按钮

在预览窗口进行页面跳转交互时，我们注意到 AccountSettingView 账号设置页面展示时，导航菜单会自动展示一个"返回"操作，这也是使用 NavigationLink 参数进行页面跳转时 SwiftUI 自带的功能，从而实现完整的入栈、出栈逻辑。

但是，这并不是很好看。如果我们的项目具有一定的产品风格，则附属的"返回"操作可能会影响到项目整体风格。因此，我们需要隐藏原本的返回按钮，并且将自己设计的返回按钮放置在导航菜单中。

先是隐藏返回按钮，这里使用到的修饰符是".navigationBarBackButtonHidden()"导航栏返回按钮隐藏修饰符，通过配置一个 Bool 值的参数，即可实现隐藏页面中导航视图的返回按钮，如图 9-15 所示。

图 9-15　隐藏导航栏返回按钮

当然我们只在 AccountSettingView 账号设置页面是看不出效果的，我们要回到 SwiftUINavigationView 页面中，点击"账号设置"栏，跳转页面看看效果，如图 9-16 所示。

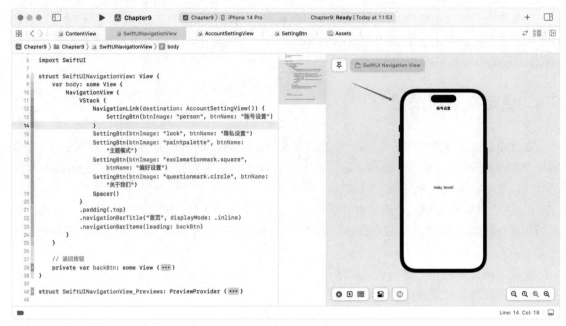

图 9-16　隐藏返回按钮效果预览

紧接着我们回到 AccountSettingView 账号设置页面，和前面的做法一致，我们单独搭建一个返回按钮视图，并且使用 ".navigationBarItems()" 导航栏按钮修饰符添加返回按钮，如图 9-17 所示。

图 9-17　添加自定义返回按钮

```swift
import SwiftUI

struct AccountSettingView: View {
    var body: some View {
        Text("Hello, World!")
            .navigationBarTitle("账号设置", displayMode: .inline)
            .navigationBarBackButtonHidden(true)
            .navigationBarItems(leading: backBtn)
    }
    // 返回按钮
    private var backBtn: some View {
        Button(action: {
        }) {
            HStack {
                Image(systemName: "chevron.backward")
                Text("返回")
            }
            .foregroundColor(.black)
        }
    }
}
```

上述代码中，我们创建了一个返回按钮视图 backBtn，并将其添加到导航菜单中。但这只实现了样式，由于隐藏了 NavigationLink 参数跳转提供的返回按钮，同时我们也会失去返回的交互操作，这就需要我们自行实现返回。

SwiftUI 提供了 ".presentationMode" 内置环境值的参数，我们可以用该环境值实现返回父级视图的操作。首先，我们在 AccountSettingView 账号设置页面声明环境参数，代码如下：

```swift
@Environment(\.presentationMode) var presentationMode
```

在 backBtn 返回按钮视图的点击事件中调用环境值的 dismiss() 函数，就可以实现返回的操作，如图 9-18 所示。

```swift
self.presentationMode.wrappedValue.dismiss()
```

图 9-18　实现返回父级页面方法

　　完成后，我们再回到 SwiftUINavigationView 视图，在预览窗口点击"账号设置"栏，查看页面跳转情况。我们会发现，已成功实现目标页面的自定义返回按钮的样式及其返回功能了，如图 9-19 所示。

图 9-19　自定义返回操作预览

9.5　实现侧滑返回

这里又会遇到另一个问题，NavigationLink 如果隐藏并自定义返回按钮，侧滑返回交互也会失效，也就是我们无法通过侧边滑动返回上一个页面，只能通过点击返回按钮返回。

这时就需要我们重新对交互手势进行设置，如图 9-20 所示。

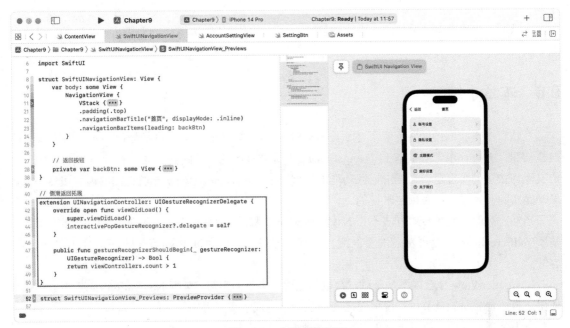

图 9-20　实现侧滑返回

```Swift
// 侧滑返回拓展
extension UINavigationController: UIGestureRecognizerDelegate {
    override open func viewDidLoad() {
        super.viewDidLoad()
        interactivePopGestureRecognizer?.delegate = self
    }

    public func gestureRecognizerShouldBegin(_ gestureRecognizer: UIGestureRecognizer)
        -> Bool {
        return viewControllers.count > 1
    }
}
```

NavigationView 导航视图的底层是 UIKit 中的 UINavigation，我们需要对底层的 UINavigation Controller 类进行扩展。我们对 UIGestureRecognizerDelegate 协议的拓展控制，用于控制交互式弹出手势识别器的行为。

我们通过在 viewDidLoad()方法中扩展手势识别器的代理，导航控制器的 interactivePopGesture Recognizer 属性被赋值为 self，确定是否应该识别弹出的手势。如果当前视图不是根视图，也就是当前视图是目标视图时，则返回 true，允许用户操作返回；否则返回 false，禁止识别弹出的手势。

完成后，我们在预览窗口中点击跳转目标页面，再尝试从侧边滑动，就可以实现侧滑返回的交互了。

9.6　本章小结

在本章中，我们接触并了解了 NavigationView 导航视图的使用，包括如何搭建页面标题、导航栏按钮，并进一步学习了基于 NavigationView 导航视图的页面跳转方法，在此方法上了解了自定义返回按钮的实现逻辑和侧滑返回功能的拓展方法。NavigationView 导航视图的内容虽然不多，但却是实际开发项目中必须要掌握的。

当然，页面之间跳转的方法不止 NavigationLink 跳转，还有基于 ModalView 模态弹窗的跳转、基于 fullScreenCover 全屏覆盖的页面跳转。甚至最简单的，通过 Bool 值判断呈现不同的页面内容等。

NavigationView 导航视图是基础，希望你能通过本章的学习，掌握 NavigationView 导航视图的使用。再结合前面的章节，实现页面之间的跳转，完成一个"静态"App 的搭建。

是不是离完成一个可以上架的 App 越来越近了？

第 10 章　页面底部，TabView 选项卡视图的使用

与顶部导航视图相对应的，是底部导航。

底部导航一般位于应用中一级页面的底部区域，通常以图标+文字的形式展示。当用户打开 App 时，一眼就可以看到当前处于应用的什么页面，而导航名称的引导，可以让用户清晰地知道点击哪个菜单可以看到什么内容。

在移动设备的应用中，人的手指就是鼠标。根据拇指可达性法则，应用页面的底部属于用户便于操作但视觉注意力不是很高的区域，无论是左手还是右手，页面底部是在小屏幕和大屏幕手机上使用拇指最轻松的地方。在页面底部放置导航菜单不仅不会分散用户对于屏幕中内容的注意力，还可以帮助用户快速切换到感兴趣的栏目。

在 SwiftUI 中，可以使用 TabView 选项卡视图快速构建底部导航栏。当然，我们也可以使用 TabView 选项卡视图实现其他交互效果。首先我们创建一个新的 SwiftUI View 文件，命名为"SwiftUITabView"，如图 10-1 所示。

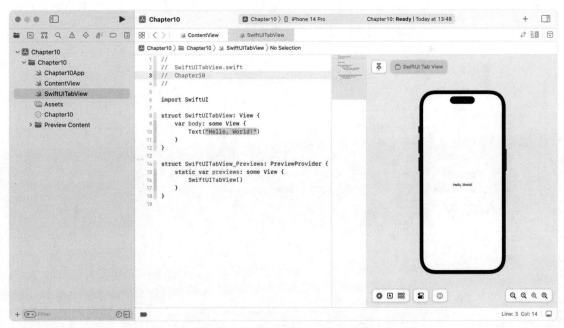

图 10-1　SwiftUITabView 代码示例

10.1 创建一个简单的底部导航

为了演示方便，我们需要提前准备多个页面作为点击导航的目标页面。首先是"首页"，创建一个新的 SwiftUI View 文件，命名为"IndexView"，并设计一个简单的首页页面，如图 10-2 所示。

图 10-2　IndexView 页面设计

```Swift
import SwiftUI

struct IndexView: View {
    var body: some View {
        NavigationView {
            VStack(spacing: 24) {
                // 个人头像
                Image("HeadShot")
                    .resizable()
                    .scaledToFit()
                    .frame(width: 100)
                    .clipShape(Circle())
                    .overlay(
                        Circle()
                            .stroke(Color(.systemGray5), lineWidth: 1)
```

```
            )
            VStack(spacing: 10) {
                // 名称
                Text("文如秋雨")
                    .font(.system(size: 17))
                    .foregroundColor(.black)
                // 头衔
                Text("高级产品经理")
                    .font(.system(size: 14))
                    .foregroundColor(.gray)
            }
            // 文字介绍
            Text("一只默默努力变优秀的产品汪，独立负责过多个国内细分领域 Top5 的企业级产品项目，
            擅长 B 端、C 端产品规划、产品设计、产品研发，个人独立拥有多个软著及专利，欢迎产品、开发
            的同僚一起交流 ...")
                .font(.system(size: 14))
                .foregroundColor(.black)
                .lineSpacing(5)
                .padding(20)

            Spacer()
        }
        .padding(.top, 60)
        .navigationBarTitle("首页", displayMode: .inline)
    }
}
}
```

上述代码中，我们结合之前所学的内容，使用 NavigationView 导航视图、VStack 纵向布局容器、Image 图片控件、Text 文字控件、Spacer 填充空间控件一同完成了一个"首页"的页面设计。基础控件的使用在前几章均有提及，这里只是配合使用。

唯一限制你的是你的想象力。

结合上一章的 SwiftUINavigationView 完成的账号设置页面，此时我们已经具备了两个不同样式的页面了。

我们回到 SwiftUITabView 视图文件，使用 TabView 选项卡视图搭建一个底部导航，将两个页面组合起来，如图 10-3 所示。

```
                                                                          Swift

import SwiftUI

struct SwiftUITabView: View {
    @State var selectedTab = 0
```

```
    var body: some View {
        TabView(selection: $selectedTab) {
            IndexView()
                .tabItem {
                    Image(systemName: "house.fill")
                    Text("首页")
                }
                .tag(0)

            SwiftUINavigationView()
                .tabItem {
                    Image(systemName: "gearshape.fill")
                    Text("设置")
                }
                .tag(1)
        }
    }
}
```

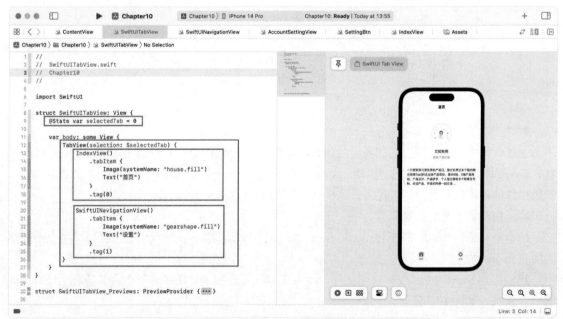

图 10-3　添加底部导航

　　在上述代码中，由于点击选项卡时，我们需要指定目标页面，因此使用"var"关键字声明一个变量 selectedTab，用于绑定 TabView 选项卡视图的选项值。

　　视图部分，使用 TabView 选项卡视图，对其参数 selection 绑定选项卡值 selectedTab；容器内格式为目标视图和对应选项卡的样式，结构代码如下：

```Swift
// 单个选项卡
IndexView()  //目标页面
    .tabItem {
        // 底部菜单样式
    }
    .tag(0)
```

上述代码中，我们需要给目标页面 IndexView 设置两个参数。

一个是 tabItem 选项按钮参数，在其闭包中可以设置选项按钮的样式，这里我们使用 Image 图片和 Text 文字，当然我们也可以使用单独的控件作为选项卡按钮。

这里值得注意的是由于 tabItem 的特殊性，只能使用 Image 图片、Text 文字或者组合使用，且固定的布局方式为纵向布局，并且无法进行修改。可能是 SwiftUI 为了保证底部菜单的样式统一而做的限制，我们无法在 TabView 选项卡视图任意设计按钮样式。

另一个是 tag 唯一标识符参数，再来确定当前页面的目标值，索引视图顺序，定位点击选项卡时所呈现的目标页面。通常情况下，tag 的值设置为 0、1、2、3。

在使用 TabView 选项卡视图实现底部菜单时，需要注意底部菜单的数量应该保持在 2～5 个，由于底部导航区域有限，且为了保证不会产生误触问题，底部导航的数量在 UI 设计上会有严格的限制。

完成后，我们尝试点击 TabView 选项卡视图，预览窗口看看效果，如图 10-4 所示。

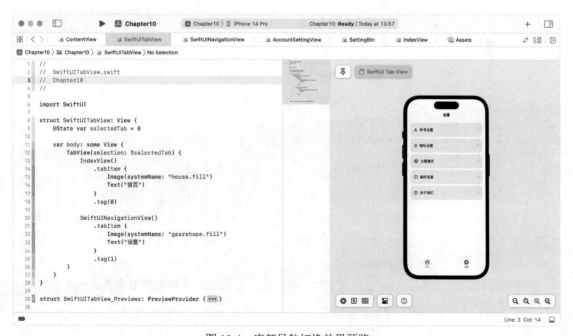

图 10-4　底部导航切换效果预览

10.2 使用修饰符格式化底部导航

TabView 选项卡视图默认提供的按钮选项为蓝色可点击的样式，如果我们希望更改选项卡按钮的颜色，可以使用".accentColor()"填充色修饰符修饰整个 TabView 选项卡视图，如图 10-5 所示。

图 10-5　格式化底部导航

```Swift
TabView(selection: $selectedTab) {
    // 隐藏了代码块
}
.accentColor(.red)
```

除了设置底部导航的按钮颜色外，很多应用还会使用两种不同的按钮样式，比如选中状态下按钮为面性的按钮，而未选中状态下为线性按钮。我们在 Assets 资源库中导入两种状态的按钮，如图 10-6 所示。

回到 SwiftUITabView 文件，通过判断绑定的参数 selectedTab 来确定当前是否处于选中状态，从而在不同状态显示不同的内容，如图 10-7 所示。

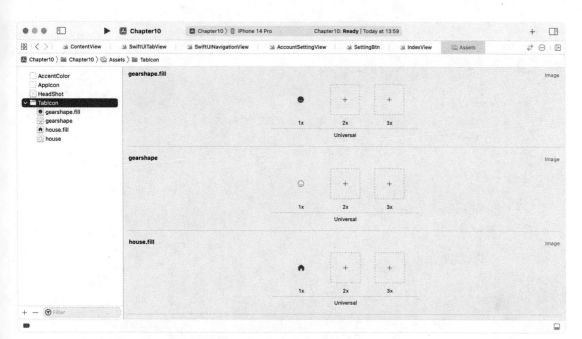

图 10-6　导入底部导航状态素材

图 10-7　修改底部导航图标

```Swift
TabView(selection: $selectedTab) {
    IndexView()
        .tabItem {
            Image(selectedTab == 0 ? "house.fill":"house")
            Text("首页")
        }
        .tag(0)

    SwiftUINavigationView()
        .tabItem {
            Image(selectedTab == 1 ?"gearshape.fill":"gearshape")
            Text("设置")
        }
        .tag(1)
}
.accentColor(.red)
```

上述代码中，我们在 Image 图片控件中，通过判断参数 selectedTab 的值是否为当前选中的 tag 的值，来展示不同的图片来源。当我们处于未选中状态时，显示不带填充色的按钮，以此来凸显当前选中的栏目。

值得注意的是，在 tabItem 选项卡按钮的闭包中，似乎无法自定义设置 Image 的尺寸。因此，我们在 Assets 资源库导入的素材需要"尺寸刚好"以便放置在底部导航中，这个问题在 iOS15 版本中尚未得到解决，在这里也记录一下。

10.3   实战案例：引导页

TabView 选项卡视图除了可以实现底部导航栏外，我们还可以使用它的".tabViewStyle()"选项卡样式修饰符来实现页面滑动效果，而在应用中常见的应用场景是引导页的使用。

当用户首次启用 App 时，客户端应用常常会出现一段过渡的 App 功能说明页面，帮助用户快速了解并熟悉 App 的基本功能和亮点，这就是引导页。引导页是用户了解产品的第一个窗口，能给用户留下最初的印象。

我们先在 Assets 资源库中导入需要的图片，并对其规范命名，作为接下来引导页使用的素材，如图 10-8 所示。

然后创建一个新的 SwiftUI 文件，命名为"WelcomeView"，如图 10-9 所示。

一个简单的引导页可以由几个过渡页面组成，而这些过渡页面常常拥有一致的布局，我们可以将其抽离出来，形成可以被调用的结构体组件，如图 10-10 所示。

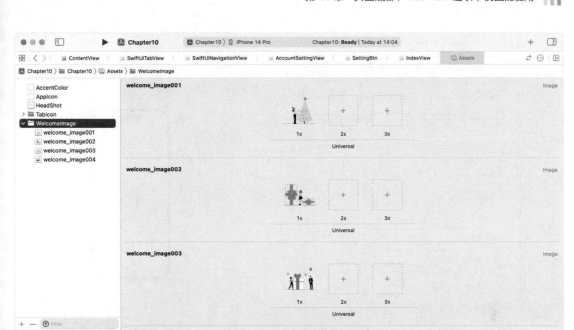

图 10-8 导入引导页素材

图 10-9 WelcomeView 代码示例

图 10-10 滑动卡片组件

```Swift
// 滑动卡片组件
struct WelcomeCardView: View {
    var imageName: String
    var title: String
    var description: String

    var body: some View {
        VStack(spacing: 20) {
            Image(imageName)
                .resizable()
                .aspectRatio(contentMode: .fit)
                .frame(width: 280, height: 280)

            Text(title)
                .font(.system(.title2))
                .foregroundColor(.black)

            Text(description)
                .font(.system(.subheadline))
                .foregroundColor(.gray)
        }
        .padding()
    }
}
```

上述代码中，我们搭建了一个滑动卡片组件 WelcomeCardView，实现单个过渡页面的样式。通过声明参数的方式，将布局中的内容进行绑定。

布局部分使用简单的 VStack 纵向布局容器，将内容的 Image 图片、Text 文字进行垂直分布，并使用相对应的修饰符进行样式美化。修饰符和基础控件的使用，在此不再赘述，可以前往前几章进行学习。

我们在 WelcomeView 视图中进行预览，代码如下：

```Swift
WelcomeCardView(imageName: "welcome_image001", title: "文字收藏", description: "我的
朋友不多，但每个都很不错，比如那个叫路灯的家伙，总是愿意等我和叶落。")
```

接下来，我们可以使用 TabView 选项卡视图，创建多个 WelcomeCardView 作为连续的过渡页面，如图 10-11 所示。

图 10-11　完成选项卡视图

```Swift
TabView {
    WelcomeCardView(imageName: "welcome_image001", title: "文字收藏", description:
        "我的朋友不多，但每个都很不错，比如那个叫路灯的家伙，总是愿意等我和叶落。")
    WelcomeCardView(imageName: "welcome_image002", title: "合集分享", description:
        "真的没有每天悲伤，只是偶尔看不见光。")
```

```
    WelcomeCardView(imageName: "welcome_image003", title: "笔记记录", description:
    "今天是个好天气，你该出去走走，我在外面等你。")
    WelcomeCardView(imageName: "welcome_image004", title: "不言，不言", description:
    "玫瑰太贵了，用野草纪念我吧，遍地都是，生生不息。")
}
```

完成上述代码后，我们发现预览窗口并没有任何变化，这是因为 TabView 选项卡视图默认的样式是层叠的方式，我们需要设置 TabView 选项卡视图的样式部分。使用".tabViewStyle()"选项卡样式修饰符，将其设置为".page"页面样式，如图 10-12 所示。

图 10-12　设置选项卡视图样式

```Swift
TabView {
    // 隐藏了代码块

}
.tabViewStyle(.page)
```

上述代码中，我们给 TabView 选项卡视图添加".tabViewStyle()"选项卡样式修饰符，使其变成可以向左滑动的过渡页面，在预览窗口中我们可以尝试拖动整个视图，体验过渡页的交互效果。

为了更好的指向性，我们还可以设置显示 TabView 选项卡视图的页面圆点样式，显示当前滑动的是第几个目标视图，如图 10-13 所示。

图 10-13　设置选项卡视图圆点样式

```Swift
TabView {
    // 隐藏了代码块
}
.tabViewStyle(.page)
.indexViewStyle(.page(backgroundDisplayMode: .always))
```

上述代码中，我们给 TabView 选项卡视图添加了 ".indexViewStyle()" 选项卡首页样式修饰符，设置样式为 ".page" 页面样式，且页面样式的参数中设置 backgroundDisplayMode 背景显示指引为 ".always" 保持显示。这样，整个 TabView 选项卡视图就会显示一个底部导航圆点的指引样式，指引用户进行页面滑动。

当然，我们也可以直接在底部增加一个按钮，方便用户快速跳转引导页，如图 10-14 所示。

```Swift
struct WelcomeView: View {
    var body: some View {
        VStack(spacing: 20) {
            // 引导页
            TabView {
                // 隐藏了代码块
            }
```

```
        .tabViewStyle(.page)
        .indexViewStyle(.page(backgroundDisplayMode: .always))

        // 按钮
        startUseBtn
    }
}

// 开始使用按钮
private var startUseBtn: some View {
    Button(action: {
        // 点击后的操作
    }) {
        Text("立即使用")
            .font(.system(size: 17))
            .bold()
            .foregroundColor(.white)
            .frame(maxWidth: .infinity,maxHeight: 60)
            .background(Color.green)
            .cornerRadius(16)
            .padding(.horizontal)
    }
}
}
```

图 10-14　跳转业务逻辑

上述代码中，为了代码的整体性，我们单独创建了一个按钮视图 startUseBtn。在 WelcomeView 视图中的 body 部分，使用 VStack 纵向布局视图将 startUseBtn 按钮和 TabView 选项卡视图进行排版，生成了一个具有快速进入首页按钮的引导页。

如此，用户刚进入页面时，可以通过滑动 TabView 选项卡来查看 App 的功能特色，且可以通过点击"立即使用"按钮快速进入首页。

10.4　实战案例：轮播图

学习了使用 TabView 选项卡视图来实现引导页的案例，我们是否突然有了些灵感？如果有多张过渡页面，是否就能完成一个首页的轮播图呢？

是的，轮播图，是使用 TabView 选项卡视图的一个常规用法。我们在 Assets 资源库中导入需要的图片，作为接下来轮播图需要使用的素材，如图 10-15 所示。

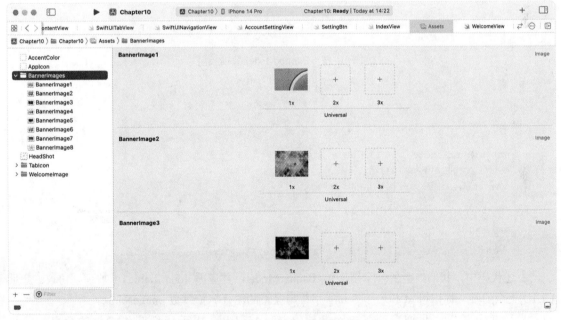

图 10-15　导入轮播图素材

与静态的引导页不同，Banner 轮播图经常是动态的内容。因此，在代码设计上不能使用引导页那样的固定赋值，而是需要像前几章的 List 列表方式一样声明 Model，再取数据模型数组的值遍历。

我们在 Model 文件夹中创建一个 Swift 文件，命名为"BannerModel"，并定义好相关的参数数据，如图 10-16 所示。

图 10-16　BannerModel 数据模型

```Swift
import SwiftUI

struct BannerModel: Identifiable {
    var id: UUID = UUID()
    var imageName: String
}

//示例数据
var bannerModels = (1...8).map { BannerModel(imageName: "BannerImage\($0)") }
```

　　上述代码中，我们声明了一个结构体 BannerModel，并遵循 Identifiable 可被识别协议。声明 UUID 类型的唯一标识符 id 和一个 String 字符串类型的图片名称参数 imageName。

　　为了演示需要，我们声明了一个数组 bannerModels，由于我们图片素材的命名统一为 "BannerImage+{数字}" 格式，因此可以通过 map 来定位数组中的结构名称，然后通过遍历 1～8 的数值使用$关联给 BannerModel 数据模型中的 imageName 参数。

　　上述方式相当于下列代码的高级 "缩写"，代码如下：

```Swift
var bannerModels = [
    BannerModel(imageName: "BannerImage1"),
```

```
        BannerModel(imageName: "BannerImage2"),
        BannerModel(imageName: "BannerImage3"),
        BannerModel(imageName: "BannerImage4"),
        BannerModel(imageName: "BannerImage5"),
        BannerModel(imageName: "BannerImage6"),
        BannerModel(imageName: "BannerImage7"),
        BannerModel(imageName: "BannerImage8")
    ]
```

定义好 Model 后，我们在 View 文件夹中创建一个新的 SwiftUI 文件，命名为"BannerView"，我们可以通过 TabView 选项卡视图和 ForEach 循环参数来实现一个 Banner 轮播图，如图 10-17 所示。

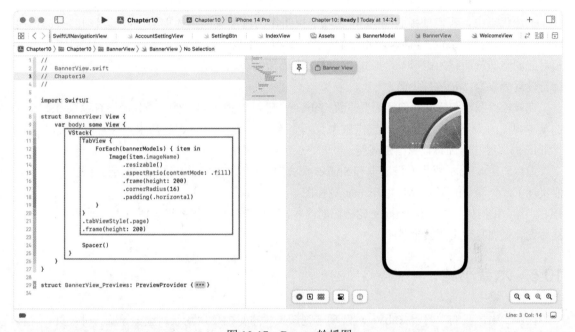

图 10-17　Banner 轮播图

```Swift
import SwiftUI

struct BannerView: View {
    var body: some View {
        VStack{
            TabView {
                ForEach(bannerModels) { item in
                    Image(item.imageName)
                        .resizable()
                        .aspectRatio(contentMode: .fill)
```

```
                    .frame(height: 200)
                    .cornerRadius(16)
                    .padding(.horizontal)
            }
        }
        .tabViewStyle(.page)
        .frame(height: 200)

        Spacer()
    }
  }
}
```

上述代码中，我们使用 TabView 选项卡视图作为轮播页的主体框架，内部滑动的页面使用 ForEach 循环遍历 bannerModels 数组中的数据，并赋值生成一张张图片。Image 图片控件部分使用相对应的修饰符调整为矩形卡片形式，TabView 选项卡视图使用 ".tabViewStyle()" 选项卡样式修饰符设置参数为 ".page" 页面。

完成轮播图视图后，我们还需要设置 TabView 选项卡视图的高度。当我们没有设置 TabView 选项卡视图的大小时，它默认为铺满整个页面。因此，在 TabView 选项卡视图部分还需要使用 ".frame()" 尺寸修饰符设置指定高度。

最后使用 VStack 纵向布局容器和 Spacer 填充空间控件，将 TabView 选项卡视图置顶。如此，便实现了一个简单的可以滑动的 Banner 轮播图。

当然，我们也可以设计 Banner 轮播图的内容，比如将单个轮播图视图抽离成一个单独的组件，然后设计更加复杂绚丽的轮播图。

10.5 本章小结

在本章中，我们学习了 TabView 选项卡视图三种常见的使用场景：底部导航、引导页、轮播图。当然，TabView 选项卡视图还能衍生出更多使用场景，这取决于你的想象力。

结合上一章我们学习的 NavigationView 导航视图的使用，我们已经完成了页面构成中很重要的顶部和底部的基础结构搭建。因此，其实我们已经可以通过完成一个个单独的页面，再通过 TabView 选项卡视图进行主要页面的整合布局，再通过 NavigationView 导航视图进行路由跳转，完成一个可以进行交互的简单应用了。

恭喜你，已经前进一大步了！

当然，现在完成的也只能算是"静态"的应用，数据在页面之间的传递、交互动画、常用功能（如上传图片、网络请求等）都还没有接触。不过到了现在，你已经是 Lvl1 的水平了，不再是 0 基础了。

所以，为自己而自豪吧！保持热情，我们继续前行！

第 11 章　基础表单，Form 表单的使用

Form 表单可能是面向 B 端应用里最常见的内容之一。常见的设置界面、配置界面、登录注册界面，还有一些大型项目中需要用户进行录入的界面，都离不开 Form 表单。

Form 表单和 List 列表一样，是基本的布局元素，它以分层的方式将相关控件分组在一起，提供结构化和直观的方式供用户操作，非常适合处理大量数据或者复杂的配置设置。

Form 表单还可以相互嵌套来创建复杂的层次结构，每个嵌套的表单为其中一个子部分。这样的做法可以让用户清晰查看和填写表单中的内容，指导用户完成一系列步骤，例如设置账号信息和用户偏好等。

除了为控件提供结构化布局外，表单在管理应用程序状态方面也发挥着重要作用。因为表单中的每个控件都绑定着特定的数据，对控件所做的更改会自动反映到相应的数据值上。这使创建响应式界面变得容易，该界面可以在用户与应用程序交互时实时更新。

下面我们就来学习使用 Form 表单创建一个响应式布局界面。首先我们创建一个新的 SwiftUI View 文件，命名为 "SwiftUIForm"，如图 11-1 所示。

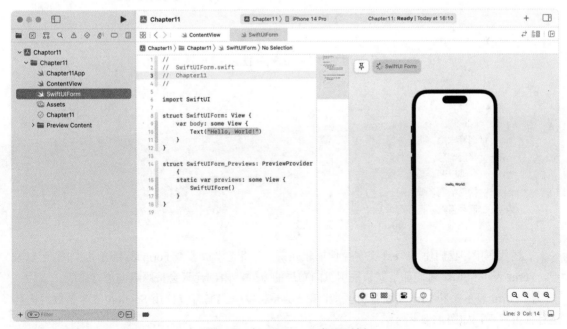

图 11-1　SwiftUIForm 代码示例

11.1　创建一个简单的表单视图

Form 表单的使用方法和 List 列表方式类似，使用 Form 表单容器布局闭包中的元素，如图 11-2 所示。

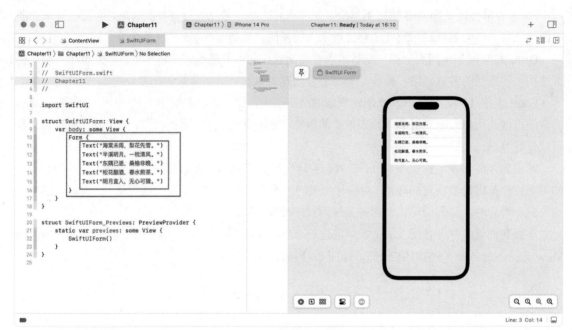

图 11-2　Form 表单的使用

```Swift
Form{
    Text("海棠未雨，梨花先雪。")
    Text("半溪明月，一枕清风。")
    Text("东隅已逝，桑榆非晚。")
    Text("松花酿酒，春水煎茶。")
    Text("明月直入，无心可猜。")
}
```

上述代码中，我们使用 Text 文字控件搭建元素，并将元素放置在 Form 表单的闭包中。可以发现，Form 表单和 List 列表都是默认采用纵向布局的方式，内部元素会按照纵向进行排版。

但 Form 表单又和 List 列表有所区别，在 Form 表单中我们可以使用 Section 段落参数对内容进行分组管理，如图 11-3 所示。

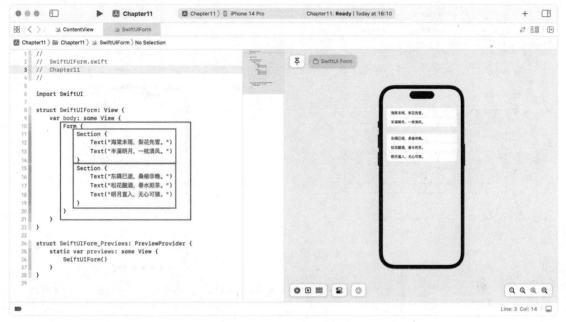

图 11-3 Section 段落的使用

```Swift
Form {
    Section {
        Text("海棠未雨，梨花先雪。")
        Text("半溪明月，一枕清风。")
    }

    Section {
        Text("东隅已逝，桑榆非晚。")
        Text("松花酿酒，春水煎茶。")
        Text("明月直入，无心可猜。")
    }
}
```

上述代码中，我们将前两个 Text 作为一个分组，使用 Section 段落进行闭包处理，如此就将原本的内容进行了分组管理，这在长表单界面中十分常见。

对于 Section 段落，我们还可以通过设置其内部的参数，来展示每一个段落的表头名称和段尾信息，如图 11-4 所示。

图 11-4　表头名称和段尾信息

```swift
Form {
    Section(
        header: Text("外观"),
        footer: Text("开启后，主题将切换至深色模式")
    ) {
        Text("夜间模式")
    }
}
```

上述代码中，我们在 Section 段落的闭包中设置 header 参数和 footer 参数的内容为 Text 文字，这里可以使用 Image 等其他控件作为 Section 段落表头和段尾。设置好后，段落表头可以将设置项进行分组管理，段尾信息可以很好地辅助用户了解当前设置的内容。

11.2　在 Form 表单中使用 Toggle 开关

Form 表单还可以和其他基础控件配合使用，例如配置开关，用户可以快速开启和关闭相关设置项，完成个人偏好的设置，如图 11-5 所示。

图 11-5　Toggle 开关的使用

```swift
import SwiftUI

struct SwiftUIForm: View {
    @State var isDarkMode = false

    var body: some View {
        Form {
            Section(
                header: Text("外观"),
                footer: Text("开启后，主题将切换至深色模式")
            ) {
                Toggle(isOn: $isDarkMode) {
                    Text("夜间模式")
                }
            }
        }
    }
}
```

　　上述代码中，我们声明了一个 Bool 类型的参数 isDarkMode，用于绑定 Toggle 开关控件的状态。开关状态控件为一个闭包的控件，需要将配置项置于 Toggle 开关控件的闭包中作为控件的内容。

　　在预览窗口中点击开启和关闭，我们可以体验下配置开关的操作交互。控制主题颜色的修饰符是 ".preferredColorScheme()" 颜色主题修饰符，我们可以通过判断 isDarkMode 参数的状态来控制显示的主题，如图 11-6 所示。

图 11-6　设置深色模式

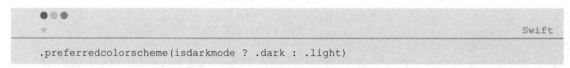

```
.preferredcolorscheme(isdarkmode ? .dark : .light)
```

如果是其他自定义的开关配置场景，缺少相对应的修饰符该如何使用 Toggle 开关控件的交互呢？也是有方法的，SwiftUI 提供了监控参数变化的修饰符 ".onChange()。"".onChange()" 监控变化修饰符，可以在发现特定值发生变化时调用闭包中的操作。

这里再举一个实际项目案例，如图 11-7 所示。

图 11-7　监听参数变化

```Swift
import SwiftUI

struct SwiftUIForm: View {
    @State var isPlay = false

    var body: some View {
        Form {
            Section(
                header: Text("声音场景"),
                footer: Text("开启时自动播放声音")
            ) {
                Toggle(isOn: $isPlay) {
                    Text("自动播放")
                }
                .onChange(of: isPlay, perform: { _ in
                    if isPlay {
                        // 开启自动播放
                    } else {
                        // 关闭自动播放
                    }
                })
            }
        }
    }
}
```

上述代码中，我们给 Toggle 开关控件添加了 ".onChange()" 监听改变修饰符，监控参数 isPlay 的变化，在其闭包中当 isPlay 为 true 时执行"开启自动播放"操作，在状态为 false 时执行"关闭自动播放"操作。

通过 onChange 修饰符，我们可以指定监听某一个参数的变化，从而执行不同的动作，以实现不同的功能。值得注意的是，onChange 的闭包是运行在主线程上的，在项目使用时应该避免在闭包中执行运行时间长的任务，否则可能会引起进程堵塞导致应用崩溃。

11.3 在 Form 表单中使用 Picker 选择器

接下来我们再来学习一个新的控件：Picker 选择器。在 Form 表单填写中常常会遇到需要用户选择某一个系统内置选项的场景，例如：选择地区、选择日历、默认货币、温度单位、显示模式等。

与在 Form 表单中填写内容和配置开关不同，为了保证功能的严谨性，用户需要选择系统指定的选项作为系统配置。

这里以"筛选页"为例，我们首先定义一组示例数据，作为 Picker 选择器选择的内容，代码如下：

```Swift
private var selectedItem = ["推荐", "销量", "评分", "折扣"]
```

然后声明一个参数来绑定当前 Picker 选择器默认指定的值的索引，代码如下：

```Swift
@State private var selectedNumber = 0
```

紧接着我们使用 Picker 选择器创建一个选择页面，如图 11-8 所示。

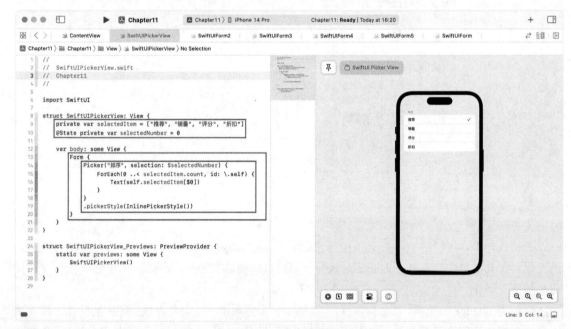

图 11-8　Picker 选择器的使用

```
Form {
    Picker("排序",selection: $selectedNumber) {
        ForEach(0 ..< selectedItem.count, id: \.self) {
            Text(self.selectedItem[$0])
        }
    }
    .pickerStyle(InlinePickerStyle())
}
```

上述代码中，我们在 Form 表单容器中使用 Picker 选择器，对其内置的参数 selection 绑定声明的选中项目的索引 selectedNumber。在 Picker 选择器的闭包中，我们使用 ForEach 循环遍历数组 region 的值，并且以 Text 文字的方式展示内容。

Picker 选择器也提供了 ".pickerStyle()" 选择器样式修饰符供我们调整样式，这里设置为 InlinePickerStyle 行内选择器样式，Picker 选择器的选项就会按照列表行的样式展示，并且可以通过点击切换选中的行项。

Picker 选择器不仅可以用在单独的页面中，也可以在弹窗中展示，作为滚动轮播的选择器。如图 11-9 所示。

图 11-9　WheelPickerStyle 滚动轮播样式

```Swift
.pickerStyle(WheelPickerStyle())
```

上述代码中，我们更换 ".pickerStyle()" 选择器样式修饰符的参数为 WheelPickerStyle 轮播滚动选择器样式。更改完成后，Picker 选择器就变成可选择的轮播选择器的样式。

我们还可以单独使用该样式，将其放置在弹窗或者页面中，例如地区的级联选择器，选择省份、市级、区级的选项内容等。

如果遇到选项较少的场景，我们可以使用简单的 MenuPickerStyle 菜单选择器样式，进行选项的快速选择，如图 11-10 所示。

```Swift
.pickerStyle(MenuPickerStyle())
```

图 11-10　MenuPickerStyle 菜单选择器样式

11.4　Stepper 步进器和 Slider 滑块选择器

如果我说在电商应用中点击"+"按钮来增加商品数量，你应该就会了解步进器的概念了。

在 SwiftUI 中，Stepper 步进器允许用户按设定的值增加或减少数值。步进控件通常包括一个加号按钮、一个减号按钮，以及一个显示当前值的标签。

首先我们需要声明 Stepper 步进器绑定的参数值，代码如下：

```Swift
@State private var textSize = 0
```

然后使用 Stepper 步进器代码结构搭建一个步进器控件，如图 11-11 所示。

```Swift
Stepper(
    "字号：\(textSize)",
    value: $textSize,
    in: 12 ... 72,
    step: 1
)
```

图 11-11　Stepper 步进器

上述代码中，我们创建一个 Stepper 步进器，传入当前值与$value 绑定，Stepper 步进器的有效值的范围为 12～72，每次点击时增加值 step 为 1。此外，我们还为步进器提供了一个文本标签，用于显示步进器的当前值。

除了点击之外，我们还可以使用 Slider 滑块选择器，通过快速滑动来调整当前值，如图 11-12 所示。

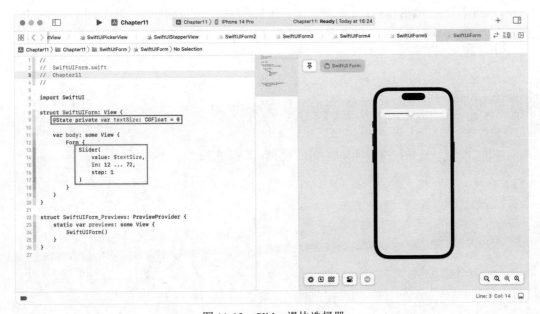

图 11-12　Slider 滑块选择器

```swift
import SwiftUI

struct SwiftUIForm: View {
    @State private var textSize: CGFloat = 0

    var body: some View {
        Form {
            Slider(
                value: $textSize,
                in: 12 ... 72,
                step: 1
            )
        }
    }
}
```

上述代码中，Slider 滑块选择器和 Stepper 步进器的使用方法基本一致，我们将 Stepper 换成 Slider，原有的步进器视图就会转变为滑块选择器视图的样式。

11.5 实战案例：RGB 色卡

接下来我们以 RGB 色卡为例，来深入学习 Form 表单和 Slider 滑块选择器的使用。

我们知道标准的 RGB 颜色由红、绿、蓝三种颜色组成，而且颜色值的可选范围为 0～255。我们首先单独声明不同颜色值的变量参数，代码如下：

```swift
@State private var redValue: CGFloat = 243
@State private var greenValue: CGFloat = 248
@State private var blueValue: CGFloat = 232
```

然后我们完成色块展示区域的代码设计，如图 11-13 所示。

```swift
Form {
    // 色块展示区域
    Section {
        Rectangle()
            .fill(Color(
                red: redValue / 255,
                green: greenValue / 255,
```

```
            blue: blueValue / 255)
        )
        .frame(height: 200)
        .cornerRadius(8)
    }
}
```

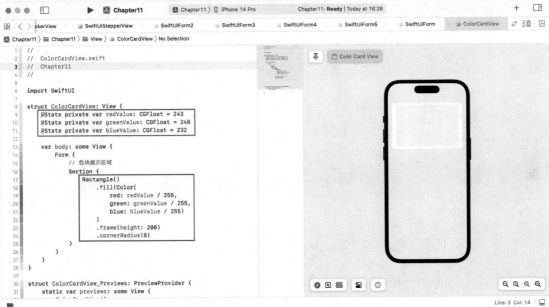

图 11-13　色块展示区域

上述代码中，我们使用 Form 表单和 Section 段落搭建视图框架，然后使用基本形状的 Rectangle 矩形形状控件作为颜色展示区域的内容。

形状控件较为特殊，填充颜色使用 ".fill()" 填充修饰符，填充形状的颜色为 RGB 颜色值，并且每个颜色值都绑定声明好的参数。最后调整下尺寸和圆角，就完成了色块展示区域的内容。

接下来完成颜色控制区域的内容，我们可以使用 Text 文字配合 Slider 滑块选择器来搭建控制单元，如图 11-14 所示。

```swift
Form {
    // 色块展示区域
    Section {
        Rectangle()
            .fill(Color(
                red: redValue / 255,
```

```
                green: greenValue / 255,
                blue: blueValue / 255)
            )
            .frame(height: 200)
            .cornerRadius(8)
        }

        // 颜色控制区域
        Section {
            // 红色滑块
            HStack {
                Text("R: \(String(Int(redValue)))")
                Slider(
                    value: $redValue,
                    in: 0 ... 255,
                    step: 1
                )
                .accentColor(.red)
            }

            // 绿色滑块
            HStack {
                Text("G: \(String(Int(greenValue)))")
                Slider(
                    value: $greenValue,
                    in: 0 ... 255,
                    step: 1
                )
                .accentColor(.green)
            }

            // 蓝色滑块
            HStack {
                Text("B: \(String(Int(blueValue)))")
                Slider(
                    value: $blueValue,
                    in: 0 ... 255,
                    step: 1
                )
                .accentColor(.blue)
            }
        }
    }
}
```

　　上述代码中，我们在新的 Section 段落中搭建控制区域，使用 HStack 横向布局视图设计单个滑动控制单元，并在每个单元中使用 Text 文字和 Slider 滑块选择器来设计控制功能。

图 11-14　颜色控制单元

Text 文字部分，由于 Text 文字控件只能接收 String 字符串类型的值，因此我们需要将声明的 CGFloat 的值先转换为整型的 Int，以保留整数部分，再转换为 String 字符串类型。

每一个 Slider 滑块选择器分别绑定对应的颜色参数，而且为了展示效果，我们使用了 ".accentColor()" 主题颜色修饰符设置了 Slider 滑块选择器滑块进度的颜色。

拖动滑块，可以在预览窗口看到实时变化的色块颜色，如图 11-15 所示。

图 11-15　RGB 色卡预览

11.6　ColorPicker 颜色选择器的使用

上述案例中，我们完成了一个简单的 RGB 色卡界面；而在 iOS15 版本之后，苹果直接就封装好了颜色选择器 ColorPicker，供用户快速设置颜色。

ColorPicker 颜色选择器除了可以设置 RGB 颜色值，也直接支持推荐颜色、十六进制颜色值等设置方式，大大降低了开发的门槛。

使用方法也很简单，首先声明一个基础颜色，然后使用 ColorPicker 绑定颜色，如图 11-16 所示。

图 11-16　ColorPicker 颜色选择器

```Swift
import SwiftUI

struct SwiftUIForm: View {
    @State private var colorValue: Color = .blue

    var body: some View {
        Form {
            // 色块展示区域
            Section {
                Rectangle()
                    .fill(colorValue)
```

```
                        .frame(height: 200)
                        .cornerRadius(8)
                }

                // 颜色控制区域
                Section {
                    ColorPicker("选择颜色", selection: $colorValue)
                }
            }
        }
    }
```

上述代码中，我们声明了一个颜色变量 colorValue，并对其赋予了一个初始颜色。在色卡展示区域，矩形 Rectangle 的填充颜色调整为颜色变量 colorValue。在颜色控制区域中，我们直接使用 ColorPicker 颜色选择器绑定颜色变量 colorValue。

在预览窗口点击 ColorPicker 颜色选择器右侧的颜色圆点，唤起选择器内容，如图 11-17 所示。

图 11-17　ColorPicker 颜色选择器内容

ColorPicker 颜色选择器基本涵盖了设置颜色的所有方式，甚至可以保存以往用过的颜色，不得不说真是太棒了！

我们再延伸一下知识点。我们发现 ColorPicker 颜色选择器中除了绑定颜色值的参数 selection 外，还有一个 String 字符串的名称标题，我们希望选择了颜色后能够展示十六进制的颜色值，这时该怎么做呢？

这里我们使用创建颜色拓展的方法，将绑定的颜色参数 colorValue 转换为十六进制的颜色值，且以字符串的形式展示。我们在 SupportFile 文件夹中创建一个新的 Swift 文件，命名为"ColorToString"，录入图 11-18 中的代码。

图 11-18　RGB 转十六进制颜色值方法

```Swift
import SwiftUI

extension Color {
    var uiColor: UIColor { .init(self) }
    typealias RGBA = (red: CGFloat, green: CGFloat, blue: CGFloat, alpha: CGFloat)
    var rgba: RGBA? {
        var (r, g, b, a): RGBA = (0, 0, 0, 0)
        return uiColor.getRed(&r, green: &g, blue: &b, alpha: &a) ? (r, g, b, a) : nil
    }

    var colorToString: String? {
        guard let rgba = rgba else { return nil }
        return String(format: "#%02X%02X%02X",
                Int(rgba.red * 255),
                Int(rgba.green * 255),
                Int(rgba.blue * 255))
    }
}
```

上述代码中，我们扩展了 SwiftUI 中的 Color 类，添加了三个计算属性，可用于将颜色转换为 UIColor 并提取其 RGB 和十六进制值。

第一个计算属性是 uiColor，它返回一个由 Color 实例创建的 uiColor 实例；第二个计算属性是 rgba，它返回一个元组，包含用 0 到 1 之间的 CGFloat 值表示的红、绿、蓝的 RGB 值；第三个计算属性是 colorToString，它以字符串形式返回颜色的 RGB 值的十六进制表示。

我们将这个拓展方法运用到 ColorPicker 颜色选择器中，如图 11-19 所示。

图 11-19　使用 colorToString 方法

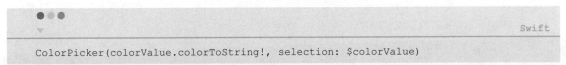

```Swift
ColorPicker(colorValue.colorToString!, selection: $colorValue)
```

上述代码中，我们在 ColorPicker 颜色选择器的文字部分，使用颜色参数 colorValue，并通过拓展方法中的 ".colorToString" 将其转为 String 字符串格式。

由于拓展方法中 colorToString 属性是用关键字 "?" 注释的可选类型，因此我们在使用 colorToString 属性时需要增加 "!" 关键字注释。也可以使用关键字 "??" 来设定一个默认值，当传入的颜色为空时，展示默认值的颜色，防止参数传递时意外报错。

11.7　本章小结

本章一下子涉及了很多基本控件的使用方法，可能一时间有些难以消化。

为什么这一章不像前几章一样重点讲解 Form 表单，而是随着 Form 表单介绍 Toggle 开关、Picker

选择器、Stepper 步进器、Slider 滑块选择器、ColorPicker 颜色选择器呢？

这是因为在实际项目开发过程中较少涉及这些基本控件的使用，就算是用到上述几个控件，也都会因为封装的控件所提供的参数不足，或是样式太固定而无法与应用风格相契合。

在项目开发过程中，基础控件的使用固然方便，但为了保证应用的质量，从 UI 设计到功能实现都有更高的要求。一旦现有基础控件无法满足实际开发需求，那么开发者更多的是借助 Swift 语言的特性自定义实现功能。

而 SwiftUI 基础控件的特点来源于 UIKit，其底层都能找到和 UIKit 相对应的内容。因此，除了学习 SwiftUI 之外，也希望读者们接触和了解 UIKit 的特点。当然，如果没有接触过 UIKit 也是可以直接上手 SwiftUI 的，毕竟 SwiftUI 本身就是为了替代 UIKit 而生的。

说了这么多，其实也是想传达一个观点：互联网上虽然有很多封装好的控件，可以让你用很少的代码实现某项功能，也就是所谓的"不必重复造轮子"。但总会有一天，人家的轮子"尺寸"变了，就不一定适合你家的"路"了，还是需要好好掌握基础，脚踏实地地学习。

第 12 章　提示弹窗，那些弹出的信息

本章我们来学习一个大家都熟知的概念——弹窗。

但这里所说的弹窗并不是指广告弹窗，由于作为应用主要营收方式之一的广告总是以弹窗的方式存在，弹窗似乎变成了广告的代名词，这是一件很无奈的事情。

笔者在思考本章标题的时候也是有些犯难，因此就使用了弹窗最原本的概念：应用中弹出的信息。

在设计语言中，我们熟知的 ModelView 模态弹窗、Alert 警告弹窗、ActionSheet 选项弹窗等都是弹窗的一部分。弹窗的存在，是为了回应用户，对用户的操作给予一定的反馈，让用户关注到重要的信息。弹窗是为了让信息不被错过，而不是为了吸引用户看广告。

本章我们将逐一介绍 SwiftUI 中的每一种弹窗及其使用场景。首先我们创建一个新的 SwiftUI View 文件，命名为"SwiftUIPopover"，如图 12-1 所示。

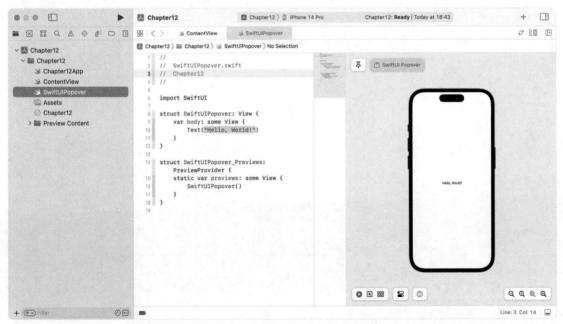

图 12-1　SwiftUIPopover 代码示例

12.1　实战案例：内容列表

我们学习的第一个弹窗叫 ModelView 模态弹窗，说是弹窗，但更多的是应用在页面间切换的场景。

我们在学习 NavigationView 导航视图时接触过用 NavigationLink 路由跳转的方式进入一个页面，这种方式一般应用在用户阅读粗略的信息后想进一步了解详情、进入详情页时。而 ModelView 模态弹窗也是两个页面之间的交互，但面向的是对于当前页面的补充。

举一个实际项目的例子。在常见的笔记应用中，我们使用 List 列表搭建笔记页面，新增笔记的操作常常是点击页面右上角的"新增"按钮，然后打开一个 ModelView 模态弹窗，录入笔记信息后点击保存，关闭 ModelView 模态弹窗，并把创建的笔记新增到 List 列表中。

接下来我们就来完成上面的例子。首先是 List 列表部分，我们在 Model 文件夹中创建一个新的 Swift 文件，命名为"NoteModel"，并创建一个结构体模型，如图 12-2 所示。

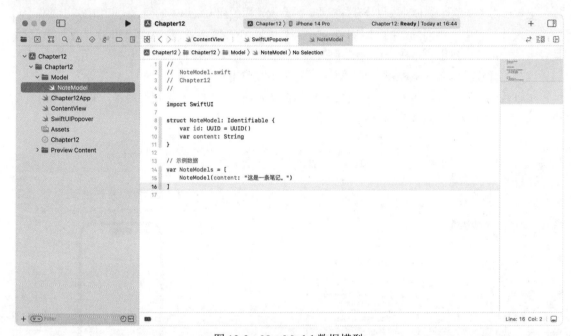

图 12-2　NoteModel 数据模型

```swift
import SwiftUI

struct NoteModel: Identifiable {
    var id: UUID = UUID()
    var content: String
}

// 示例数据
var NoteModels = [
    NoteModel(content: "这是一条笔记。")
]
```

在 NoteModel 文件中，我们创建了一个具有两个参数的结构体 NoteModel，其中的 content 存储笔记内容。为了演示需要，我们创建了一个示例数组 NoteModels，数组中预设一条符合 NoteModel 结构体格式的笔记。

紧接着回到 SwiftUIPopover 页面，通过声明数组和使用 List 列表来搭建视图，如图 12-3 所示。

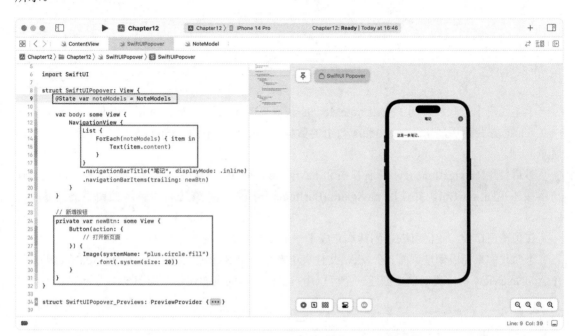

图 12-3　List 列表视图

```swift
import SwiftUI

struct SwiftUIPopover: View {
    @State var noteModels = NoteModels

    var body: some View {
        NavigationView {
            List {
                ForEach(noteModels) { item in
                    Text(item.content)
                }
            }
            .navigationBarTitle("笔记", displayMode: .inline)
            .navigationBarItems(trailing: newBtn)
        }
```

```
        }

        // 新增按钮
        private var newBtn: some View {
            Button(action: {
                // 打开新页面
            }) {
                Image(systemName: "plus.circle.fill")
                    .font(.system(size: 20))
            }
        }
    }
```

上述代码中，我们声明了数组 noteModels 获得来自 NoteModels 的数据，并使用 List 列表和 ForEach 的方式遍历展示 noteModels 数组的数据，将数据项中的 content 赋值给 Text 文字控件展示。

最后使用 NavigationView 导航视图和 navigationBarTitle 导航栏标题修饰符，通过单独创建新增按钮视图 newBtn，并使用 navigationBarItems 导航栏元素修饰符将新增按钮添加到导航视图上。

在预览窗口中，我们可以看到基本完成了一个简单的笔记页面。

下面我们来完成新增页面。在 View 文件夹中新增一个 SwiftUI 文件，命名为 "AddNoteView"。在 AddNoteView 中，我们单独创建一个可供用户输入内容的页面设计，如图 12-4 所示。

图 12-4　AddNoteView 视图

```Swift
import SwiftUI

struct AddNoteView: View {
    @State var content: String = ""

    var body: some View {
        NavigationView {
            VStack {
                TextField("请输入内容", text: $content)
                    .textFieldStyle(RoundedBorderTextFieldStyle())
                    .padding()

                Spacer()
            }
            .navigationBarTitle("新增笔记", displayMode: .inline)
            .navigationBarItems(leading: closeBtn, trailing: saveBtn)
        }
    }

    // 关闭页面按钮
    private var closeBtn: some View {
        Button(action: {
            // 关闭页面
        }) {
            Image(systemName: "xmark.circle.fill")
                .font(.system(size: 20))
                .foregroundColor(Color(.systemGray3))
        }
    }

    // 保存按钮
    private var saveBtn: some View {
        Button(action: {
            // 保存笔记
        }) {
            Text("保存")
                .font(.system(size: 17))
        }
    }
}
```

我们大体可以把上述代码分为两部分内容。一部分是主体部分，我们声明了用于绑定 TextField 文本框内容的参数 content，并使用 VStack 纵向布局容器和 TextField 文本框、Spacer 填充空间控件组成了基本的内容元素。另一部分单独创建了关闭页面按钮视图 closeBtn、保存按钮视图 saveBtn，并使用 NavigationView 导航视图和 navigationBarItems 导航栏元素修饰符将按钮添加到了导航视图中。当然，为了增加页面的辨识度，我们使用 navigationBarTitle 导航栏标题修饰符添加了页面名称。

完成上面的动作后，我们就拥有了 SwiftUIPopover 和 AddNoteView 两个页面了。

12.2 Sheet 模态弹窗

下面，我们尝试从 SwiftUIPopover 页面以模态弹窗的方式打开 AddNoteView 页面，使用到的修饰符是 ".sheet" 模态弹窗修饰符，如图 12-5 所示。

图 12-5 使用 Sheet 模态弹窗

上述代码中，我们要使用 ModelView 模态弹窗，需要提前声明用于触发模态弹窗的 Bool 值参数，通过改变参数的状态，来实现打开弹窗的交互。代码如下：

```Swift
@State var showAddNoteView = false
```

紧接着，我们在 body 视图内且在 NavigationView 导航视图外添加 ".sheet" 模态弹窗修饰符，在其参数 isPresented 是否打开模态弹窗中绑定 showAddNoteView 参数，并在其闭包中指定目标页面为"AddNoteView"新增笔记页面。代码如下：

```swift
.sheet(isPresented: $showAddNoteView) {
    // 目标页面
    AddNoteView()
}
```

最后，只需要在点击"新增"按钮时，改变 showAddNoteView 的状态，就可以通过模态弹窗的方式，在 SwiftUIPopover 页面弹出 AddNoteView 页面。代码如下：

```swift
self.showAddNoteView.toggle()
```

我们在预览窗口中点击"新增"按钮，看看实际效果，如图 12-6 所示。

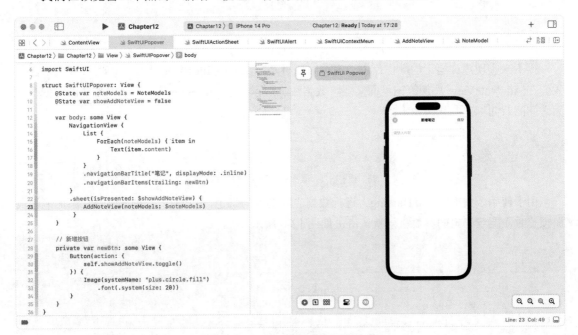

图 12-6　Sheet 模态弹窗预览效果

下一步，我们来到 AddNoteView 页面，这里需要实现两个交互：一个是点击"关闭按钮"关闭模态弹窗；另一个是点击"保存按钮"将笔记添加到 List 列表中。

关闭页面的方法我们在之前的章节中学习过，可以使用环境变量 presentationMode 来关闭当前页面，如图 12-7 所示。

图 12-7　自定义关闭弹窗方法

接下来实现添加笔记的操作。由于笔记的数组是在 SwiftUIPopover 页面中声明存储的，因此我们在 AddNoteView 添加笔记页面需要将数据添加展示在 SwiftUIPopover 页面，需要做数据在页面之间的双向绑定，代码如下：

```Swift
@Binding var noteModels:[NoteModel]
```

由于使用了关键字"@Binding"进行数据之间的双向绑定，我们在 AddNoteView 添加笔记页面预览时需要给绑定的参数赋予默认值，如图 12-8 所示。

```Swift
struct AddNoteView_Previews: PreviewProvider {
    static var previews: some View {
        AddNoteView(noteModels: .constant([NoteModel]()))
    }
}
```

同时，我们还需要回到 SwiftUIPopover 页面中，对双向绑定的参数 noteModels 进行关联赋值，如图 12-9 所示。

图 12-8　创建双向绑定参数

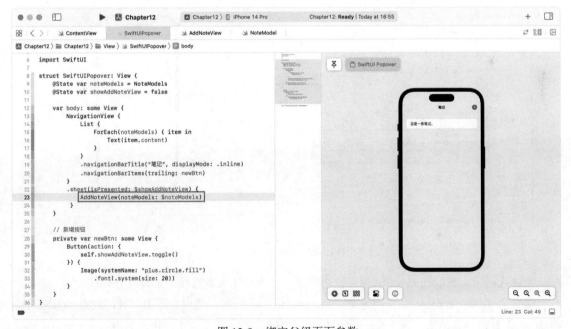

图 12-9　绑定父级页面参数

```Swift
.sheet(isPresented: $showAddNoteView) {
    // 目标页面
    AddNoteView(noteModels: $noteModels)
}
```

在".sheet"模态弹窗修饰符的闭包中,目标页面 AddNoteView 需要关联双向绑定的参数,使用"$"关键字绑定数组 noteModels。完成后,就成功搭建了两个页面之间的数据联动。

接下来回到 AddNoteView 页面,来完成保存数据的操作,如图 12-10 所示。

```Swift
if !content.isEmpty{
    noteModels.append(NoteModel(content: content))
    self.presentationMode.wrappedValue.dismiss()
}
```

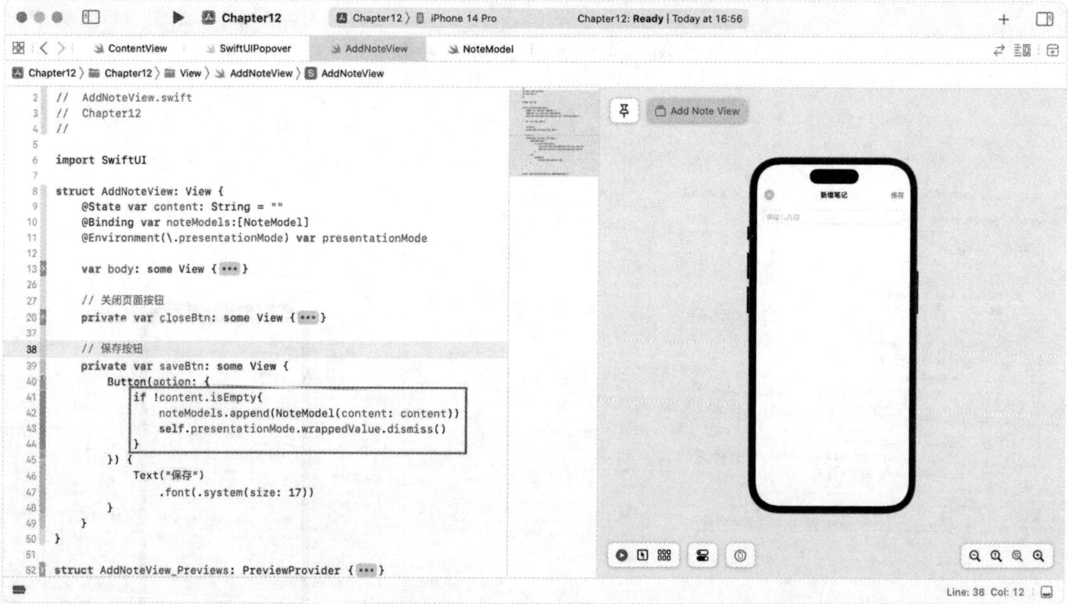

图 12-10　保存笔记方法

上述代码中,我们在 saveBtn 保存按钮视图中,当点击保存按钮时触发保存操作。

这里需要判断 content 是否不为空。当 content 文本框输入的内容不为空时,数组 noteModels 将 append 数据、数据格式为 NoteModel 数据模型的数据,以及文本框输入的内容 content 赋值给 NoteModel 数据模型中的 content 参数。

最后调用环境变量的方法关闭弹窗。

完成后我们回到 SwiftUIPopover 视图，在预览窗口中点击新增按钮，通过 ModelView 模态弹窗的模式打开 AddNoteView 新增笔记页面，输入内容，如图 12-11 所示。

图 12-11　新增效果预览

点击"保存"按钮后，我们就可以在 List 中看到刚刚创建的数据了，如图 12-12 所示。

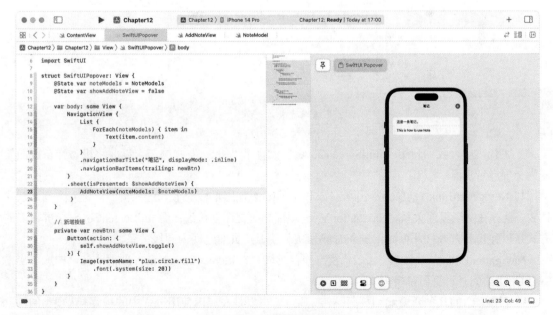

图 12-12　创建数据效果预览

12.3 FullScreenCover 全屏弹窗

我们再来介绍一种使用弹窗来实现页面跳转的方式。ModelView 模态弹窗是自下而上弹出一个页面，且页面以非全屏的方式显示。如果我们希望 AddNoteView 新增笔记页面全屏显示，这时候就需要用到另一个修饰符"`.fullScreenCover`"全屏覆盖修饰符，如图 12-13 所示。

图 12-13　FullScreenCover 全屏弹窗

```Swift
.fullScreenCover(isPresented: $showAddNoteView) {
    // 目标页面
    AddNoteView(noteModels: $noteModels)
}
```

上述代码中，我们使用"`.fullScreenCover`"代替了"`.sheet`"修饰符，以此将模态弹窗页面转变为全屏展示页面。

与 NavigationLink 跳转方法不同，NavigationLink 使用堆栈的形式进入页面，进入方向为从左往右，且存在父子页面关系，NavigationView 顶部导航视图会传递；而 fullScreenCover 全屏覆盖的方式是以弹窗的方式打开页面，进入方向为从下往上，页面之间为同级关系。

NavigationLink 堆栈跳转、sheet 模态弹窗跳转、fullScreenCover 全屏覆盖跳转，构成了当前 SwiftUI 主要的几种页面跳转方式。

接下来介绍的几种弹窗就和页面跳转无关了，主要是在应用使用过程中的提醒、选项类的辅助弹窗，包括 ActionSheet 选项弹窗、Alert 警告弹窗、ContextMeun 点按弹窗。

12.4　ActionSheet 选项弹窗

ActionSheet 选项弹窗应用在用户在使用某一项功能时，需要选择一种模式的场景。例如，在一些论坛类应用中，用户可以新增文稿，或者只是新增一条记录。又比如在一些图片编辑类应用中，当用户上传图片到应用时，可以选择从相册中上传，或者直接拍照上传。

当一个具有笼统概念的操作具有多个可选项时，我们就可以使用 ActionSheet 选项弹窗，告知用户当前的操作进一步需要选定哪一种模式。

这里以图片上传作为一个示例。我们创建一个新的 SwiftUI 文件，命名为"SwiftUIActionSheet"，并绘制一个可被点击的图标，如图 12-14 所示。

图 12-14　点击按钮示例

```Swift
Button(action: {
    // 点击打开 ActionSheet
}) {
    VStack(spacing: 15) {
        Image(systemName: "photo.on.rectangle.angled")
            .font(.system(.title))
            .foregroundColor(Color(.systemGray2))
        Text("上传图片")
            .foregroundColor(Color(.systemGray2))
    }
    .padding(20)
```

```
    .background(Color(.systemGray6))
    .cornerRadius(16)
}
```

上述代码中，我们使用 VStack 纵向布局容器排布了 Image 和 Text 作为上传图片按钮的样式，并且使用 Button 按钮使其变成一个可被点击的按钮。

接下来为了代码的整洁性，我们单独创建 ActionSheet 选项弹窗的视图，如图 12-15 所示。

图 12-15　ActionSheet 选项弹窗样式

```
// 选项弹窗
private var actionSheet: ActionSheet {
    let action = ActionSheet(title: Text("更多操作")
                        , buttons: [
                            .default(Text("相机拍照"), action: {
                                // 打开相机
                            }),
                            .destructive(Text("相册上传"), action: {
                                // 打开相册
                            }),
                            .cancel(Text("取消"), action: {
                                // 关闭弹窗时的附加操作
                            }),
                        ])

    return action
}
```

上述代码中，我们单独创建了一个 ActionSheet 视图 actionSheet，首先声明 ActionSheet 的代码结构内容，再将其赋值给常量 action，最后 return 返回该 ActionSheet 选项弹窗，这是一种单独构建视图的技巧。

在 ActionSheet 的代码结构中有两部分内容：一部分是 title 标题，用来标明当前选项弹窗的作用；另一部分是 buttons 按钮组，即 ActionSheet 选项弹窗中有几个按钮。buttons 按钮组中可以设置 default 默认按钮、destructive 强操作按钮、cancel 取消按钮。

buttons 按钮组是可以组合使用的，可多可少，但建议保留 cancel 取消按钮，ActionSheet 选项中的 cancel 取消按钮集成了返回操作，无须我们再自行实现关闭选项弹窗的操作。

完成后，我们需要使用 ".actionSheet" 选项模态弹窗的方式展示 ActionSheet 选项弹窗，如图 12-16 所示。

图 12-16　实现打开选项弹窗方法

```Swift
// 打开更多操作弹窗
.actionSheet(isPresented: $showActionSheet, content: { actionSheet })
```

上述代码中，我们给按钮视图添加了修饰符 "actionSheet" 选项模态弹窗，在其参数中，isPresented 触发操作绑定声明和 Bool 值参数 showActionSheet，选项模态弹窗的内容为我们单独创建的 actionSheet。当点击按钮时，我们切换 showActionSheet 参数的状态，触发打开选项模态弹窗操作。

在预览窗口中我们点击按钮看看效果，如图 12-17 所示。

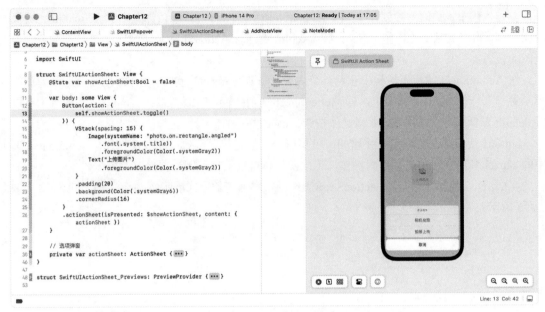

图 12-17　ActionSheet 选项弹窗效果预览

12.5　Alert 警告弹窗

Alert 警告弹窗通常使用在需要重点提醒用户或者征求用户需要的场景中，如是否确认删除、是否允许用户访问相册等。

在项目中配置了 Info 文件的权限后，当用户首次调用相关权限时，SwiftUI 会自动打开内置的 Alert 警告弹窗让用户进行二次确认。而在我们开发项目的过程中，也可以对指定的操作以 Alert 警告弹窗告知用户。

这里以删除操作作为一个示例。我们创建一个新的 SwiftUI 文件，命名为"SwiftUIAlert"，并绘制一个可被点击的删除按钮视图，如图 12-18 所示。

```Swift
Button(action: {
    // 点击打开 Alert
}) {
    HStack {
        Image(systemName: "trash.fill")
        Text("删除")
    }
    .foregroundColor(.red)
}
```

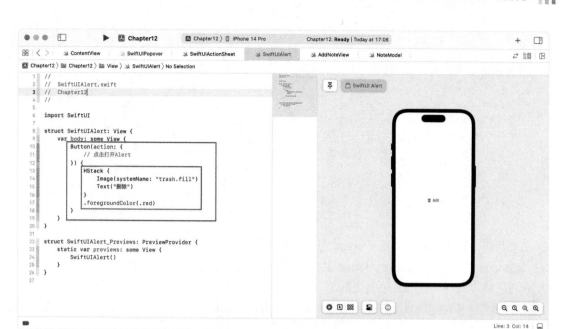

图 12-18　删除按钮样式

上述代码中，我们创建了一个简单的按钮视图，它由 Button 按钮、HStack 横向布局容器、Image 图片和 Text 文字组成，并且使用 foregroundColor 前景色修饰符改变默认颜色为红色。

接下来和 ActionSheet 选项弹窗方法一样，我们单独创建 Alert 警告弹窗视图，如图 12-19 所示。

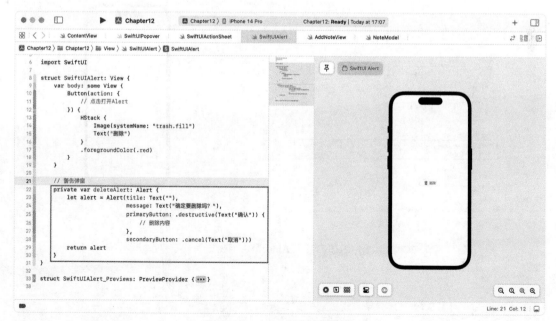

图 12-19　Alert 警告弹窗样式

```Swift
// 警告弹窗
private var deleteAlert: Alert {
    let alert = Alert(title: Text(""),
                message: Text("确定要删除吗？"),
                primaryButton: .destructive(Text("确认")) {
                    // 删除内容
                },
                secondaryButton: .cancel(Text("取消")))

    return alert
}
```

上述代码中，我们单独创建了 Alert 警告弹窗 deleteAlert，其中有 4 个主要参数，分别为 title 标题、message 描述信息、primaryButton 主要按钮、secondaryButton 次要按钮。当点击主要按钮时，我们就可以通过代码实现触发删除逻辑。

Alert 警告弹窗使用的修饰符是 ".alert"，代码结构和 ActionSheet 选项弹窗方法一致，如图 12-20 所示。

图 12-20　实现 Alert 警告弹窗方法

```Swift
// 打开警告弹窗
.alert(isPresented: $showDeleteAlert, content: { deleteAlert })
```

上述代码中，我们给按钮视图添加了修饰符"."alert""选项模态弹窗，在其参数中，isPresented 触发操作绑定声明和 Bool 值参数 showDeleteAlert，警告弹窗的内容为我们单独创建的 deleteAlert。当点击按钮时，我们切换 showDeleteAlert 参数的状态，触发打开警告弹窗操作。

在预览窗口中我们点击按钮看看效果，如图 12-21 所示。

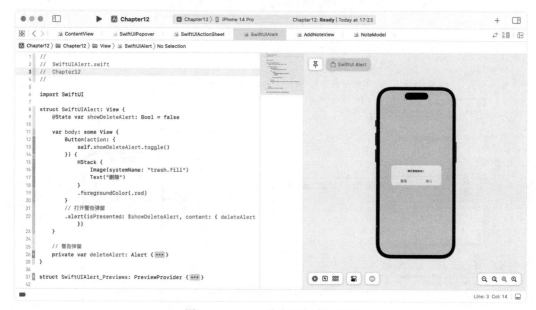

图 12-21　Alert 警告弹窗效果预览

12.6　ContextMeun 点按弹窗

点按弹窗可能很多人都没有使用过，而且对此很是陌生。ContextMeun 点按弹窗是 SwiftUI 提供的一种通过长按触发的选项弹窗，也被称为上下文菜单。

在实际应用中如果我们需要复制一段文字或者内容，常规的交互是长按内容，然后系统触发复制选项。而如果应用对用户长按时提供了多种操作，这时就可以使用 ContextMeun 点按弹窗提供快速的选择模式供用户选择。

我们创建一个新的 SwiftUI 文件，命名为"SwiftUIContextMeun"，并绘制一个简单的文字视图，如图 12-22 所示。

```Swift
import SwiftUI

struct SwiftUIContextMeun: View {
    @State private var text: String = "你逆光而来，配得上这世间所有的温柔。"
```

```
    var body: some View {
        Text(text)
            .font(.subheadline)
            .padding()
            .background(Color(.systemGray6))
            .cornerRadius(8)
    }
}
```

图 12-22　点击按钮样式

上述代码中，我们声明了一个 String 字符串变量 text 存储文字内容，在 body 视图中使用 Text 文字控件设计了一段文字。接下来我们需要实现长按时，触发 ContextMeun 点按弹窗，并且复制 text 文字内容。

ContextMeun 点按弹窗需要搭建内部的内容，直接可以作为修饰符使用，如图 12-23 所示。

```Swift
// 点按弹窗
.contextMenu {
    Button("复制文字") {
        // 复制文字到剪切版
        UIPasteboard.general.string = text
    }
}
```

图 12-23　实现 ContextMeun 点按弹窗方法

上述代码中，我们使用 ".contextMenu" 点按弹窗修饰符作用在 Text 文字上，ContextMeun 点按弹窗中的内容为一个 "复制文字" 的文字按钮，当点击文字按钮时，使用 UIPasteboard 剪切板方法，将 text 文字复制到苹果的剪切板中，实现文字复制操作。

在预览窗口中我们长按文字段落看看效果，如图 12-24 所示。

图 12-24　ContextMeun 点按弹窗效果预览

12.7 本章小结

在本章中，我们介绍了 Sheet 模态弹窗、FullScreenCover 全屏弹窗、ActionSheet 选项弹窗、Alert 警告弹窗和 ContextMeun 点按弹窗，基本覆盖了 SwiftUI 提供的所有关于弹窗的组件和使用方式。

但我们发现这里好像还缺少了 Toast 提示弹窗，是的，SwiftUI 直到现在还没有提供标准的、可配置的 Toast 提示弹窗。这就需要我们开发者自己去独立开发 Toast 提示弹窗。先不要担心，在后面的章节中我们会介绍如何开发一个可以被全局使用的 Toast 提示弹窗。

本章的重点在于掌握和使用 SwiftUI 提供的标准的弹窗，并了解它们的使用场景。在实际开发过程中运用哪一种弹窗，除了标准的 UI 设计语言要求外，完全取决于实际的业务特征，但我们首先要学习和了解基础的弹窗的内容。

所谓的工作经验，无非是在扎实的基础上熟练开展业务。

第 13 章　屏幕延伸，ScrollView 滚动布局容器的使用

在前面的章节中我们分享过 3 种常见的布局容器：VStack 纵向、HStack 横向、ZStack 堆叠。

在单一页面中会存在不同的布局结构，即同时存在多种布局容器，这时由于移动设备的特性和用户习惯，我们常常将页面内的所有元素纵向排布，通过向下滚动的方式展示更多信息。

在页面布局上，我们可以采用 VStack 纵向布局容器，但 VStack 纵向布局容器会有一个限制，即当页面中的元素结构超过 10 个时，由于组件本身的限制，操作会变得十分卡顿，甚至在加载时会发生内存溢出的问题。

可能在 SwiftUI 中对于 Stack 布局容器的定义，只是作为简单的元素布局容器进行使用，而不适合复杂的页面布局，特别是容器嵌套布局。

因此，SwiftUI 使用了新的布局容器——ScrollView 滚动布局容器来解决这一问题。ScrollView 滚动布局容器支持垂直方向和水平方向的滚动，优化了内存机制，使用户操作更加流畅顺滑，大大增强了用户体验。

本章我们将学习 ScrollView 滚动布局容器及其常见的使用场景。我们先创建一个新的 SwiftUI View 文件，命名为"SwiftUIScrollView"，如图 13-1 所示。

图 13-1　SwiftUIScrollView 代码示例

13.1 创建一个简单的滚动页面

  Stack 布局容器排布的元素常常需要根据移动设备展示的屏幕尺寸而定，如果超过屏幕的宽度和高度，那么视图就无法被正确展示。以横向卡片为例，我们尝试使用 HStack 布局容器设计一组横向卡片，如图 13-2 所示。

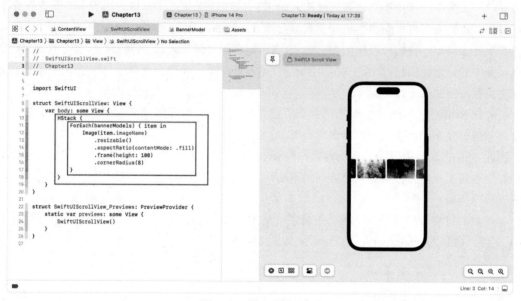

图 13-2　横向卡片布局

```Swift
import SwiftUI

struct SwiftUIScrollView: View {
    var body: some View {
        HStack {
            ForEach(bannerModels) { item in
                Image(item.imageName)
                    .resizable()
                    .aspectRatio(contentMode: .fill)
                    .frame(height: 100)
                    .cornerRadius(8)
            }
        }
    }
}
```

上述代码中，我们使用 HStack 布局容器和 ForEach 循环控件遍历了数组 bannerModels 的数据，并以 Image 图片的形式展示出来。

bannerModels 是前面的章节中使用到的数组，这里就不过多陈述了，如图 13-3 所示。

图 13-3　bannerModels 数据模型

```Swift
import SwiftUI

struct BannerModel: Identifiable {
    var id: UUID = UUID()
    var imageName: String
}

//示例数据
var bannerModels = (1...8).map { BannerModel(imageName: "BannerImage\($0)") }
```

回到 SwiftUIScrollView 文件，在预览窗口中，我们会发现在视图可见范围内，只能看到其中一部分内容，由于 Image 尺寸的限制，整体的宽度已经超过了屏幕宽度。

这时我们就需要使用到 ScrollView 滚动布局容器，让整个 HStack 放置在滚动视图容器中，如图 13-4 所示。

```Swift
ScrollView(.horizontal) {
    HStack {
```

```
        ForEach(bannerModels) { item in
            Image(item.imageName)
                .resizable()
                .aspectRatio(contentMode: .fill)
                .frame(height: 100)
                .cornerRadius(8)
        }
    }
}
.padding(.horizontal)
```

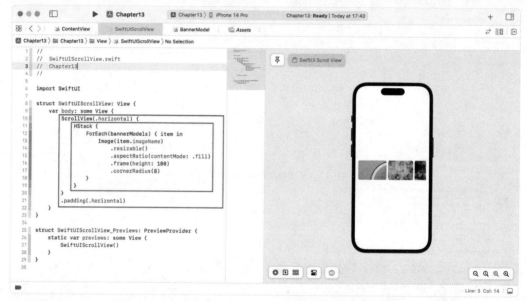

图 13-4 ScrollView 滚动布局容器

上述代码中，我们将这个 HStack 横向布局视图放置在 ScrollView 滚动布局容器中，并设置其滚动方式为 horizontal 水平滚动。如此，整个 HStack 视图中的元素都会被一个可以横向无限延伸的滚动容器包裹，实现左右横向滑动。

如果我们希望切换成纵向滚动，我们只需要设置内部元素的布局方式，并且设置 ScrollView 滚动布局容器的参数就可以实现一个纵向滚动的页面布局，如图 13-5 所示。

```Swift
ScrollView(.vertical) {
    VStack {
        ForEach(bannerModels) { item in
            Image(item.imageName)
```

```
            .resizable()
            .aspectRatio(contentMode: .fill)
            .frame(height: 100)
            .cornerRadius(8)
        }
    }
}
.padding(.horizontal)
```

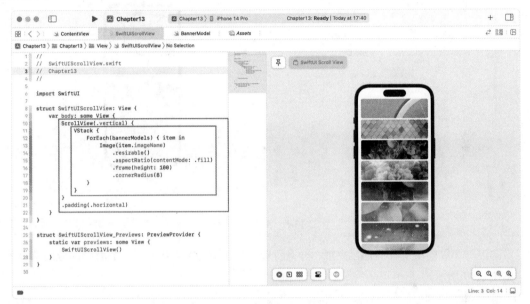

图 13-5　切换滚动视图滚动方向

上述代码中，我们将 HStack 横向布局容器调整为 VStack 纵向布局容器，然后将 ScrollView 滚动容器的滚动方向设置为 vertical 垂直，就可以实现一个纵向的滚动页面。

在预览窗口滚动时，我们会发现 ScrollView 滚动容器在页面滚动时会展示滚动条，我们也可以设置 ScrollView 滚动容器的是否展示滚动条参数来隐藏滚动条，如图 13-6 所示。

```Swift
ScrollView(.vertical,showsIndicators: false) {
    VStack {
        ForEach(bannerModels) { item in
            Image(item.imageName)
                .resizable()
                .aspectRatio(contentMode: .fill)
                .frame(height: 100)
                .cornerRadius(8)
        }
```

```
        }
    }
    .padding(.horizontal)
```

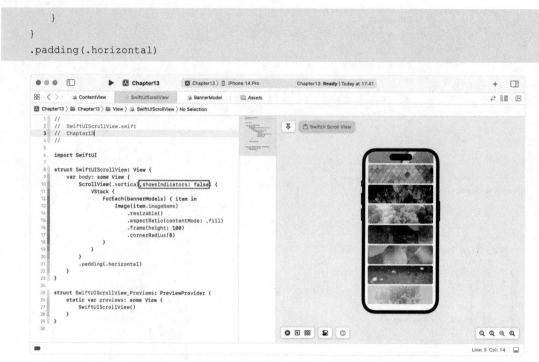

图 13-6　隐藏滚动条

横向滚动和纵向滚动我们都已完成，再将两者结合一下，就可以得到一个简单的应用首页的布局，如图 13-7 所示。

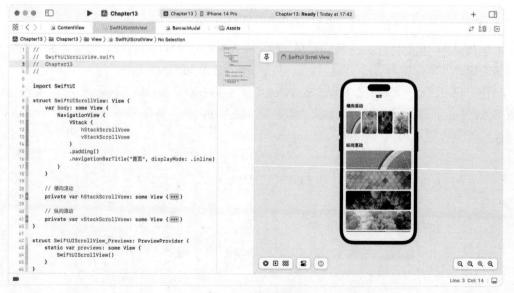

图 13-7　首页视图案例

```swift
import SwiftUI

struct SwiftUIScrollView: View {
    var body: some View {
        NavigationView {
            VStack {
                hStackScrollView
                vStackScrollView
            }
            .padding()
            .navigationBarTitle("首页", displayMode: .inline)
        }
    }

    // 横向滚动
    private var hStackScrollView: some View {
        VStack(alignment: .leading, spacing: 15) {
            Text("横向滚动")
                .font(.system(size: 23))
                .bold()
            ScrollView(.horizontal, showsIndicators: false) {
                HStack {
                    ForEach(bannerModels) { item in
                        Image(item.imageName)
                            .resizable()
                            .aspectRatio(contentMode: .fill)
                            .frame(width: 80, height: 120)
                            .cornerRadius(8)
                    }
                }
            }
        }
    }

    // 纵向滚动
    private var vStackScrollView: some View {
        VStack(alignment: .leading, spacing: 15) {
            Text("纵向滚动")
                .font(.system(size: 23))
                .bold()
                .padding(.top, 40)
            ScrollView(.vertical, showsIndicators: false) {
                VStack {
                    ForEach(bannerModels) { item in
```

```
                        Image(item.imageName)
                            .resizable()
                            .aspectRatio(contentMode: .fill)
                            .frame(height: 100)
                            .cornerRadius(8)
                    }
                }
            }
        }
    }
}
```

上述代码中，我们单独搭建了横向滚动视图 hStackScrollView 和纵向滚动视图 vStackScrollView，在 body 中，我们将两个滚动视图放置在一个纵向布局容器中，并给这两个滚动视图增加了一个 NavigationView 导航视图，且设置了导航视图的标题。

以上，就是 ScrollView 滚动视图的常规用法。

13.2 实战案例：电商首页之轮播图

在应用的首页中，常常会使用到 ScrollView 滚动视图来进行页面布局。首页中由于存在不同的组合视图，如轮播图、主要工具栏、列表页等，当多个组合视图放置在同一个界面容器中，常规的 VStack 垂直布局容器会存在较为明显的卡顿现象。

特别是在我们只搭建了布局框架，通过网络请求回来的数据动态展示内容的场景中，视图渲染会带来不协调感。这时，ScrollView 滚动视图就可以很好地处理这种情况。

接下来我们以电商首页为例，简单的电商首页由一个 Banner 轮播图、一组快捷按钮，以及商品列表组成。

首先是 Banner 部分，我们之前使用过 TabView 创建 Banner 轮播图。导入一批图片作为素材，在 Model 文件夹下创建一个 Swift 文件，命名为"CoffeeModel"，并声明参数和示例数据，如图 13-8 所示。

```Swift
import SwiftUI

struct CoffeeModel: Identifiable {
    var id: UUID = UUID()
    var imageName: String
}

//示例数据
var coffeeModels = (1...5).map { CoffeeModel(imageName: "CoffeeImage\($0)") }
```

图 13-8　CoffeeModel 数据模型和演示数据

在 View 文件夹下创建一个新的 SwiftUI View 文件，命名为"HomePageView"，单独搭建轮播图视图，如图 13-9 所示。

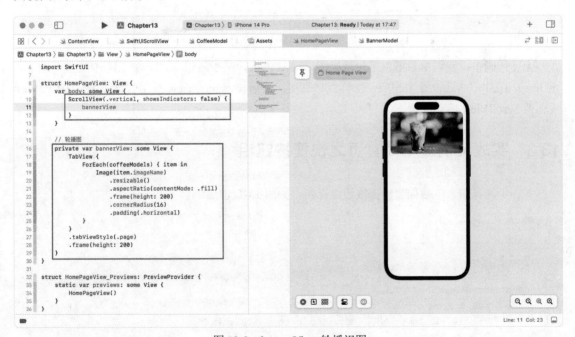

图 13-9　bannerView 轮播视图

```Swift
import SwiftUI

struct HomePageView: View {
    var body: some View {
        ScrollView(.vertical, showsIndicators: false) {
            bannerView
        }
    }

    // 轮播图
    private var bannerView: some View {
        TabView {
            ForEach(coffeeModels) { item in
                Image(item.imageName)
                    .resizable()
                    .aspectRatio(contentMode: .fill)
                    .frame(height: 200)
                    .cornerRadius(16)
                    .padding(.horizontal)
            }
        }
        .tabViewStyle(.page)
        .frame(height: 200)
    }
}
```

上述代码中，我们单独搭建了轮播视图 bannerView，基于数组 coffeeModels 中的数据遍历展示 Image 图片，然后设置 TabView 的样式和高度，最后将 bannerView 视图放置在 HomePageView 视图的 ScrollView 滚动视图下。

13.3 实战案例：电商首页之快捷按钮组

下一步，我们来单独构建快捷按钮组视图，如图 13-10 所示。

```Swift
import SwiftUI

struct HomePageView: View {
    var body: some View {
        ScrollView(.vertical, showsIndicators: false) {
            bannerView
            featureGroup
```

```
        }
    }

    // 轮播图
    private var bannerView: some View {
        //隐藏了代码块
    }

    // 快捷按钮组
    private var featureGroup: some View {
        HStack {
            FeatureBtn(iconImage: "mifan", iconName: "米饭")
            FeatureBtn(iconImage: "chadian", iconName: "茶点")
            FeatureBtn(iconImage: "lengyin", iconName: "冷饮")
            FeatureBtn(iconImage: "shuiguo", iconName: "水果")
            FeatureBtn(iconImage: "tianpin", iconName: "甜品")
        }
        .padding(.vertical,15)
    }
}

// 快捷按钮组件
struct FeatureBtn: View {
    var iconImage: String
    var iconName: String

    var body: some View {
        VStack(spacing: 10) {
            Image(iconImage)
                .resizable()
                .aspectRatio(contentMode: .fill)
                .frame(width: 32)

            Text(iconName)
                .font(.system(size: 14))
        }
        .padding(.horizontal)
    }
}
```

　　上述代码中，为了方便我们单独创建快捷按钮组件 FeatureBtn，我们声明了两个参数 iconImage、iconName 作为按钮的图片展示参数和按钮名称参数。单个按钮使用 VStack 纵向布局容器，将 Image 按钮图片和 Text 按钮文字进行垂直布局，并使用相关的修饰符美化样式。

　　然后通过传入值的方式，复用组件的样式完成了快捷按钮组视图 featureGroup，最后将 featureGroup 视图添加到 HomePageView 中的 ScrollView 滚动视图中。

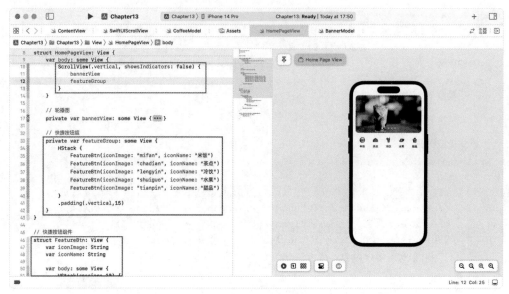

图 13-10　快捷按钮组

13.4　实战案例：电商首页之商品推荐列表

接下来我们完成推荐列表的内容。在 Model 文件夹下新建一个 Swift 文件，命名为 "ProductModel"，并且声明相关参数和创建示例数据，如图 13-11 所示。

图 13-11　ProductModel 数据模型

```Swift
import SwiftUI

struct ProductModel: Identifiable {
    var id: UUID = UUID()
    var productImage: String
    var productName: String
    var size: String
    var price: Int
}

var productModels = [
    ProductModel(productImage: "Coffee1", productName: "生椰半熟芝士拿铁",
      size: "标准/冰/半糖", price: 17),
    ProductModel(productImage: "Coffee2", productName: "开心果燕麦拿铁",
      size: "标准/冰/半糖", price: 22),
    ProductModel(productImage: "Coffee3", productName: "白桃芝士拿铁",
      size: "标准/冰/半糖", price: 23),
    ProductModel(productImage: "Coffee4", productName: "桂花拿铁",
      size: "标准/冰/半糖", price: 13),
    ProductModel(productImage: "Coffee5", productName: "燕麦拿铁",
      size: "标准/冰/半糖", price: 17),
]
```

上述代码中，我们创建了一个数据模型 ProductModel，声明了参数 productImage 商品图片、productName 商品名称、size 商品规格、price 商品价格，并创建了一个示例数组 productModels 作为演示数据。

回到 HomePageView 视图中，我们单独创建推荐列表组件，如图 13-12 所示。

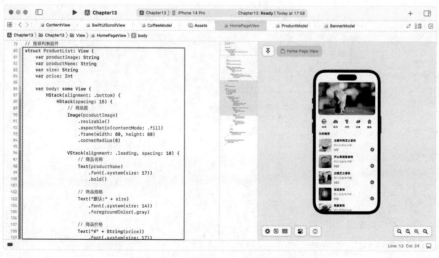

图 13-12　ProductList 商品列表组件

```swift
// 推荐列表组件
struct ProductList: View {
    var productImage: String
    var productName: String
    var size: String
    var price: Int

    var body: some View {
        HStack(alignment: .bottom) {
            HStack(spacing: 15) {
                // 商品图
                Image(productImage)
                    .resizable()
                    .aspectRatio(contentMode: .fill)
                    .frame(width: 80, height: 80)
                    .cornerRadius(8)

                VStack(alignment: .leading, spacing: 10) {
                    // 商品名称
                    Text(productName)
                        .font(.system(size: 17))
                        .bold()

                    // 商品规格
                    Text("默认:" + size)
                        .font(.system(size: 14))
                        .foregroundColor(.gray)

                    // 商品价格
                    Text("¥" + String(price))
                        .font(.system(size: 17))
                        .foregroundColor(.red)
                        .bold()
                }
            }

            Spacer()

            // 添加按钮
            Image(systemName: "plus.circle.fill")
                .font(.system(size: 24))
```

```
                .foregroundColor(.blue)
        }
    }
}
```

上述代码中，我们创建了一个商品列表组件视图 ProductList，首先声明传入的值的参数，这里为了更好地识别参数，选择使用和 ProductModel 数据模型一样的参数名称。

接着就是视图内的布局，我们需要将内容以整体化思维看待，从左往右依次是商品图片 productImage、商品信息、添加到购物车按钮。其中，商品信息为从上至下布局，依次是商品名称 productName、商品规格 size、商品价格 price。

基本结构有了，我们就可以使用 HStack 横向布局容器和 VStack 纵向布局容器对控件进行布局，最后对每一项内容使用对应的修饰符进行样式格式化。

完成 ProductList 组件后，我们遍历示例数组的内容展示数据，如图 13-13 所示。

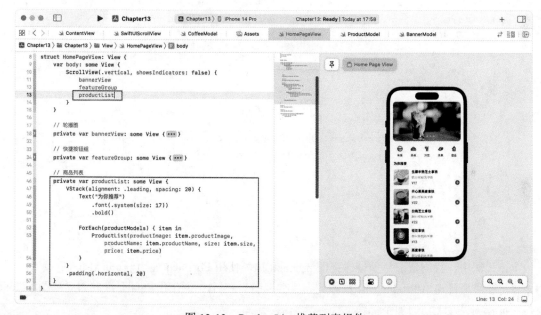

图 13-13　ProductList 推荐列表组件

```
                                                                  Swift

import SwiftUI

struct HomePageView: View {
    var body: some View {
        ScrollView(.vertical, showsIndicators: false) {
            bannerView
            featureGroup
```

```
            productList
        }
    }

    // 轮播图
    private var bannerView: some View {
        // 隐藏了代码块
    }

    // 快捷按钮组
    private var featureGroup: some View {
        // 隐藏了代码块
    }

    // 商品列表
    private var productList: some View {
        VStack(alignment: .leading, spacing: 20) {
            Text("为你推荐")
                .font(.system(size: 17))
                .bold()

            ForEach(productModels) { item in
                ProductList(productImage: item.productImage, productName: item.productName,
                size: item.size, price: item.price)
            }
        }
        .padding(.horizontal, 20)
    }
}
```

上述代码中，我们依旧单独创建视图 productList，使用 ForEach 遍历 productModels 数组的数据，并将参数值传递给 ProductList 推荐列表组件视图。最后，再使用 VStack 纵向布局视图和 Text 组件在推荐列表左上角增加个标题。

以上，我们就完成了一个电商首页的页面设计。

13.5 DisclosureGroup 拓展折叠视图

下面我们来学习一个简单的视图控件——DisclosureGroup 拓展折叠视图。

DisclosureGroup 拓展折叠视图是 SwiftUI 中一个封装好的基本控件，可以实现展开或折叠一组内容。通常情况下，我们可以使用它来实现一个 Q&A 帮助中心页面，用于展示在应用中经常遇到的问题及其答案。

我们先创建一个新的 SwiftUI View 文件，命名为"DisclosureGroupView"，如图 13-14 所示。

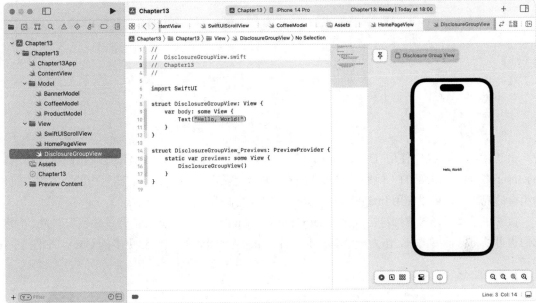

图 13-14　DisclosureGroupView 代码示例

接下来我们使用 DisclosureGroup 的代码块实现一个 Q&A，如图 13-15 所示。

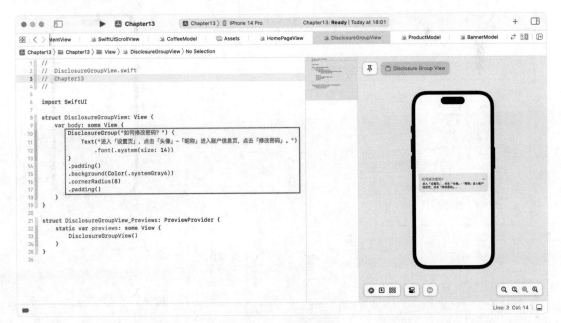

图 13-15　Q&A 视图

```swift
DisclosureGroup("如何修改密码？") {
    Text("进入「设置页」，点击「头像」-「昵称」进入账户信息页，点击「修改密码」。")
        .font(.system(size: 14))
}
.padding()
.background(Color(.systemGray6))
.cornerRadius(8)
.padding()
```

上述代码中，我们使用 DisclosureGroup 创建了一个简单的 Q&A 页面。我们可以看到，DisclosureGroup 由内部的"问题"参数和闭包中的"答案"组成。其中，闭包中的"答案"可以为组合的视图，即可以使用 Image 图片、Text 文字等其他组合，十分灵活。

接着我们使用样式修饰符格式化了 DisclosureGroup 的样式，使其有了背景颜色和圆角。当然，我们也可以将其抽离出来，作为一个单独的组件，结合 ScrollView 来创建更多的 Q&A，如图 13-16 所示。

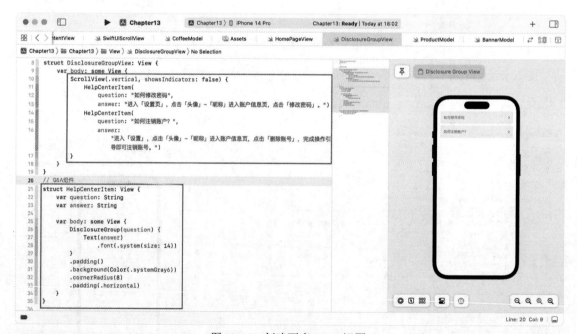

图 13-16　创建更多 Q&A 视图

```swift
import SwiftUI
```

```swift
struct DisclosureGroupView: View {
    var body: some View {
        ScrollView(.vertical, showsIndicators: false) {
            HelpCenterItem(
                question: "如何修改密码",
                answer: "进入「设置页」，点击「头像」-「昵称」进入账户信息页，点击「修改密码」。")
            HelpCenterItem(
                question: "如何注销账户？",
                answer: "进入「设置」，点击「头像」-「昵称」进入账户信息页，点击「删除账户」，完成操
                    作引导即可注销账户。")
        }
    }
}


// Q&A 组件
struct HelpCenterItem: View {
    var question: String
    var answer: String

    var body: some View {
        DisclosureGroup(question) {
            Text(answer)
                .font(.system(size: 14))
        }
        .padding()
        .background(Color(.systemGray6))
        .cornerRadius(8)
        .padding(.horizontal)
    }
}

struct DisclosureGroupView_Previews: PreviewProvider {
    static var previews: some View {
        DisclosureGroupView()
    }
}
```

　　上述代码中，我们将之前使用的 DisclosureGroup 拓展折叠视图的样式单独抽离出来，创建成一个组件 HelpCenterItem，并使用参数 question 和 answer 作为"问题"和"答案"的内容。

　　在 DisclosureGroupView 视图中，我们结合 ScrollView 滚动视图来实现多个 Q&A 视图。当然，我们也可以将 Q&A 的内容抽离出来，然后使用 ForEach 进行遍历，如图 13-17 所示。

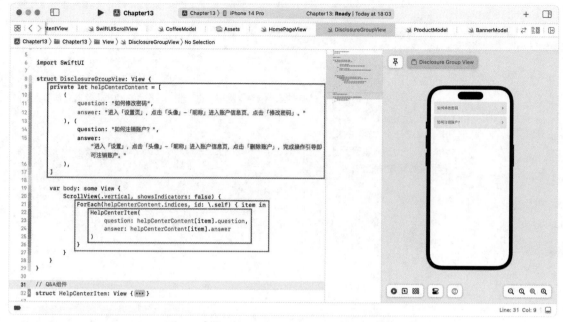

图 13-7　使用 helpCenterContent 数组遍历数据

```Swift
import SwiftUI

struct DisclosureGroupView: View {
    private let helpCenterContent = [
        (
            question: "如何修改密码",
            answer: "进入「设置页」, 点击「头像」-「昵称」进入账户信息页, 点击「修改密码」。"
        ), (
            question: "如何注销账户? ",
            answer: "进入「设置」, 点击「头像」-「昵称」进入账户信息页, 点击「删除账户」, 完成操作
引导即可注销账户。"
        ),
    ]

    var body: some View {
        ScrollView(.vertical, showsIndicators: false) {
            ForEach(helpCenterContent.indices, id: \.self) { item in
                HelpCenterItem(
                    question: helpCenterContent[item].question,
                    answer: helpCenterContent[item].answer
                )
```

上述代码中，我们换了种方式，直接在 DisclosureGroupView 视图中声明了数组 helpCenterContent，并设置其参数 question 和 answer 的值。因此，在 body 视图中就可以直接使用 ForEach 循环遍历 helpCenterContent 数组中的数据，然后赋值给 HelpCenterItem 组件。

13.6 本章小结

在本章中，我们主要接触了 ScrollView 滚动视图在不同业务场景下的使用。ScrollView 滚动视图主要分为横向滚动和纵向滚动，是由其内部参数所决定的，且需要和界面中布局容器相互配合使用。

在样式格式化上，使用最为频繁的是隐藏滚动条的参数 showsIndicators，可以让整个页面更加简洁。ScrollView 滚动视图十分简单，但也要注意在同方向上不需要设置多个 ScrollView 滚动视图，即便 ScrollView 的内存管理机制十分优秀，但也难免在循环嵌套 ScrollView 时出现不可预知的错误。

总而言之，在复杂的视图上使用 ScrollView 滚动视图作为主体框架，可以让交互更加顺畅，进一步提高用户的操作体验。

第 14 章　点击、长按、拖拽、缩放、旋转

手势操作是人机交互中不可或缺的一部分。

近年来，得益于触屏设备的发展，手势这一交互方法变得越来越便捷，成为人们与数字世界沟通的桥梁。

在人机交互中，用户使用几个简单的手势就可以在应用中执行复杂的任务，比如缩放和平移操作查看地图、长按复制内容等，而这在传统电脑上使用鼠标和键盘的过程中，则可能需要更多操作步骤。这很大程度上降低了智能设备的学习成本，以至于一个很小的孩子都能熟练操作智能手机等设备。

本章我们将深入探讨 SwiftUI 中常用手势的用法和使用场景。我们先创建一个新的 SwiftUI View 文件，命名为"SwiftUIGesture"，如图 14-1 所示。

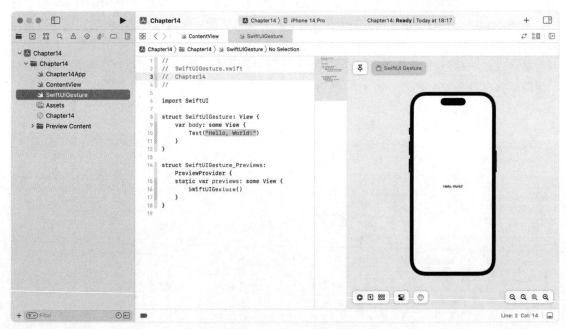

图 14-1　SwiftUIGesture 代码示例

14.1　快速了解手势修饰符

SwiftUI 提供了多种视图识别的手势操作，用于识别视图的当前操作状态，并给予相对应的系

统反馈。

常规的手势修饰符有 TapGesture 点击手势、LongPressGesture 长按手势、DragGesture 拖拽手势、MagnificationGesture 缩放手势和 RotationGesture 旋转手势。

和常规的修饰符方法类似，只需要将手势修饰符添加到视图中，系统就会自动识别用户的操作，并根据对应的手势交互执行相对应的指令。

14.2 TapGesture 点击手势

TapGesture 点击手势是使用频率最高的手势之一，用于直观触发点击动作。在之前我们学习 Button 按钮时就曾经使用".onTapGesture"点击手势修饰符代替了常规的 Button 按钮，这在实际开发过程中十分有效。

下面我们来举一个实际案例，假设有一个数字数组，我们通过点击按钮，随机从数组中获取一个数字并展示，如图 14-2 所示。

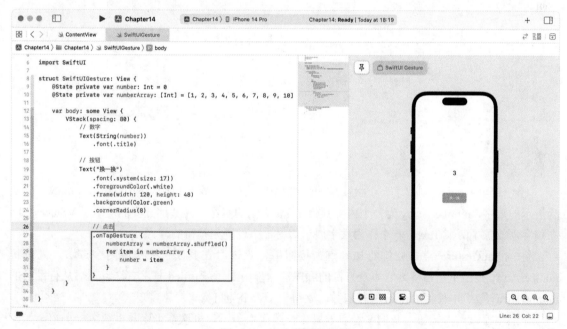

图 14-2 点击获取随机数

```Swift
import SwiftUI

struct SwiftUIGesture: View {
    @State private var number: Int = 0
```

```
    @State private var numberArray: [Int] = [1, 2, 3, 4, 5, 6, 7, 8, 9, 10]

    var body: some View {
        VStack(spacing: 80) {
            // 数字
            Text(String(number))
                .font(.title)

            // 按钮
            Text("换一换")
                .font(.system(size: 17))
                .foregroundColor(.white)
                .frame(width: 120, height: 48)
                .background(Color.green)
                .cornerRadius(8)

                // 点击
                .onTapGesture {
                    numberArray = numberArray.shuffled()
                    for item in numberArray {
                        number = item
                    }
                }
        }
    }
}
```

上述代码中，我们创建了一个很简单的随机数获取方法。首先声明了两个参数，number 参数为展示的数字，numberArray 为一个内部数值是 Int 类型的数组。样式部分我们使用了 VStack 纵向布局容器放置了两个 Text，一个作为数字展示，另一个设置为按钮的样式。

将 onTapGesture 点击修饰符加到点击按钮中，点击时在其闭包中实现两个方法，先是将 numberArray 数组重新赋值为它本身打乱的顺序，这里用到了 shuffled 打乱方法。然后从打乱后的 numberArray 数组中使用 for...in 进行取数，就得到了一个随机数。

在预览窗口点击按钮，我们来看看效果，在多次点击下，每次都可以随机获得一个数，如图 14-3 所示。

同理，上述的方法可以运用到其他业务场景中，比如获得数组中随机的内容、点击查看卡片详情、打开弹窗、进入新页面、实现简单的内容推荐等。

除了可以直接使用手势修饰符，SwiftUI 还提供了 .gesture 手势修饰器来进行手势的识别，如图 14-4 所示。

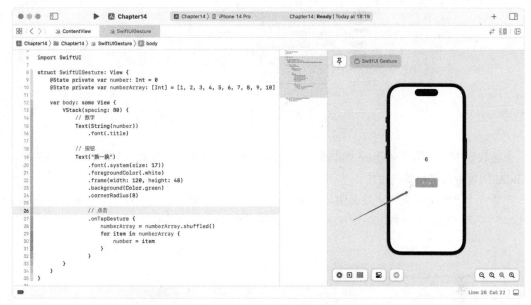

图 14-3　点击手势效果预览

图 14-4　gesture 手势修饰器的使用

```Swift
// 手势修饰器
.gesture(
    // 点击手势
```

```
    TapGesture()
        .onEnded({
            numberArray = numberArray.shuffled()
            for item in numberArray {
                number = item
            }
        })
)
```

上述代码中，使用了 .gesture 修饰器，将 TapGesture 点击手势加到闭包中。点击结束后，在 onEnded 闭包中执行相关的操作。

再举一个开发中常见的交互案例。当用户点击"+"号新增事项时，我们可以将新增按钮转变为"×"关闭按钮，这也可以使用 TapGesture 点击手势实现，如图 14-5 所示。

图 14-5   .gesture 手势修饰器和 TapGesture 点击手势

```swift
import SwiftUI

struct SwiftUIGesture: View {
    @State private var isAdd: Bool = true

    var body: some View {
        Image(systemName: isAdd ? "plus" : "xmark")
            .font(.system(size: 23))
            .foregroundColor(isAdd ?.blue: .gray)
            .padding()
```

```
        .background(Color(isAdd ?.systemGray6 : .systemGray5))
        .clipShape(Circle())

        // 手势修饰器
        .gesture(
            // 点击手势
            TapGesture()
                .onEnded({
                    self.isAdd.toggle()
                })
        )
    }
}
```

上述代码中，我们声明了一个 Bool 值的参数 isAdd，用于判断按钮当前是新增按钮还是关闭按钮。然后在 Image 图片及其修饰符中，通过判断 isAdd 参数来呈现不同的按钮图标和样式。在点击按钮时，切换 isAdd 的参数状态，就可以实现在新增按钮和关闭按钮之间的切换了。

在预览窗口中点击按钮，查看切换效果，如图 14-6 所示。

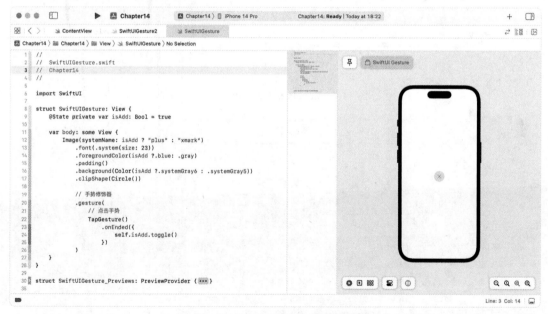

图 14-6　点击切换状态效果预览

14.3　LongPressGesture 长按手势

长按手势 LongPressGesture 比起 TapGesture 点击手势多了一个连续点击的时间，单独使用

LongPressGesture 长按手势使用到的修饰符是.onLongPressGesture，在交互逻辑上，在 1 秒内长按触发的效果和点击触发的效果基本一致。

举一个案例，我们这里使用.gesture 修饰器配合实现长按效果，如图 14-7 所示。

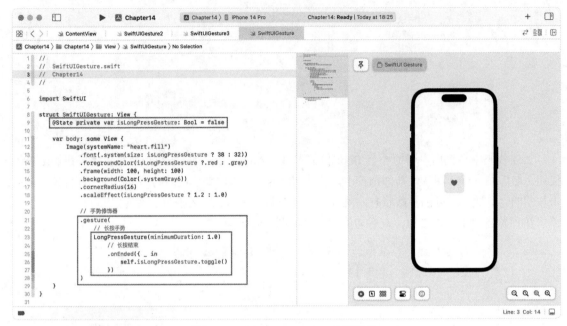

图 14-7　LongPressGesture 长按手势

```swift
import SwiftUI

struct SwiftUIGesture: View {
    @State private var isLongPressGesture: Bool = false

    var body: some View {
        Image(systemName: "heart.fill")
            .font(.system(size: isLongPressGesture ? 38 : 32))
            .foregroundColor(isLongPressGesture ?.red : .gray)
            .frame(width: 100, height: 100)
            .background(Color(.systemGray6))
            .cornerRadius(16)
            .scaleEffect(isLongPressGesture ? 1.2 : 1.0)

            // 手势修饰器
            .gesture(
```

```
        // 长按手势
        LongPressGesture(minimumDuration: 1.0)
            // 长按结束
            .onEnded({ _ in
                self.isLongPressGesture.toggle()
            })
        )
    }
}
```

上述代码中，我们声明了一个 Bool 值的变量 isLongPressGesture，然后使用.gesture 手势修饰器和 LongPressGesture 长按手势，当我们长按持续时间为 1 秒时，切换 isLongPressGesture 参数的状态。

当 isLongPressGesture 切换时，修改图标的 font 尺寸大小、foregroundColor 背景颜色以及 scaleEffect 缩放尺寸，如图 14-8 所示。

图 14-8　长按效果预览

这和 TapGesture 点击手势的交互基本一致，只是 TapGesture 点击手势是点击的瞬间执行动作，而 LongPressGesture 长按手势 1 秒后执行操作。

这好像没什么太大的作用，确实，如果只是单独设置长按结束 onEnded 的参数作用并不大。但如果结合长按过程中的交互，我们就可以让长按的交互区别于点击交互，形成一段简单的交互动画效果，如图 14-9 所示。

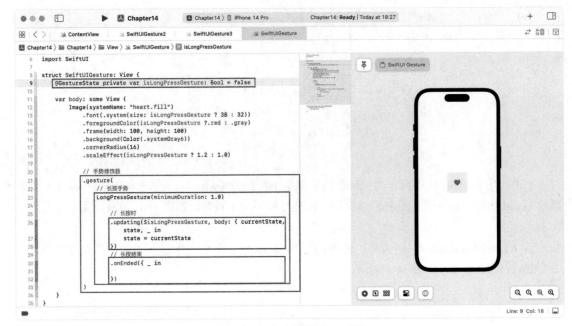

图 14-9　添加长按时交互动画

```Swift
import SwiftUI

struct SwiftUIGesture: View {
    @GestureState private var isLongPressGesture: Bool = false

    var body: some View {
        Image(systemName: "heart.fill")
            .font(.system(size: isLongPressGesture ? 38 : 32))
            .foregroundColor(isLongPressGesture ?.red : .gray)
            .frame(width: 100, height: 100)
            .background(Color(.systemGray6))
            .cornerRadius(16)
            .scaleEffect(isLongPressGesture ? 1.2 : 1.0)

            // 手势修饰器
            .gesture(
                // 长按手势
                LongPressGesture(minimumDuration: 1.0)

                    // 长按时
                    .updating($isLongPressGesture, body: { currentState, state, _ in
                        state = currentState
```

```
        })
        // 长按结束
        .onEnded({ _ in

        })
    )
  }
}
```

上述代码中，我们使用了 SwiftUI 提供的一个@GestureState 手势包装器，用来跟踪手势状态的改变，在执行改变时立即触发相对应的动作。

我们给 LongPressGesture 增加了一个.updating 更新方法，.updating 更新方法中有三个参数，分别为 value、state 和 transaction。

transaction 位置参数由于尚未使用，可以使用 "_" 代替。value 参数可以自定义，我们这里用的是手势的当前状态 currentState，currentState 当前状态表示检测到长按。state 参数实际上是一个 in-out 参数，它允许更新 isLongPressGesture 属性的值。

在上面的代码中，我们将 state 的值设置为 currentState 当前状态，也就是 isLongPressGesture 属性需要一直跟踪长按手势的最新状态。

如此实现的效果是，当我们长按图标，则立即更新 isLongPressGesture 的值展示红色爱心效果，而长按一秒后立即恢复初始状态。如此，我们便实现了一颗"点击时会跳动的心"，如图 14-10 所示。

图 14-10　长按动画效果预览

14.4　DragGesture 拖拽手势

我们了解了 TapGesture 点击手势和 LongPressGesture 长按手势，以及如何使用.gesture 手势修饰器和@GestureState 手势包装器，接下来我们学习 DragGesture 拖拽手势。

我们要准备的是一段简单的 Text 文字，通过设置手势修饰器和拖拽手势，让其可以自由拖动，如图 14-11 所示。

图 14-11　添加 DragGesture 拖拽手势

要想识别 DragGesture 拖拽手势，需要提前声明一个@GestureState 属性包装器来存储初始的位置参数，当拖动结束后，可以让拖动的元素回到初始位置。代码如下：

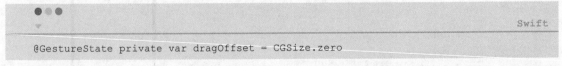

```Swift
@GestureState private var dragOffset = CGSize.zero
```

紧接着实现 DragGesture 拖拽手势的实例，和 LongPressGesture 长按手势类似，我们使用 updating 更新方法接收三个参数。其中，value 参数存储了位置信息，我们设置当前拖动状态 state 等于拖动后的更新的 translation 位置。

```Swift
Text("我曾踏月而来，只因你在山中。")
```

```
    .font(.system(size: 20))

    // 偏移量
    .offset(x: dragOffset.width, y: dragOffset.height)

    // 动画效果
    .animation(.easeInOut, value: dragOffset)

    // 手势修饰器
    .gesture(
        // 拖拽手势
        DragGesture()

            // 拖拽时
            .updating($dragOffset, body: { value, state, _ in
                state = value.translation
            })
    )
```

　　当拖动结束时，因为我们使用了@GestureState 属性包装器，并在拖动更新时绑定了参数 dragOffset，实现的效果是可以自由拖动，当拖动结束时恢复初始位置。

　　另外，当拖动时还需要 Text 文字跟随拖动手势的位置发生变化，因此我们使用了 “.offset” 偏移量修饰符，并绑定其坐标系为拖动的坐标系，如此就实现了拖动手势位置停留在哪里，Text 文字便停留在哪里。代码如下：

```
                                                                    Swift
// 偏移量
.offset(x: dragOffset.width, y: dragOffset.height)
```

　　最后为了拖动时的效果，我们还使用 “.animation” 动画修饰符，使用 easeInOut 过渡动画效果关联拖动的位置 dragOffset，实现顺滑拖动的效果，如图 14-12 所示。

　　我们拖动后发现，当拖动完成后 Text 会立即恢复到初始的位置，这时我们希望 Text 停留在我们拖动后的位置该怎么做？

　　也非常简单，我们只需要多声明一个参数存储最后保存的位置，在拖动结束时更新初始位置为最终位置，就解决了这个问题。我们先声明一个最终位置的状态属性，代码如下：

```
                                                                    Swift
@State private var position = CGSize.zero
```

图 14-12　顺滑拖动效果预览

下一步，给 DragGesture 拖拽手势增加拖拽结束时的参数，更新最终状态，代码如下：

```Swift
Text("我曾踏月而来，只因你在山中。")
        .font(.system(size: 20))

        // 偏移量
        .offset(x: dragOffset.width, y: dragOffset.height)

        // 动画效果
        .animation(.easeInOut, value: dragOffset)

        // 手势修饰器
        .gesture(
            // 拖拽手势
            DragGesture()

                // 拖拽时
                .updating($dragOffset, body: { value, state, _ in
                    state = value.translation
```

```
            })

        // 拖拽结束时
        .onEnded({ value in
            self.position.height += value.translation.height
            self.position.width += value.translation.width
        })
    )
```

上述代码中，我们实现了 onEnded 方法，在其闭包中，我们给拖动后的最终位置赋值为在其基础上累加 translation 拖动位置的宽、高，就得到了拖动后的位置。

下一步我们还需要将拖动后的位置赋予 Text 的拖动偏移量 offset，让 Text 跟随拖动的位置，拖拽视图的时候，x 轴、y 轴的位置需在原先的基础上再加上我们 position 的位置。代码如下：

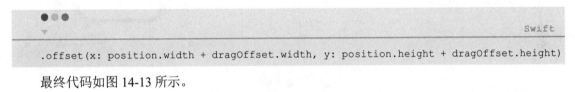

```Swift
.offset(x: position.width + dragOffset.width, y: position.height + dragOffset.height)
```

最终代码如图 14-13 所示。

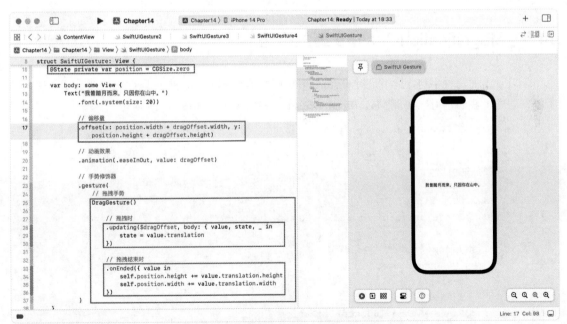

图 14-13　拖动结束时位置更新

现在我们可以随意拖动 Text 文字，拖动结束时，Text 文字便会停留在最后的位置，如图 14-14 所示。

图 14-14　拖动效果整体预览

14.5　MagnificationGesture 缩放手势

学习了上面三种手势，是不是对 .gesture 手势修饰器和@GestureState 属性包装器有了更深入的了解？同理，我们也可以实现 MagnificationGesture 缩放手势，如图 14-15 所示。

```Swift
import SwiftUI

struct SwiftUIGesture: View {
    @GestureState private var scalingRatio = CGFloat(1.0)

    var body: some View {
        Image("BannerImage3")
            .resizable()
            .scaledToFit()
            .frame(width: 180*scalingRatio)
            .clipShape(Circle())

            // 手势修饰符

            .gesture(
                // 缩放手势
```

```
            MagnificationGesture()

                // 缩放时
                .updating($scalingRatio, body: { currentState, gestureState, _ in
                    gestureState = currentState
                })
            )
        }
    }
```

图 14-15　添加 MagnificationGesture 缩放手势

　　上述代码中，我们使用@GestureState 属性包装器声明了一个缩放比例参数 scalingRatio，默认值为 1 倍。下一步，设置显示的 Image 图片的尺寸在原先的基础上乘以 scalingRatio 缩放比例。

　　手势识别部分，使用 MagnificationGesture 缩放手势，在识别更新时，绑定 scalingRatio 缩放比例，并更新状态。实现代码后，我们在预览窗口中使用键盘上的"option"键在预览窗口中对 Image 进行双指相对拉伸操作，如图 14-16 所示。

　　由于@GestureState 属性包装器的效果，我们缩放 Image 图片后，图片会立即恢复至初始缩放比例。同理，也可以使用和 DragGesture 拖拽手势一样的逻辑来实现保存缩放后的比例。首先声明一个存储最终缩放比例的参数，代码如下：

```Swift
@State private var lastRatio = CGFloat(1.0)
```

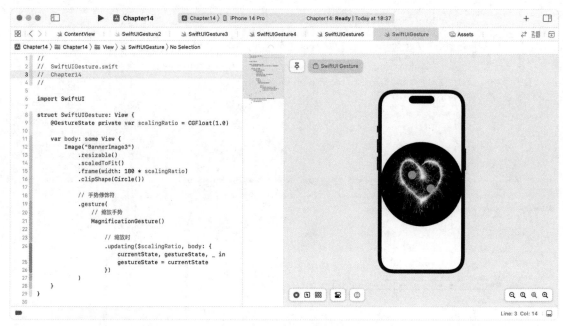

图 14-16　MagnificationGesture 缩放手势效果预览

下一步，给 Image 增加缩放修饰符，以展示最终的缩放效果，代码如下：

```Swift
.scaleEffect(scalingRatio * lastRatio)
```

这里使用".scaleEffect"缩放比例修饰符，设置参数为初始比例 scalingRatio 乘以最终比例 lastRatio。最后我们更新 MagnificationGesture 缩放手势的代码，如图 14-17 所示。

```Swift
import SwiftUI

struct SwiftUIGesture: View {
    @GestureState private var scalingRatio = CGFloat(1.0)
    @State private var lastRatio = CGFloat(1.0)

    var body: some View {
        Image("BannerImage3")
            .resizable()
            .scaledToFit()
            .frame(width: 180)
            .clipShape(Circle())
            .scaleEffect(scalingRatio * lastRatio)
```

```
            // 手势修饰符
        .gesture(
            // 缩放手势
            MagnificationGesture()

                // 缩放时
                .updating($scalingRatio, body: { currentState, gestureState, _ in
                    gestureState = currentState

                })

                // 缩放结束时
                .onEnded({ finalScale in
                    lastRatio *= finalScale
                })
        )
    }
}
```

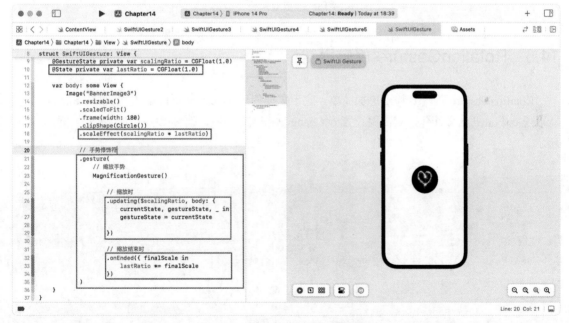

图 14-17　缩放结束时更新缩放比例

上述代码中，在 onEnded 缩放结束的闭包中，我们获得缩放后的最终值 finalScale，并更新给 lastRatio 最终缩放比例。我们可以按住键盘上的"option"键，在预览窗口中查看缩放效果，如图 14-18 所示。

图 14-18　缩放效果整体预览

14.6　RotationGesture 旋转手势

RotationGesture 旋转手势则更加简单，它不需要使用@GestureState 属性包装器和 updating 更新以及 onEnded 结束闭包，只需要设置 onChanged 改变时参数，就可以实现旋转手势，如图 14-19 所示。

```swift
import SwiftUI

struct SwiftUIGesture: View {
    @State private var lastAngle = Angle(degrees: 0.0)

    var body: some View {
        Image("BannerImage3")
            .resizable()
            .scaledToFit()
            .frame(width: 180)
            .clipShape(Circle())

            // 旋转
```

```
                .rotationEffect(lastAngle)

            // 手势修饰符
            .gesture(
                // 旋转手势
                RotationGesture()
                    .onChanged { finalAngle in
                        self.lastAngle = finalAngle
                    }
            )
        }
    }
}
```

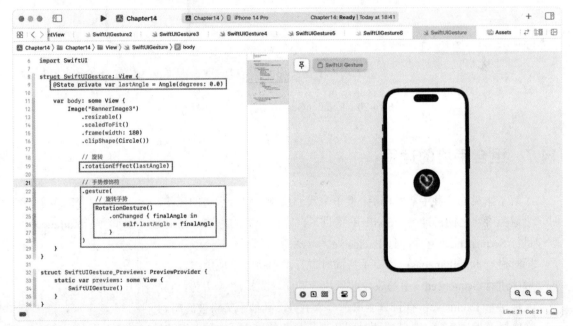

图 14-19　添加 RotationGesture 旋转手势

　　上述代码中，我们声明了一个最终角度的参数 lastAngle，它是一个角度类型的参数，初始角度为 0。下一步，我们给 Image 图片添加 ".rotationEffect" 旋转修饰符，使其可以被旋转，且旋转角度为参数 lastAngle。

　　手势识别部分，使用 RotationGesture 旋转手势，在旋转手势改变时，将最终旋转的角度 finalAngle 赋值给前面声明的角度 lastAngle。

　　在预览窗口中按住键盘上的 "option" 键旋转 Image 图片看看效果，如图 14-20 所示。

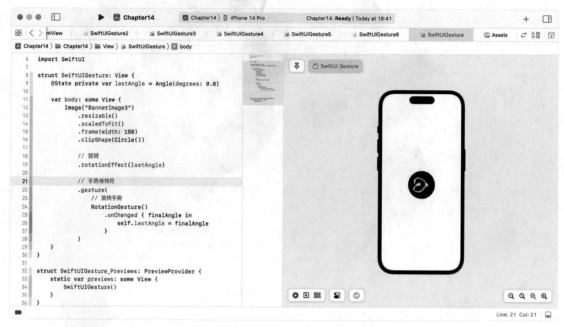

图 14-20　RotationGesture 旋转手势效果预览

14.7　组合手势的运用

了解了常见的几种手势操作后，接下来我们接触下组合手势的操作。当一个视图存在多个手势时，为避免手势之间的冲突，SwiftUI 提供了自定义手势的方法，分别为同时进行 Simultaneous、顺序进行 Sequenced、互斥进行 Exclusive。

同时进行 Simultaneous：所有手势同时进行，才执行某项操作。

顺序进行 Sequenced：手势设置前后执行顺序，先检测 A 手势，再检测 B 手势。

互斥进行 Exclusive：有且只能识别一个手势，其他手势将被忽略。

在实际开发过程中，常常需要对图片进行复杂的操作，比如在缩放的同时旋转图片。这时就需要借助 MagnificationGesture 缩放手势和 RotationGesture 旋转手势，并组合这两种手势同时执行。

为了使代码简洁，我们可以单独抽离出手势操作，如图 14-21 所示。

```Swift
// 缩放手势
var magnificationGesture: some Gesture {
    // 缩放手势
    MagnificationGesture() -

        // 缩放时
```

```
        .updating($scalingRatio, body: { currentState, gestureState, _ in
            gestureState = currentState

        })

        // 缩放结束时
        .onEnded({ finalScale in
            lastRatio *= finalScale
        })
    }

    // 旋转手势
    var rotationGesture: some Gesture {
        RotationGesture()
            .onChanged { finalAngle in
                self.lastAngle = finalAngle
            }
    }
```

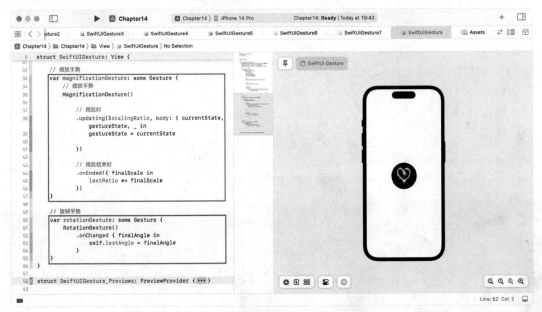

图 14-21 单独创建手势操作

上述代码中，我们单独创建了缩放手势 magnificationGesture 和旋转手势 rotationGesture，并在其手势闭包中实现了相对应的方法。这种方式大家应该都不陌生了，在之前的章节中为了代码的逻辑性，我们对于单个具有完整功能的视图都使用抽离并单独搭建的方式，手势也不例外。

下一步，我们使用 ".simultaneously" 同时进行修饰符，将两个手势结合在一起，如图 14-22 所示。

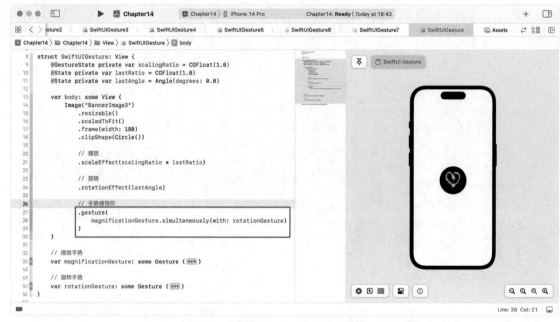

图 14-22　组合手势同时执行

```Swift
import SwiftUI

struct SwiftUIGesture: View {
    @GestureState private var scalingRatio = CGFloat(1.0)
    @State private var lastRatio = CGFloat(1.0)
    @State private var lastAngle = Angle(degrees: 0.0)

    var body: some View {
        Image("BannerImage3")
            .resizable()
            .scaledToFit()
            .frame(width: 180)
            .clipShape(Circle())

            // 缩放
            .scaleEffect(scalingRatio * lastRatio)

            // 旋转
            .rotationEffect(lastAngle)

            // 手势修饰符
```

```
                .gesture(
                    magnificationGesture.simultaneously(with: rotationGesture)
                )
        }

        // 缩放手势
        var magnificationGesture: some Gesture {
            // 缩放手势
            MagnificationGesture()

                // 缩放时
                .updating($scalingRatio, body: { currentState, gestureState, _ in
                    gestureState = currentState

                })

                // 缩放结束时
                .onEnded({ finalScale in
                    lastRatio *= finalScale
                })
        }

        // 旋转手势
        var rotationGesture: some Gesture {
            RotationGesture()
                .onChanged { finalAngle in
                    self.lastAngle = finalAngle
                }
        }
    }

struct SwiftUIGesture_Previews: PreviewProvider {
    static var previews: some View {
        SwiftUIGesture()
    }
}
```

上述代码中，我们在.gesture 手势修饰中使用了 magnificationGesture 缩放手势，并使用.simultaneously 同时进行修饰符，同时执行 rotationGesture 旋转手势。

在预览窗口中我们体验下最终效果，可以看到 Image 图片同时支持旋转和缩放两个手势组成的新自定义手势，如图 14-23 所示。

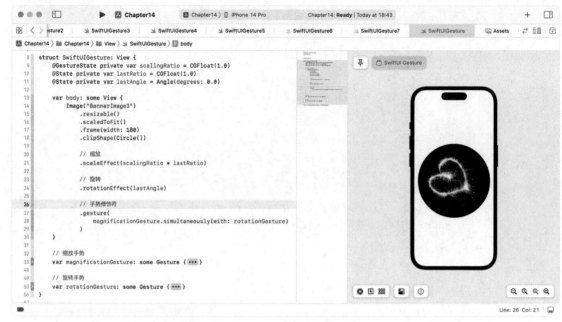

图 14-23　组合手势效果预览

其他两种自定义手势只需要将 .simultaneously(with:) 替换为 .sequenced(before:) 或者 exclusively(before:)，这块就留作作业吧，读者可以试着体验下实际效果。

14.8　本章小结

通过 SwiftUI 我们可以很简单地掌握手势的运用，甚至实现多种手势的组合使用。手势操作作为当前主流的人机交互路径，让用户可以在简单的界面中得到多种复杂有趣的反馈，也让应用更加生动有趣。

在手势运用的基础上，我们才有了图片编辑、图片美化、图文排版等众多实用的热门工具，也正是常用手势的加入，带来了移动设备的蓬勃发展。

接下来的章节，我们将继续学习更多关于 SwiftUI 的知识，让你离独立开发更进一步。

第 15 章　自定义颜色，打造你的独特风格

"灰色是不想说，蓝色是忧郁……"

色彩是 UI 设计中不可或缺的元素，特定的色彩可以激发出不同的情绪，从而影响人们的想法。一名优秀的开发者往往能利用用户的色彩心理，设计出感动人心的作品。

本章我们尝试汇总 SwiftUI 所有关于颜色的用法，来快速学习和掌握色彩在实际项目中的使用。我们先创建一个新的 SwiftUI View 文件，命名为"SwiftUIColor"，如图 15-1 所示。

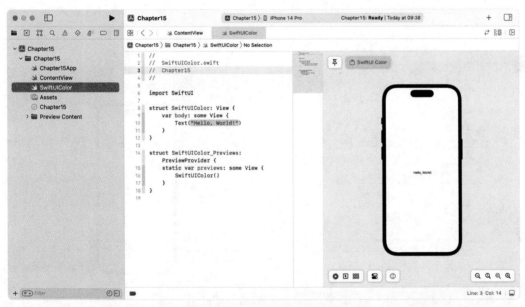

图 15-1　SwiftUIColor 代码示例

15.1　前景色

SwiftUI 中使用".foregroundColor"前景色修饰符来设置基本控件的颜色，使用方法也很简单，可以直接使用".green"点语法直接使用颜色名称，如图 15-2 所示。

```Swift
import SwiftUI
```

```
struct SwiftUIColor: View {
    private var imageColor: Color = .red
    private var textColor: Color = .green

    var body: some View {
        VStack(spacing: 40) {
            Image(systemName: "heart.fill")
                .foregroundColor(imageColor)

            Text("纵使晴明无雨色，入云深处亦沾衣。")
                .foregroundColor(textColor)
        }
    }
}
```

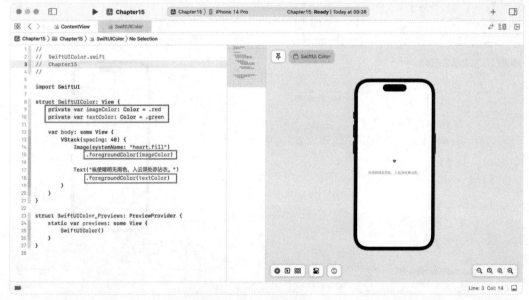

图 15-2　修改前景色

上述代码中，我们声明了 2 个颜色参数 imageColor、textColor，类型为 Color 颜色类型，并对其赋值为 ".red" 红色和 ".green" 绿色。

基础控件使用的是 Image 图片控件和 Text 文字控件，其中，Image 图片控件需要为系统图标库的图标才能使用 ".foregroundColor" 前景色修饰符设置颜色。

除了使用点语法外，我们也可以使用 RGB 颜色值设置颜色，如图 15-3 所示。

```Swift
private var imageColor: Color = Color(red: 242/255, green: 49/255, blue: 49/255)
```

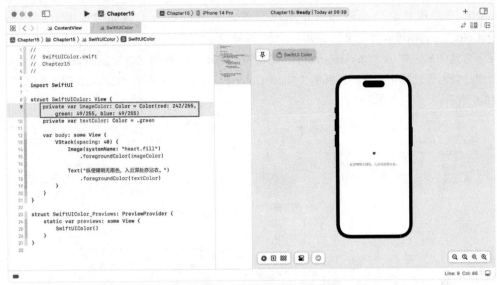

图 15-3　使用 RGB 颜色值设置颜色

上述代码中，我们将 imageColor 参数的值使用 RGB 颜色进行设置，使用方法为在 Color 颜色中指定 red、green、blue 的值，可以设置为"原始值/255"的形式，也可以直接使用结果值"0.94"（242 / 255）。

当应用中需要多次使用到某一个颜色时，我们也可以将该颜色添加到 Assets 资源库中，然后在整个应用中使用。打开 Assets 资源库文件，点击底部的"+"按钮，选择"Color Set"选项，如图 15-4 所示。

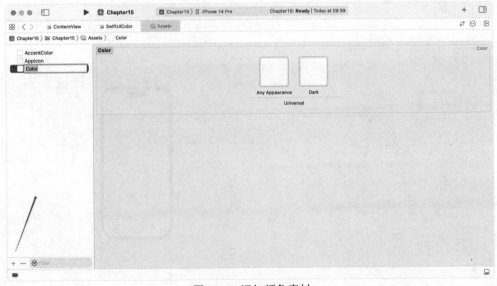

图 15-4　添加颜色素材

Assets 资源库将会自动创建一个颜色文件，下一步，为了增加辨识度给颜色命名为"imageColor"，名称可以自定义。

接下来选中颜色中的"Any Apperance"主色调（Dark 为深色模式时展示的颜色），在右边栏中的"属性检查器"选项中，选择底部的"Show Color Panel"，在弹出的"Colors"弹窗中设置颜色，如图 15-5 所示。

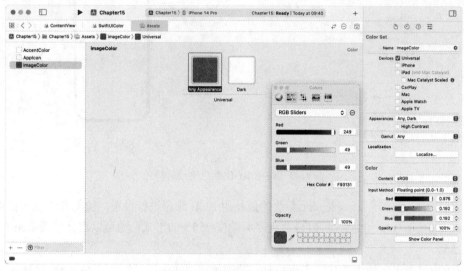

图 15-5　设置颜色素材流程

如此，我们便创建好了一个可以在应用中全局使用的颜色，回到 SwiftUIColor 文件中，我们可以像使用本地图片那样使用本地的颜色，如图 15-6 所示。

图 15-6　使用颜色素材

```Swift
private var imageColor: Color = Color("imageColor")
```

15.2 背景色

背景颜色可以提高视图中元素的识别度，在多元素布局的视图中，通过设置页面的背景颜色、按钮的背景颜色，可以塑造出应用的专属风格。

背景颜色运用的修饰符是 ".background" 背景修饰符，在 SwiftUI 中几乎可以给任何视图进行修饰从而增加背景内容。比如在应用中常见的按钮，如图 15-7 所示。

图 15-7 修改背景色

```Swift
import SwiftUI

struct SwiftUIColor: View {
    private var textColor: Color = .white
    private var textbgColor: Color = .green

    var body: some View {
        Text("微信登录")
            .foregroundColor(textColor)
            .frame(maxWidth: .infinity, maxHeight: 48)
            .background(textbgColor)
```

```
        .cornerRadius(8)
        .padding(.horizontal, 40)
    }
}
```

上述代码中，首先声明了一个背景颜色的参数 textbgColor，设置好类型并赋予默认值为.green 绿色。下一步，给 Text 文字增加.background 背景修饰符，设置背景为颜色参数，便实现了将颜色填充到背景中。

背景颜色的使用通常需要和元素本身背景的空白区域结合使用，即有空白区域才能填充颜色。因此，在按钮元素的设计上，首先需要在设置背景颜色之前，使用.frame 尺寸修饰符或者.padding 间距修饰符，使元素四周"撑开"一定的空白区域，进而使用.background 背景修饰符填充空白的部分。

元素的颜色填充使用.background 背景修饰符，但形状的背景颜色则使用其他修饰符，如图 15-8 所示。

图 15-8　形状控件修改填充色

```swift
import SwiftUI

struct SwiftUIColor: View {
    private var bgColor: Color = .pink

    var body: some View {
        Rectangle()
            .fill(bgColor)
            .frame(maxWidth: .infinity, maxHeight: 200)
```

```
            .cornerRadius(16)
            .padding(.horizontal, 40)
    }
}
```

上述代码中，我们创建了一个简单的 Rectangle 矩形，由于形状类元素需要将颜色填充到其内部，因此对于形状类元素填充背景颜色的修饰符为 ".fill" 填充修饰符。

值得注意的是，由于.fill 填充修饰符是对于元素内部进行的"干预"，因此该修饰符的层级需要设置为最高，我们可以看到.fill 填充修饰符放置在.frame 尺寸修饰符等其他修饰符之前。

我们将.fill 填充修饰符和.background 背景修饰符结合使用，如图 15-9 所示。

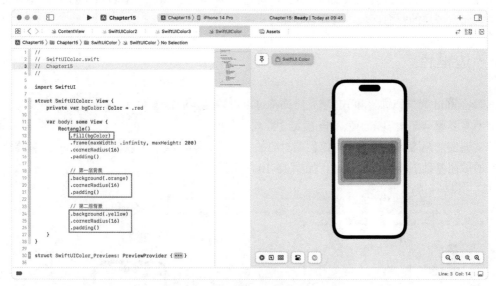

图 15-9　背景颜色与填充颜色组合

```Swift
import SwiftUI

struct SwiftUIColor: View {
    private var bgColor: Color = .red

    var body: some View {
        Rectangle()
            .fill(bgColor)
            .frame(maxWidth: .infinity, maxHeight: 200)
            .cornerRadius(16)
            .padding()

            // 第一层背景
```

```
        .background(.orange)
        .cornerRadius(16)
        .padding()

        // 第二层背景
        .background(.yellow)
        .cornerRadius(16)
        .padding()
    }
}
```

由图 15-9 可知，.fill 填充修饰符主要对形状内部颜色进行填充，.background 背景修饰符则依旧需要与元素外层的空白区域进行配合使用。

15.3 边框色

.background 背景修饰符和.fill 填充修饰符可以设置元素的背景颜色，如果我们只需要边框有颜色，而不需要整个元素填充颜色，该怎么做呢？

非常遗憾的是 SwiftUI 并没有提供相对应的修饰符，不过我们可以使用.overlay 层叠修饰符，在原有的按钮基础上覆盖一层边框，如图 15-10 所示。

图 15-10　添加边框色

```
import SwiftUI
```

```
struct SwiftUIColor: View {
    private var textColor: Color = .green

    var body: some View {
        Text("微信登录")
            .foregroundColor(textColor)
            .frame(maxWidth: .infinity, maxHeight: 48)
            .overlay(
                RoundedRectangle(cornerRadius: 30)
                    .stroke(textColor, lineWidth: 1)
            )
            .padding(.horizontal, 40)
    }
}
```

上述代码中，我们使用 .overlay 层叠修饰符在 Text 文字上覆盖了一层圆角矩形 RoundedRectangle，在其参数中设置 cornerRadius 圆角度数为 30。并对于该形状使用 .stroke 边框修饰符，设置其参数中的颜色为 textColor，线宽 lineWidth 为 1。

当然，我们也可以使用矩形、圆形等其他形状作为边框。这里再介绍一种特别的边框——虚线边框。我们可以使用 Capsule 胶囊形状作为覆盖的元素，并设置其参数实现虚线边框的效果，如图 15-11 所示。

图 15-11　实现虚线边框方法

```
.overlay(
    Capsule(style: .continuous)
```

```
        .stroke(
            textColor,
            style: StrokeStyle(lineWidth: 2, dash: [10])
        )
    )
```

15.4 渐变色

渐变色给应用带来了更加炫丽的展示方式，SwiftUI 提供了多种渐变方式供开发者使用，分别是：

- ❑ LinearGradient 线性渐变：当前主流的设计方案，从浅色到深色的线性渐变可以用来创造光源照射在物体上的错觉。
- ❑ RadialGradient 圆形渐变：也称径向渐变，通常用在运动元素的设计中，从明亮颜色到暗颜色的圆形渐变可以用来创建漩涡或者黑洞的印象。
- ❑ AngularGradient 弧度渐变：使用旋转角度来决定颜色的过渡，创造一种优雅、精致的设计感。

使用渐变色需要提供至少两种颜色，并使用不同的渐变参数实现渐变效果。上述案例中，我们可以将按钮元素设置为渐变色效果，如图 15-12 所示。

图 15-12 设置渐变色

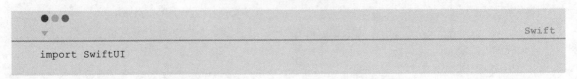

```
import SwiftUI
```

```
struct SwiftUIColor: View {
    private var colors: Gradient = Gradient(colors: [.orange, .red])

    var body: some View {
        Text("立即使用")
            .foregroundColor(.white)
            .frame(maxWidth: .infinity, maxHeight: 48)
            .background(
                LinearGradient(
                    gradient: colors,
                    startPoint: .topLeading,
                    endPoint: .bottomTrailing
                )
            )
            .cornerRadius(32)
            .padding(.horizontal, 40)
    }
}
```

上述代码中，首先声明了一个渐变色 Gradient 类型的参数 colors，并赋值为一个包含.orange 橙色和.red 红色颜色数组的颜色集合。在 colors 颜色数组中可以设置多种颜色，以实现多种混合颜色的渐变效果。

下一步，在元素中使用 LinearGradient 线性渐变类型，它有三个参数。其中，gradient 参数为颜色参数，startPoint 和 endPoint 分别对应线性渐变的起始和结束位置，如从左到右、从上至下、左上至右下等。

多种颜色线性渐变效果如图 15-13 所示。

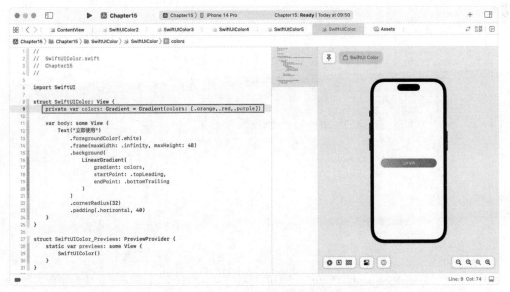

图 15-13　多种颜色线性渐变效果

RadialGradient 圆形渐变类型则不需要设置方向，而需要设置圆心位置和圆的半径参数等。我们以圆形为例，如图 15-14 所示。

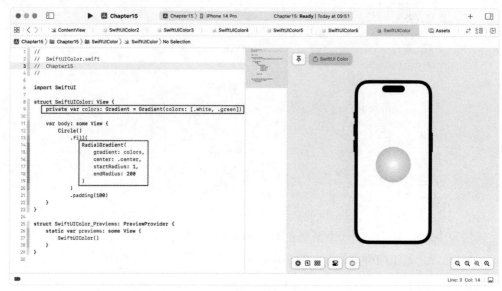

图 15-14　圆形渐变类型渐变色

```Swift
import SwiftUI

struct SwiftUIColor: View {
    private var colors: Gradient = Gradient(colors: [.white, .green])

    var body: some View {
        Circle()
            .fill(
                RadialGradient(
                    gradient: colors,
                    center: .center,
                    startRadius: 1,
                    endRadius: 200
                )
            )
            .padding(100)
    }
}
```

上述代码中，RadialGradient 圆形渐变类型的参数有 4 个。其中，gradient 参数为颜色参数，center 参数为圆形渐变的圆心位置，startRadius 和 endRadius 分别对应渐变色起始和结束的圆半径位置。

AngularGradient 弧度渐变在 RadialGradient 圆形渐变类型上延伸，只需要设置圆形渐变的圆心位置，则 AngularGradient 弧度渐变将自行旋转一圈形成渐变效果，如图 15-15 所示。

图 15-15　弧度渐变类型渐变色

```Swift
import SwiftUI

struct SwiftUIColor: View {
    private var colors: Gradient = Gradient(colors: [.white, .green])

    var body: some View {
        Circle()
            .fill(
                AngularGradient(
                    gradient: colors,
                    center: .center
                )
            )
            .padding(100)
    }
}
```

AngularGradient 弧度渐变有两个参数，其中，gradient 参数为颜色参数，center 参数为圆形渐变的圆心位置，渐变颜色按照圆形旋转一圈展示渐变效果。

再介绍一个知识点。

通过上面的学习我们了解到了基本的控件元素使用渐变色时使用.background 背景修饰符，形状类元素使用.fill 填充修饰符。那么如果是 Image 图片控件，但是使用 SF 符号，有没有办法设置 SF 符号渐变色呢？

我们再来接触一个新的修饰符——".foregroundStyle"前景色样式修饰符，如图 15-16 所示。

图 15-16　设置 SF 符号渐变色

```Swift
import SwiftUI

struct SwiftUIColor: View {
    private var colors: Gradient = Gradient(colors: [.white, .red])

    var body: some View {
        Image(systemName: "heart.fill")
            .font(.system(size: 72))
            .foregroundStyle(
                LinearGradient(
                    gradient: colors,
                    startPoint: .topLeading,
                    endPoint: .bottomTrailing
                )
            )
    }
}
```

上述代码中，我们使用 Image 图片控件，并设置参数 systemName 来使用 SF 符号，在其颜色格式化上运用.foregroundStyle 前景色样式修饰符来实现渐变色效果。

15.5　十六进制颜色

前文我们介绍了点语法颜色值、RGB 颜色值，以及在 Assets 资源库中添加主题色设置颜色值。在日常开发过程中，UI 设计师可能会直接给到十六进制颜色值作为设计稿的颜色标注，如#000000，这时候我们如何快速在项目中直接使用十六进制颜色值作为颜色输入呢？

SwiftUI 并没有提供相对应的方法让我们能够直接使用十六进制颜色值，不过我们可以使用拓展 Color 的方法，让 Color 支持 HEX 颜色，如图 15-17 所示。

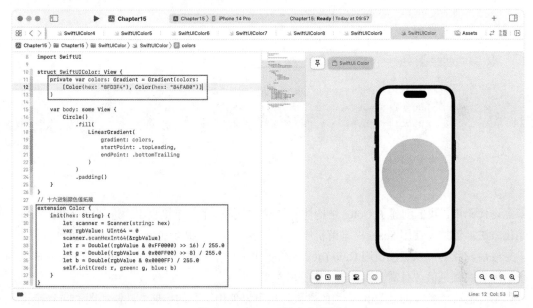

图 15-17　String 转十六进制

```Swift
import SwiftUI

struct SwiftUIColor: View {
    private var colors: Gradient = Gradient(colors:
        [Color(hex: "8FD3F4"), Color(hex: "84FAB0")]
    )

    var body: some View {
        Circle()
            .fill(
                LinearGradient(
                    gradient: colors,
```

```
                    startPoint: .topLeading,
                    endPoint: .bottomTrailing
                )
            )
            .padding()
        }
}

// 十六进制颜色值拓展
extension Color {
    init(hex: String) {
        let scanner = Scanner(string: hex)
        var rgbValue: UInt64 = 0

        scanner.scanHexInt64(&rgbValue)

        let r = Double((rgbValue & 0xFF0000) >> 16) / 255.0
        let g = Double((rgbValue & 0x00FF00) >> 8) / 255.0
        let b = Double(rgbValue & 0x0000FF) / 255.0

        self.init(red: r, green: g, blue: b)
    }
}
```

上述代码中，我们创建了 Color 结构体的扩展，它提供了一个接收十六进制字符串作为参数的初始化方法。该扩展使用 Scanner 来解析十六进制字符串，并提取红色、绿色和蓝色颜色值。

完成后，我们可以直接使用 Color(hex: String) 来使用十六进制颜色值，其中的 String 需要为一个十六进制的颜色值，且需要为 String 字符串类型。

如果我们希望接收的是 UInt 类型的参数，也可以使用下面的拓展方法，如图 15-18 所示。

```
● ● ●                                                              Swift
▼

import SwiftUI

struct SwiftUIColor: View {
    private var colors: Gradient = Gradient(colors:
        [Color.Hex(0x8FD3F4), Color.Hex(0x84FAB0)]
    )

    var body: some View {
        Circle()
            .fill(
                LinearGradient(
                    gradient: colors,
                    startPoint: .topLeading,
```

```
                    endPoint: .bottomTrailing
                )
            )
            .padding()
    }
}

// 十六进制颜色值拓展
extension Color {
    static func rgb(_ red: CGFloat, green: CGFloat, blue: CGFloat) -> Color {
        return Color(red: red / 255, green: green / 255, blue: blue / 255)
    }

    static func Hex(_ hex: UInt) -> Color {
        let r: CGFloat = CGFloat((hex & 0xFF0000) >> 16)
        let g: CGFloat = CGFloat((hex & 0x00FF00) >> 8)
        let b: CGFloat = CGFloat(hex & 0x0000FF)
        return rgb(r, green: g, blue: b)
    }
}
```

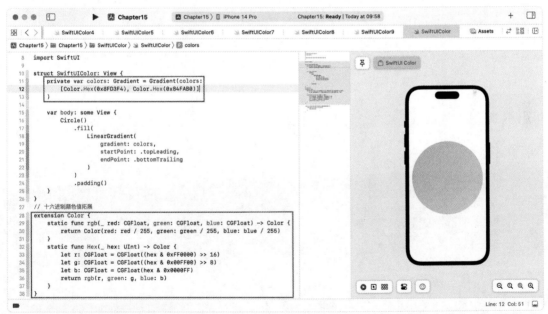

图 15-18　UInt 转十六进制值

上述代码中，我们创建了 Color 结构体的扩展，通过接收 CGFloat 类型的 RGB 值，输出一个 Color 颜色值。Hex(_:)方法接收一个 UInt 参数表示颜色的十六进制值，从十六进制值中提取红色、绿色和蓝色颜色值，并返回表示指定颜色的 Color 对象。

使用时，我们只需要在 Color.Hex(UInt)中替换 UInt 的值就可以使用十六进制颜色值，就可以在项目中使用自定义的 HEX 颜色。

15.6　本章小结

在本章中，我们接触了 SwiftUI 关于颜色的全部用法，相信你也发现了本书的写作风格，即将相关概念和知识点都汇总在同一章中进行讲解。目的是除了保证正常学习进度外，在往后可以作为工具书进行使用，方便开发者快速查找相关知识点。

前景色、背景色、边框色、渐变色，合理运用不同的颜色，可以让你的应用与众不同。

甚至现在有专门研究色彩对于人们行为影响的学科——色彩心理学。色彩是有灵魂的，应用也是。希望你能将美好的色彩融入你的应用，开发出使人愉悦、使世界美好的应用。

第16章 数据流动，页面之间的数据交互

当我们实现了单个页面的界面设计和基本的交互动作之后，我们会想：如何让上一个界面的数据传递给下一个界面呢？

比如，用户在登录页面选择了性别，应用如何能在所有界面和操作中都根据性别这一参数动态更新内容？再比如用户设置了系统字体字号，如何在应用全局更新字体和字号？用户在第一次打开应用浏览过引导页后，应用如何检测以保证下一次用户重新打开应用时跳过引导页？

以上的几个常见的业务场景都离不开数据的传递和交互。在 SwiftUI 中我们使用基本控件和修饰符定义界面样式，但在应用使用过程中，界面的更新变化是由数据决定的，数据更新，则界面更新。

在本章中，我们来接触几个常用的属性包装器，帮助我们管理数据状态和数据传递。我们先创建一个新的 SwiftUI View 文件，命名为 "SwiftUIDataFlow"，如图 16-1 所示。

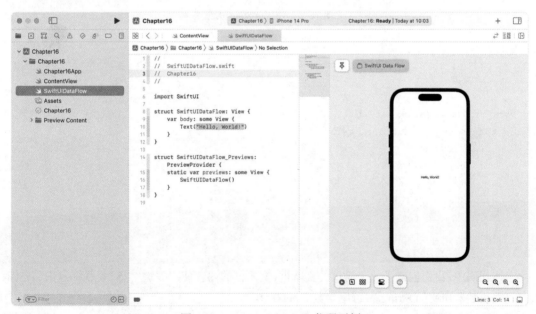

图 16-1 SwiftUIDataFlow 代码示例

16.1 @State 状态的使用

在之前的章节中我们使用过@State 属性包装器来管理页面中的参数，使其存储参数当前的默认值，在一些需要进行关联绑定的控件中也有提及，如常见的文本框的输入内容，如图 16-2 所示。

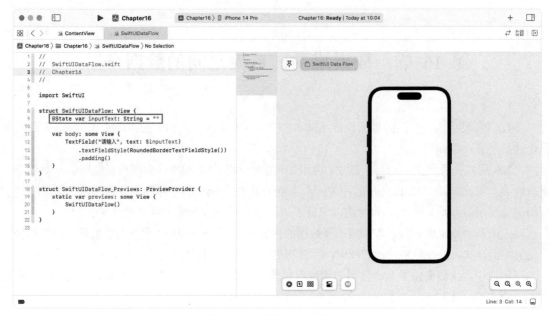

图 16-2　使用@State 状态

```swift
import SwiftUI

struct SwiftUIDataFlow: View {
    @State var inputText: String = ""


    var body: some View {
        TextField("请输入", text: $inputText)
            .textFieldStyle(RoundedBorderTextFieldStyle())
            .padding()
    }
}
```

上述代码中，我们创建了一个简单的文本框，文本框的内容使用关键字"$"关联绑定由"@State"状态属性包装器声明的 String 字符串参数 inputText。

可能大家会有疑问，什么场景需要使用到@State 状态属性包装器加以声明，而不是直接使用"var"声明？

这里简单说明一下，var 只是确定了参数为变量，只作为参数的定义，重新赋值时也只更新该参数的值，不会更新在视图中使用到该参数的地方。而@State 状态属性包装器则将变量放置在内存中并实时进行检测，当参数的数值更新时，SwiftUI 将自动更新视图中使用到该参数的所有视图的内容。

再举一个例子，这里我们使用 1 个参数关联 2 个视图，如图 16-3 所示。

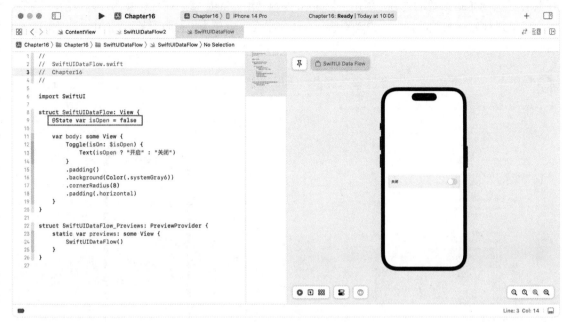

图 16-3　视图参数关联

```swift
import SwiftUI

struct SwiftUIDataFlow: View {
    @State var isOpen = false

    var body: some View {
        Toggle(isOn: $isOpen) {
            Text(isOpen ? "开启" : "关闭")
        }
        .padding()
        .background(Color(.systemGray6))
        .cornerRadius(8)
        .padding(.horizontal)
    }
}
```

上述代码中，我们设计了一个 Toggle 开发视图，使用@State 状态属性包装器关联参数 isOpen，isOpen 参数有 2 个状态，点击时切换开启和关闭状态。另外，我们在 Text 文字部分根据 isOpen 参数的状态显示不同的内容，当 isOpen 参数为开启状态时显示"开启"，否则显示"关闭"。

我们可以在预览窗口中看到@State 状态属性包装器的效果，当我们点击 Toggle 开关时，Toggle 开关会更新 isOpen 参数的内容，而由于 isOpen 参数使用@State 状态属性包装器加以声明，则在视图中使用到 isOpen 参数的视图会自动更新，Text 文字会跟随开关状态而展示不同的内容，如图 16-4 所示。

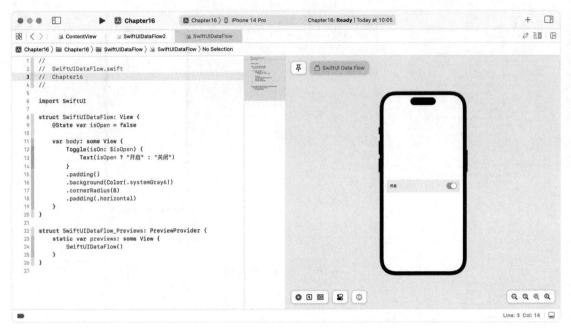

图 16-4　参数更新效果预览

这里值得注意的是，@State 状态属性包装器只能在 Struct 视图的结构体中使用，作为一个完整视图闭包中的一部分，无法被其他视图调用。

如果我们需要将当前页面的参数传递给下一个页面，或者在当前页面设置参数后，返回上一个页面时更新上一个页面的某个相同的参数，这时就需要辅助使用另一项内容——@Binding 绑定属性包装器。

16.2　@Binding 绑定的使用

在之前的章节中，我们常常将完整的视图功能抽离出来，形成单独的组件，方便在应用中进行调用。当子视图中需要使用到类似 TextField 文本框、Toggle 开关控件时，就需要使用@Binding 绑定属性包装器，对视图参数信息进行传递。

举一个简单的案例，我们创建两个视图，并使用 ModelView 模态弹窗的方式进行联动，首先是详情页，如图 16-5 所示。

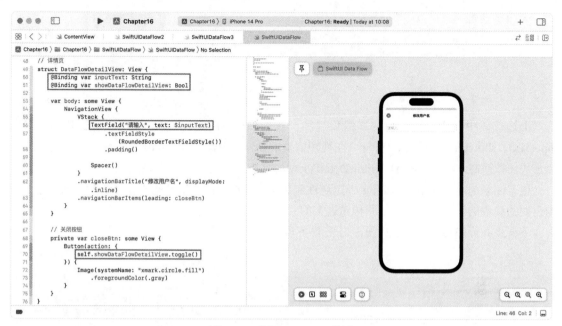

图 16-5　使用@Binding 绑定

```swift
// 详情页
struct DataFlowDetailView: View {
    @Binding var inputText: String
    @Binding var showDataFlowDetailView: Bool

    var body: some View {
        NavigationView {
            VStack {
                TextField("请输入", text: $inputText)
                    .textFieldStyle(RoundedBorderTextFieldStyle())
                    .padding()

                Spacer()
            }
            .navigationBarTitle("修改用户名", displayMode: .inline)
            .navigationBarItems(leading: closeBtn)
        }
    }

    // 关闭按钮
    private var closeBtn: some View {
        Button(action: {
            self.showDataFlowDetailView.toggle()
```

```
        }) {
            Image(systemName: "xmark.circle.fill")
                .foregroundColor(.gray)
        }
    }
}
```

上述代码中，作为跳转后的详情页视图，我们使用@Binding 绑定属性包装器声明了参数 inputText、showDataFlowDetailView，在视图搭建中和常规方法一样，inputText 绑定 TextField，在点击关闭按钮时，切换 showDataFlowDetailView 的状态。

值得注意的是，使用@Binding 绑定属性包装器关联的参数不需要也不能设定默认值，这是因为声明的参数的值是从上一个视图传递过来的。

下一步我们完善上一级的页面，如图 16-6 所示。

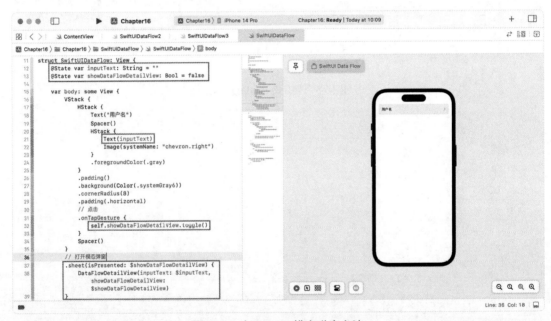

图 16-6　实现 sheet 模态弹窗方法

```
import SwiftUI

// 主页
struct SwiftUIDataFlow: View {
    @State var inputText: String = ""
    @State var showDataFlowDetailView: Bool = false


    var body: some View {
```

```
VStack {
    HStack {
        Text("用户名")

        Spacer()

        HStack {
            Text(inputText)
            Image(systemName: "chevron.right")
        }
        .foregroundColor(.gray)
    }
    .padding()
    .background(Color(.systemGray6))
    .cornerRadius(8)
    .padding(.horizontal)

    // 点击
    .onTapGesture {
        self.showDataFlowDetailView.toggle()
    }

    Spacer()
}

// 打开模态弹窗
.sheet(isPresented: $showDataFlowDetailView) {
    DataFlowDetailView(inputText: $inputText, showDataFlowDetailView:
    $showDataFlowDetailView)
}
}
}
```

上述代码中，我们在 SwiftUIDataFlow 视图中使用@State 状态属性包装器声明参数 inputText、showDataFlowDetailView，而@State 状态关联的参数需要设置默认值。

inputText 参数作为 Text 文字的内容，showDataFlowDetailView 参数作为使用 sheet 模态弹窗跳转触发的条件，这里实现的逻辑是当点击视图内容时，打开模态弹窗。

模态弹窗部分，由于我们在目标页面 DataFlowDetailView 中使用@Binding 关联了参数，则在跳转页面时需要对参数进行双向绑定，以便于传递参数内容，如此可以实现两个视图之间参数值的数据流动。

我们在预览窗口中试试交互效果。首先点击 SwiftUIDataFlow 视图中的内容打开弹窗，并在 DataFlowDetailView 视图中输入内容，如图 16-7 所示。

下一步，点击 DataFlowDetailView 视图中的关闭按钮，我们可以在 SwiftUIDataFlow 视图中看到视图已经更新了 inputText 的值，如图 16-8 所示。

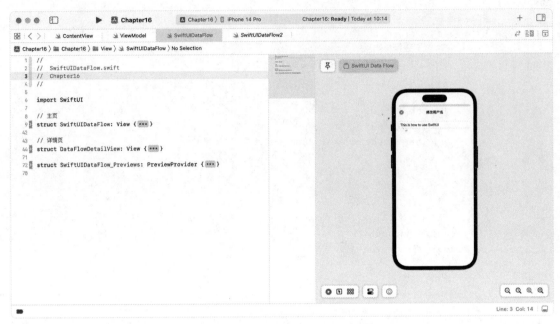

图 16-7　打开 SwiftUIDataFlow 视图

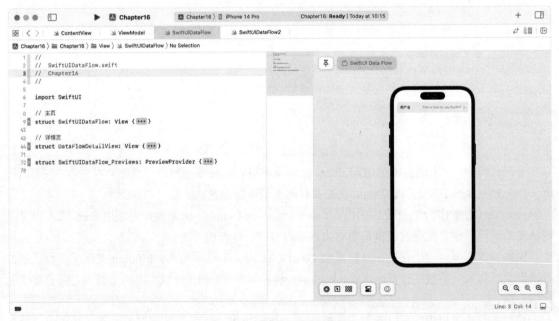

图 16-8　参数传递效果预览

除了 inputText 值的传递外，在 SwiftUIDataFlow 视图中打开模态弹窗，和在 DataFlowDetailView 视图中关闭模态弹窗的参数 showDataFlowDetailView 也是双向绑定的关系。

我们之所以能够在 DataFlowDetailView 视图中通过 showDataFlowDetailView 参数关闭弹窗，是因为该参数在上级页面SwiftUIDataFlow 视图中绑定了使用@State 状态属性包装器加以声明的参数 showDataFlowDetailView。

而上级页面作为触发模态弹窗的参数，通过切换 showDataFlowDetailView 参数的状态打开模态弹窗，因此在 DataFlowDetailView 详情视图中也可以通过参数的双向绑定来关闭模态弹窗。

小结一下，使用@State 状态属性包装器和@Binding 绑定属性包装器时，需要注意的是，父级视图使用@State 状态属性包装器，子级视图使用@Binding 绑定属性包装器，以实现数据在不同页面之间的流动。

16.3　@Environment 环境的使用

如果一个参数值需要在多个视图之间使用，那岂不是我们需要做很多的双向绑定？如果只是使用@State 状态属性包装器和@Binding 绑定属性包装器，那么是的。

不过 SwiftUI 提供了另一个属性包装器来实现多个视图之间的数据共享，这个属性包装器就是@Environment 环境。@Environment 环境是将对象放入环境中，在所有子视图中都可以自动获得该对象的访问能力。

@Environment 环境属性包装器的使用需要用到一个新的协议——ObservableObject 协议，该协议可以确保所有共享对象的视图在对象变化时能够实时变化。我们创建一个新的文件夹，命名为 ViewModel，并创建一个新的 Swift 文件，命名为"ViewModel"，如图 16-9 所示。

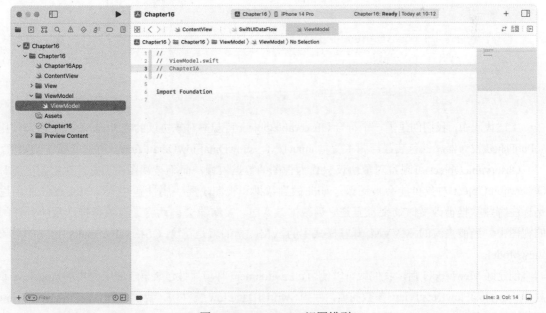

图 16-9　ViewModel 视图模型

下一步，我们创建一个符合ObservableObject协议的类，并声明一个可以共享的对象，如图16-10所示。

图 16-10　共享对象声明

```Swift
import SwiftUI

class ViewModel: ObservableObject {
    @Published var inputText: String = ""
    @Published var showDataFlowDetailView:Bool = false

}
```

上述代码中，我们创建了一个符合 ObservableObject 可观察对象协议的类 ViewModel，内部使用 @Published 发布器属性包装器声明了变量 inputText、showDataFlowDetailView，并对其赋予初始值。

ObservableObject 可观察对象协议只作为视图的数据依赖，而不被视图所拥有，在视图更新时 ObservableObject 对象可能会被销毁，如此做到数据和视图隔离。属性包装器@Published 的用途 是标注哪些数据被改变时需要被发送，当数据改变时，发布器会自动将最新数据推送至所有订阅 的视图中。当前主流的 MVVM 开发模式中的 VM，指的就是符合 ObservableObject 协议的对象 ViewModel。

创建好 ViewModel 后，我们就可以使用@Environment 环境属性包装器在应用内共享 inputText 参 数和 showDataFlowDetailView 参数的值，回到 SwiftUIDataFlow 文件中，我们调整 DataFlowDetailView 视图中的代码，如图 16-11 所示。

图 16-11　在视图中使用共享对象

```Swift
// 详情页
struct DataFlowDetailView: View {
    @EnvironmentObject var viewModel: ViewModel

    var body: some View {
        NavigationView {
            VStack {
                TextField("请输入", text: $viewModel.inputText)
                    .textFieldStyle(RoundedBorderTextFieldStyle())
                    .padding()

                Spacer()
            }
            .navigationBarTitle("修改用户名", displayMode: .inline)
            .navigationBarItems(leading: closeBtn)
        }
    }

    // 关闭按钮
    private var closeBtn: some View {
        Button(action: {
            viewModel.showDataFlowDetailView.toggle()
        }) {
            Image(systemName: "xmark.circle.fill")
                .foregroundColor(.gray)
        }
    }
}
```

上述代码中，我们注释了使用@Binding 绑定属性包装器加以声明的参数，并使用@Environment 环境属性包装器声明了参数 viewModel。在主要代码中，原来的 inputText、showDataFlowDetailView 参数都替换成来自环境中的属性，而非本地声明的参数。

下一步来到 SwiftUIDataFlow 视图，我们同样引入环境 ViewModel，如图 16-12 所示。

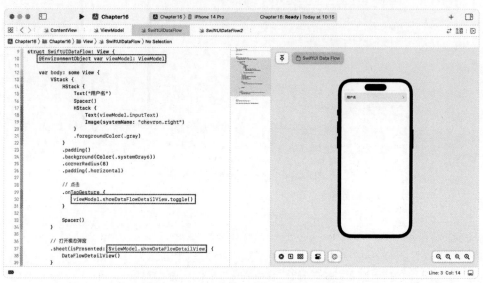

图 16-12　在页面跳转时使用共享对象

```swift
import SwiftUI

// 主页
struct SwiftUIDataFlow: View {
    @EnvironmentObject var viewModel: ViewModel

    var body: some View {
        VStack {
            HStack {
                Text("用户名")
                Spacer()
                HStack {
                    Text(viewModel.inputText)
                    Image(systemName: "chevron.right")
                }
                .foregroundColor(.gray)
            }
            .padding()
            .background(Color(.systemGray6))
```

```
            .cornerRadius(8)
            .padding(.horizontal)

            // 点击
            .onTapGesture {
                viewModel.showDataFlowDetailView.toggle()
            }

            Spacer()
        }

        // 打开模态弹窗
        .sheet(isPresented: $viewModel.showDataFlowDetailView) {
            DataFlowDetailView()
        }
    }
}
```

上述代码中，由于在 DataFlowDetailView 视图中没有使用@Binding 绑定属性包装器，那么在使用 sheet 打开模态弹窗的闭包中，目标视图就不需要设置双向绑定的参数，代码更加简洁。

我们替换了原 SwiftUIDataFlow 视图中的 inputText、showDataFlowDetailView 参数，发现代码虽然没有报错，但是 Xcode 却提示崩溃了。这是因为使用@Environment 环境属性包装器时，@Environment 环境属性包装器会从环境中自动查找 ViewModel 实例，当找不到时就会崩溃。

因此，我们如果要在预览视图时使用@Environment 环境属性包装器，则还需要将 ViewModel 实例对象注入环境中，如图 16-13 所示。

图 16-13　注入 ViewModel 到环境中

```swift
                                                                    Swift
struct SwiftUIDataFlow_Previews: PreviewProvider {
    static var previews: some View {
        SwiftUIDataFlow()
            .environmentObject(ViewModel())
    }
}
```

上述代码中，我们在 SwiftUIDataFlow_Previews 预览视图内容中，需要使用 .environmentObject 环境注入修饰符将 ViewModel 注入环境中，才能在视图展示时使用环境变量。

这点要额外注意，不然应用会崩溃的。

16.4　@AppStorage 数据持久化的使用

接下来再介绍一个属性包装器——@AppStorage 数据持久化属性包装器。当实际开发过程中需要保存某些配置信息的时候，就可以使用@AppStorage 数据持久化属性包装器。

例如，设置应用主题为深色模式，则在用户下一次打开应用时，应用依旧为深色模式，即便应用后台被完全关闭。或者某个配置开关，用于开启 FaceID 识别，当用户开启配置后则每次进入应用时都会调用 FaceID 进行身份识别。

以上例子都使用了数据持久化的特征，即保存用户的配置信息，并且持久有效。下面我们来通过实际案例实现数据持久化。

以 Toggle 开关为例，在 ViewModel 中使用属性包装器@AppStorage，如图 16-14 所示。

图 16-14　声明数据持久化对象

```Swift
@AppStorage("useFaceID") var useFaceID: Bool = false
```

紧接着创建一个简单的 Toggle 开关案例，如图 16-15 所示。

图 16-15　使用数据持久化对象

```Swift
import SwiftUI

struct SwiftUIDataFlow: View {
    @EnvironmentObject var viewModel: ViewModel

    var body: some View {
        Toggle(isOn: $viewModel.useFaceID) {
            Text(viewModel.useFaceID ? "开启" : "关闭")
        }
        .padding()
        .background(Color(.systemGray6))
        .cornerRadius(8)
        .padding(.horizontal)
    }
}

struct SwiftUIDataFlow_Previews: PreviewProvider {
    static var previews: some View {
```

```
        SwiftUIDataFlow()
            .environmentObject(ViewModel())
    }
}
```

上述代码中，Toggle 开关的参数绑定来自 ViewModel 中的 useFaceID，由于 useFaceID 使用 @AppStorage 数据持久化属性包装器，则该参数每次更新后，应用都会永久保存该参数设置。

我们可以在预览窗口切换 Toggle 开关的状态，并且刷新视图，或者离开该视图文件再返回重新渲染视图，会发现 Toggle 开关依旧会保持上一次更新的配置内容，如图 16-16 所示。

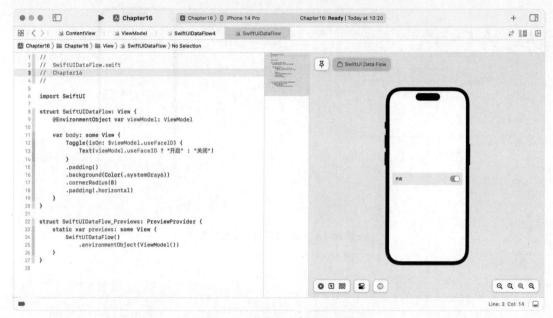

图 16-16　数据持久化效果预览

在其他常用的场景中，像一些笔记应用需要用户配置字体、字号、背景颜色、图标样式，都可以采用上述的方式，使用@AppStorage 数据持久化属性包装器和@EnvironmentObject 环境属性包装器。

但需要注意的是，AppStorage 的底层是 UserDefault，适用于存储少量信息，常用于配置项的持久化存储，不适合存储复杂数据。如果需要保存大量数据一般会用到 JSON 和网络请求，这部分在后面的章节中会有专题分享。

16.5　本章小结

在本章中，我们主要介绍和讲解了几个常用的属性包装器：@State 状态、@Binding 绑定、@Environment 环境、@AppStorage 数据持久化。当在开发过程中需要输入数据或者配置数据更新渲染界面时，我们会经常使用到这些属性包装器。

　　属性包装器的使用，可以很大程度上减少对于应用中关于数据流操作的步骤，使用方法也很统一，只需要在参数声明前加上属性包装器即可。

　　SwiftUI 似乎在淡化从 OC 开始的应用生命周期管理概念，更多地使用声明式的语法来降低开发者的开发门槛。无论是在 UI 设计上，还是在功能逻辑上，我们似乎可以用富有逻辑性的语言讲清楚一段代码的功能或者实现方式。

　　本章也就几个常用的属性包装器做了部分讲解，后续的章节中我们会以实际案例的方式，使用 MVVM 开发模式分享更多关于属性包装器的内容。在这里我们就自己动手敲敲代码，尝试在更多场景中的灵活应用吧。

第 17 章　网络请求，URLSession 框架的使用

互联网早期，万维网还处于萌芽阶段时，网站主要使用 HTML 设计，开发人员可以使用 HTML 和 CSS 创建包含文本、图像和超链接的简单页面，用于共享信息和开展业务。

随着 PHP、Python、Ruby 等语言的出现，开发人员可以创建与用户交互的个性化内容网站，这些网站可以动态地更新其网站内容，用户每一次进去时都可以获得最新的推荐信息。时至今日，随着移动互联网的兴起，动态网站也随之变成了动态更新数据的移动应用。

如果我们开发的应用还是使用本地数据，每次用户访问网站时内容都保持不变，那么就显得太无聊了。

在本章中，我们开始接触网络请求，尝试通过 SwiftUI 提供的网络请求框架来实现动态更新应用内容。我们先创建一个新的 SwiftUI View 文件，命名为 "SwiftUINetworkRequest"，如图 17-1 所示。

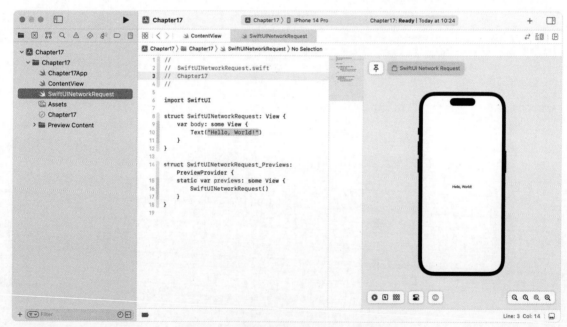

图 17-1　SwiftUINetworkRequest 代码示例

17.1　实战案例：色卡列表

以简单的列表为案例，最终我们会使用 MVVM 架构模式来搭建一个色卡列表。

　　首先是 Model 部分，创建一个 Swift 文件，命名为 ColorModel，并设计完善 ColorModel 参数定义，如图 17-2 所示。

图 17-2　ColorModel 数据模型

```Swift
import SwiftUI

struct ColorModel: Identifiable {
    var id: Int
    var color: String
}
```

　　上述代码中，最简单的数据模型包含了一个 Int 整型类型的 id，用来确定展示色卡的顺序。使用 String 字符串类型的 color 参数是因为在之前的章节中我们可以通过 Color 拓展，实现输入一个十六进制颜色值就可以转换为 Color。因此，color 参数可被声明为 String 字符串类型。

　　回到 SwiftUINetworkRequest 文件中，该页面作为 View 部分，我们先使用最简单的声明数组的方式来创建示例数据，如图 17-3 所示。

```Swift
// 示例数据
var colors = [
    ColorModel(id: 1, color: "FF0000"),
    ColorModel(id: 2, color: "E85827"),
    ColorModel(id: 3, color: "FADA5E"),
```

```
        ColorModel(id: 4, color: "008C8C"),
        ColorModel(id: 5, color: "30727B"),
        ColorModel(id: 6, color: "694D52"),
        ColorModel(id: 7, color: "694D52"),
        ColorModel(id: 8, color: "002FA7")
]
```

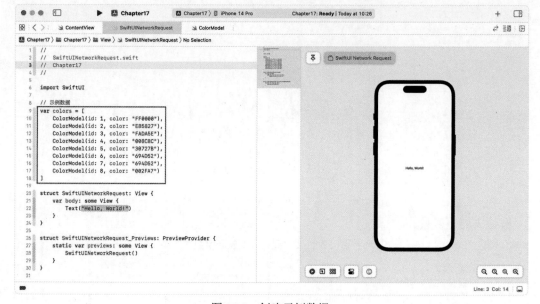

图 17-3　创建示例数据

上述代码中，我们声明了一个简单的数组 colors，包含几项符合 ColorModel 数据格式的数据，并给数组中的数据项赋予不同的参数值，用来展示不同的效果。

下一步，我们利用组件化开发方式，单独创建色卡组件，如图 17-4 所示。

```Swift
import SwiftUI

struct SwiftUINetworkRequest: View {
    var body: some View {
        CardItem(cardName: "#FF0000", cardColor: .red)
    }
}

// 色卡组件
struct CardItem: View {
    var cardName: String
    var cardColor: Color
```

```
var body: some View {
    Text(cardName)
        .font(.system(size: 23))
        .foregroundColor(.white)
        .frame(maxWidth: .infinity, minHeight: 80)
        .background(cardColor)
        .cornerRadius(8)
        .padding(.horizontal)
    }
}
```

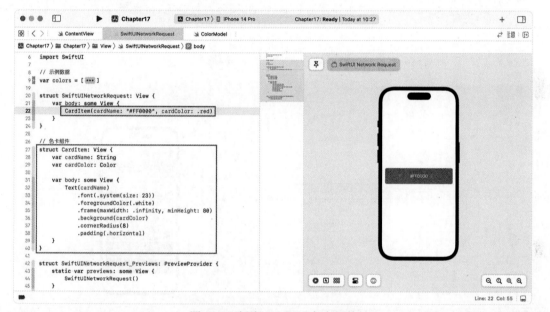

图 17-4　创建 CardItem 色卡组件

上述代码中，CardItem 作为色卡的组件，只需要声明参数及其类型，并设计一个用于展示色卡名称的圆角矩形作为其样式。完成后，我们可以直接在其他视图中调用组件并通过赋值的形式进行使用。

在前面关于自定义颜色的章节中，我们使用过颜色拓展，来使用 String 字符串类型的颜色值，这里也会使用到 Color 拓展，代码如下：

```Swift
// 十六进制颜色值->Color
extension Color {
    init(hex: String) {
        let scanner = Scanner(string: hex)
```

```
        var rgbValue: UInt64 = 0

        scanner.scanHexInt64(&rgbValue)

        let r = Double((rgbValue & 0xFF0000) >> 16) / 255.0
        let g = Double((rgbValue & 0x00FF00) >> 8) / 255.0
        let b = Double(rgbValue & 0x0000FF) / 255.0

        self.init(red: r, green: g, blue: b)
    }
}
```

下一步，通过 ScrollView 滚动布局容器和 ForEach 循环参数遍历 colors 数组的数据，如图 17-5 所示。

图 17-5　展示演示数据内容

```Swift
struct SwiftUINetworkRequest: View {
    var body: some View {
        ScrollView(.vertical, showsIndicators: false) {
            ForEach(colors) { item in
                CardItem(cardName: "#"+item.color, cardColor: Color(hex: item.color))
            }
        }
    }
}
```

上述代码中，ScrollView 滚动布局容器作为最外层的容器，内部元素布局方式为 vertical 垂直布局，设置 showsIndicators 参数用于隐藏滚动条。

ForEach 循环参数的对象为 colors 数组，将其遍历后，将颜色名称赋予 CardItem 色卡组件中的 cardName 参数，cardColor 参数赋值为通过 Color 拓展方法实现的将颜色值转换为 Color 的方式实现的颜色。

完成后，我们可以直接手工修改 colors 数组中的内容，来获得人工"动态"更新的颜色数据，如图 17-6 所示。

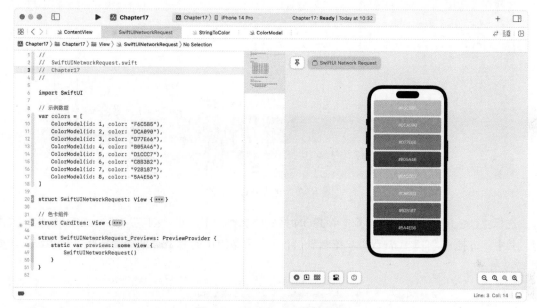

图 17-6　修改 colors 数组数据

17.2　初识 JSON 数据格式

上述案例中，色卡的内容是我们提前声明好的 colors 数组中的数据，每次更新其内容都需要在代码中修改，而且在改动时 SwiftUI 也在重新渲染，实际开发应用中肯定不可能使用这种方式。

为了解决上述问题，我们可以考虑使用另外一种数据格式来存储色卡的内容，如 JSON 格式。通过使用 JSON 格式，我们可以将色卡的内容保存在单独的文件中，并通过网络请求获取该文件中的数据。这样就可以避免在代码中频繁修改数据，也能够提高应用的灵活性和可维护性。

JSON，是 JavaScript 对象表示法的简称，是客户机和服务器应用程序间进行数据交换的一种常见数据格式。我们通过 App 客户端发送网络请求，服务端就会返回 JSON 文本，供 App 客户端进行解析，解析完成后客户端再把对应数据展现到页面上。

我们将上述 colors 数组转换为 JSON 数据格式，但 SwiftUI 并未提供直接创建 JSON 格式的文件，因此，我们创建 JSON 文件时可以选择 Swift 文件，在 Model 文件夹中新建一个 JSON 格式的文件，命名为"colors.json"，Xcode 会提示我们是否继续使用 JSON 格式，如图 17-7 所示。

图 17-7　创建 JSON 文件

选择"Use .json"后就得到了一个 JSON 格式的文件，下一步，创建示例的 JSON 数据格式内容。其中，方括号"[]"代表数组，花括号"{}"代表数组中的每个对象，冒号":"代表组合，如图 17-8 所示。

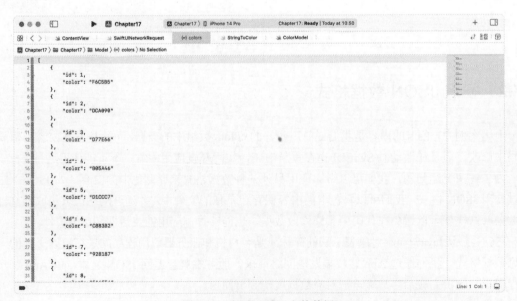

图 17-8　创建 JSON 文件数据

```
                                                                        Swift
[
    {
    "id":1,
    "color": "F6C5B5"
    },
    {
    "id":2,
    "color": "DCA090"
    },
    {
    "id":3,
    "color": "D77E66"
    },
    {
    "id":4,
    "color": "B05A46"
    },
    {
    "id":5,
    "color": "D1CCC7"
    },
    {
    "id":6,
    "color": "C8B3B2"
    },
    {
    "id":7,
    "color": "928187"
    },
    {
    "id":8,
    "color": "5A4E56"
    }
]
```

要想解析 JSON 文件需要使用到编码器 JSONEncoder，而编码器 JSONEncoder 的使用，需要 Model 数据模型支持 Codable 可编码协议。Codable 是一个用于 Swift 编程语言的协议，可以将 JSON 数据格式的数据解码为 Swift 对象，如图 17-9 所示。

回到 SwiftUINetworkRequest 文件中，注释原来的 colors 数组的代码，使用@State 状态属性包装器声明一个新的 colors 数组，如图 17-10 所示。

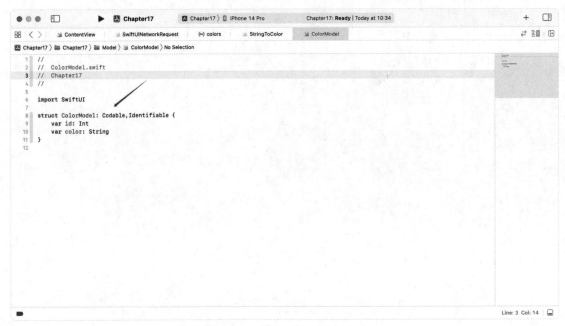

图 17-9　设置数据模型协议类型

图 17-10　声明 colors 数组

```Swift
@State var colors: [ColorModel] = []
```

　　在 SwiftUI 中读取本地 JSON 文件可以通过使用 Bundle 类和 JSONDecoder 类来完成。从 Bundle 中获取 JSON 文件的 URL，从 URL 中读取 JSON 数据，最后将 JSON 数据解析为 Swift 对象，如图 17-11 所示。

图 17-11　创建解析 JSON 数据方法

```Swift
// 解析 JSON 数据
func getData() {
    if let url = Bundle.main.url(
        forResource: "colors",
        withExtension: "json"
    ) {
        do {
            let data = try Data(contentsOf: url)
            let decoder = JSONDecoder()

            // 解析数据后赋值
            colors = try decoder.decode([ColorModel].self, from: data)
        } catch {
            // 处理错误
        }
    }
}
```

```
    } else {
        // 文件不存在
    }
}
```

上述代码中，为了代码结构的逻辑性，我们创建了一个方法 getData 来实现从获取 JSON 文件到解析 JSON 数据的全过程。

首先是通过 Bundle.main.url(forResource: String?, withExtension: String?) 方法获取 JSON 文件的 URL。这里定义的文件名为 colors.json，因此文件地址 forResource 为 colors，withExtension 文件后缀为 json。

下一步是使用 Data(contentsOf: URL) 方法从 URL 中读取数据，最后使用 JSONDecoder 类将 JSON 数据解析为 Swift 对象，将 JSON 数据解析为数组后赋值给 colors 数组。

方法创建完成后，我们在适当的时候调用该方法，如图 17-12 所示。

图 17-12　调用 getData 解析 JSON 数据方法

```swift
// 视图展示时
.onAppear(){
    getData()
}
```

上述代码中，我们在 ScrollView 滚动布局容器里增加了一个 onAppear 视图展示时修饰符，在视图出现时执行初始化或更新时调用 getData 方法，便实现了读取和加载本地 JSON 数据文件的交互。

17.3　URLSession 框架的使用

通过 JSON 数据文件，我们可以很方便地通过解析本地 JSON 文件来遍历数据，但本地始终是本地，有没有办法将 JSON 数据放到云端，然后每次打开应用的时候请求获得最新的 JSON 数据文件进行内容展示呢？

这是最终想要实现的效果。像搭建组件一样，应用本身类似一个组件，我们搭建好样式结构，进而通过更新云端的 JSON 数据文件的内容，来实现每次用户打开应用时更新推荐内容。

网上可能推荐过几种网络请求的框架，这里我们使用官方提供的网络请求框架——URLSession 框架。

URLSession 框架是由 Apple 提供的负责网络信息传输的 API，可以用它来完成常见的网络请求，比如请求网络数据、下载文件等。

首先我们需要将 JSON 文件放在云端，并得到一个请求 JSON 数据文件的地址。如果我们没有后端，也可以先把 JSON 数据放在一些在线接口平台，通过第三方平台获得 URL 地址，如图 17-13 所示。

图 17-13　第三方在线接口平台

创建完成后，第三方平台会生成一个可被调用下载 JSON 文件的 URL 地址，我们将地址在视图中声明，代码如下：

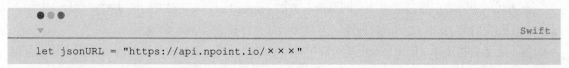

```Swift
let jsonURL = "https://api.npoint.io/×××"
```

然后可以创建一个网络请求方法，如图 17-14 所示。

图 17-14　实现网络请求方法

```Swift
// 网络请求
func requestData() {
    let session = URLSession(configuration: .default)
    session.dataTask(with: URL(string: jsonURL)!) { data, _, _ in
        guard let jsonData = data else { return }

        do {
            let datas = try JSONDecoder().decode([ColorModel].self, from: jsonData)
            DispatchQueue.main.async {
                self.colors = datas
            }
        } catch {
            print(error)
        }
    }
    .resume()
}
```

　　上述代码中，我们通过创建一个网络请求方法 requestData 来获得云端的 JSON 文件。其中，jsonURL 为我们的 JSON 文件下载地址，下载好后的文件传送给 data 参数。

　　为了避免数据出错，使用 guard 判断语句将请求结果前置，避免由于网络问题等原因请求数据失败而导致系统报错。下一步，使用 JSONDecoder 类执行解码任务将 JSON 数据解析为 Swift 对象，将 JSON 数据解析为数组后赋值给 colors 数组。

完成后，我们依旧在视图展示时 onAppear 调用 requestData 方法。每当用户打开该页面时，就可以从云端请求数据渲染视图内容。更新内容也只需要我们在云端更改 JSON 文件的内容，而无须在代码中修改，如图 17-15 所示。

图 17-15　调用网络请求方法

17.4　MVVM 架构模式的使用

在上述案例中，我们会发现，在 SwiftUINetworkRequest 视图中既有 View 的代码又有功能实现的代码。结合前面定义的 Model，此种架构模式一般被称为 MVC 架构模式。

而一旦实现的功能需要在其他 View 视图中调用，那么就可能出现在多个 View 中写重复代码的情况，为了避免该情况，我们可以把功能实现，也就是数据处理部分抽离出来，形成 VM 数据处理部分，也就形成了目前主流的 MVVM 架构模式。

MVVM 的全称是 Model-View-ViewModel，即模型-视图-视图模型。在该模式中，Model 模型指的是应用程序中数据的抽象和存储，View 视图指的是 SwiftUI 视图与修改器的组合，ViewModel 视图模型指的是视图与模型之间的桥梁，负责数据处理部分。

我们可以改造下上述案例，将数据处理部分的相关代码迁移到 ViewModel 文件中，如图 17-16 所示。

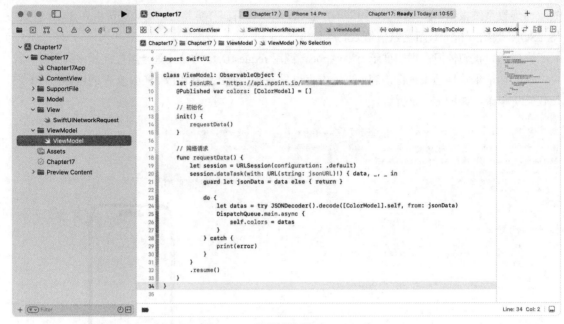

图 17-16　代码迁移至 ViewModel

```Swift
import SwiftUI

class ViewModel: ObservableObject {
    let jsonURL = "https://api.npoint.io/×××"
    @Published var colors: [ColorModel] = []

    // 初始化
    init() {
        requestData()
    }

    // 网络请求
    func requestData() {
        let session = URLSession(configuration: .default)
        session.dataTask(with: URL(string: jsonURL)!) { data, _, _ in
            guard let jsonData = data else { return }

            do {
                let datas = try JSONDecoder().decode([ColorModel].self, from: jsonData)
                DispatchQueue.main.async {
                    self.colors = datas
                }
            } catch {
```

```
                print(error)
            }
        }
        .resume()
    }
}
```

上述代码中，colors 数组使用@Published 发布器属性包装器加以声明，可以在其数据改变时通知使用到该数据的地方进行更新。另外，由于 class 没有初始化器，因此上述代码需要提供 init() { } 进行初始化。

完成 ViewModel 部分后，回到 SwiftUINetworkRequest 视图中，我们增加一个状态对象初始化 ViewModel 并交由 SwiftUI 进行管理存储。

紧接着只需要将原来遍历 colors 数组转换为遍历 viewMode 中的 colors 数组数据，就完成了整体代码的更新。最后别忘了如果要预览效果，还需要给共享的 viewMode 对象指定来源，如图 17-17 所示。

图 17-17　使用 ViewModel 的共享对象

```Swift
import SwiftUI

struct SwiftUINetworkRequest: View {
    @StateObject var viewModel: ViewModel

    var body: some View {
        ScrollView(.vertical, showsIndicators: false) {
```

```
            ForEach(viewModel.colors) { item in
                CardItem(
                    cardName: "#" + item.color,
                    cardColor: Color(hex: item.color
                    )
                )
            }
        }
    }
}

struct SwiftUINetworkRequest_Previews: PreviewProvider {
    static var previews: some View {
        SwiftUINetworkRequest(viewModel: ViewModel())
    }
}
```

最后我们增加 NavigationView 导航视图，并通过修饰符增加标题，让应用更加完善，如图 17-18 所示。

图 17-18　添加 NavigationView 导航视图

17.5　小知识：如何实现随机展示数据

很多时候当开发者没有充足的后台数据，只能使用简单或者本地的数据集时，为了让用户每次进去都能看到不同的数据增强体验效果，我们可以考虑一种简单的解决方案，即每次加载数据时，让数组中的数据随机展示。

这是一种简单而有效的方式，可以在一定程度上给用户呈现"最新"的内容。

具体实现方式是使用".shuffled"随机修饰符，如图 17-19 所示。

图 17-19　使用随机修饰符

```
viewModel.colors.shuffled()
```

.shuffled 随机修饰符方法的实现是将数组中的数据抽离出来，打乱后再存储回数组中，如此，在 ForEach 循环参数获得 colors 数组数据时，就会对随机后的数组数据进行遍历，以达到每次页面加载时呈现"不同"的内容，算是一个实用的小窍门。

17.6　本章小结

本章中，我们经历代码创建示例数据、本地创建 JSON 文件，到通过网络请求获得云端放置的 JSON 文件，完整地学习了开发一款可以上架的 App 的核心内容。通过网络请求，真正搭建一款可以进行数据交互的应用。

此外，MVVM 架构模式的使用，可以将代码结构化，模型 Model 定义数据类型、视图 View 搭建 UI、ViewModel 视图模型提供数据并更新，让开发者更加专注于当前内容，并降低了后续开发维护的难度。

第18章 数据持久化，FileManager 框架的使用

如果用户创建的内容不能保存，那样就太可惜了。

我们每天都会冒出很多想法，也渴望着有个平台能够表达自己的情感。互联网的发展，给予每个人抒发见解的舞台，我们在这里接收新的内容，同时也生产内容，使整个网络世界越来越宽广，人与人的距离越来越近。

前一章，我们通过网络请求框架从云端获得了信息。本章，我们转变为需求端的方向，了解如何利用 SwiftUI 的特性和框架保存用户创建的数据。

我们先创建一个新的 SwiftUI View 文件，命名为"DataPersistence"，如图 18-1 所示。

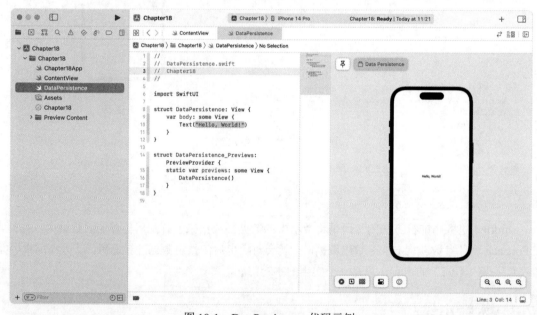

图 18-1　DataPersistence 代码示例

18.1　实战案例：笔记应用样式

先思索下一款简单的笔记应用应该包含哪些内容。

就页面而言，应该包含两个页面：一个笔记列表页面，一个新增笔记页面。当然，新增笔记页面也可以作为编辑页面使用。而从功能点出发，笔记应用应该包含新增、删除、编辑更新三部分核心功能。

暂且不考虑存储的问题，从代码架构上考虑，使用 MVVM 架构模式，代码结构会包含一个 Model 数据模型文件，用于定义笔记内容的参数；View 视图文件有两个，首页和新建页；ViewModel 视图模型则包含一些需要进行数据处理的功能性内容。

我们先创建好文件夹和文件，如图 18-2 所示。

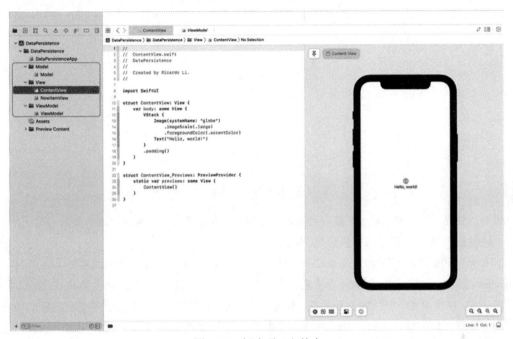

图 18-2　创建项目文件夹

下一步，先从 Model 文件开始，Model 数据模型部分是由笔记呈现内容的参数定义的，这里以最简单的笔记为例，如图 18-3 所示。

```Swift
import SwiftUI

struct NoteModel: Identifiable, Codable {
    var id: UUID = UUID()
    var content: String
    var updateTime: String
}
```

上述代码中，NoteModel 作为笔记的数据模型，包含三个参数，UUID 类型的 id 作为笔记的唯一标识符，确定笔记的唯一性。使用 UUID 而非 Int 是因为使用场景不同，在前面的章节中，特别是网络请求获得数据展示的场景，普遍使用 Int 来确定展示内容的顺序，而在笔记、待办事项等应用场景中，内容通过由用户创建发布，因此会使用 UUID 作为单独创建内容的标识符。

图 18-3　NoteModel 数据模型

另外，String 类型的 content 参数为笔记的内容，String 类型的 updateTime 参数为笔记的创建日期，同时在后续编辑的时候可作为笔记的修改日期。

下一步，完成 View 部分。首先是 ContentView 主页，我们需要呈现一个笔记列表，除了可以使用 ScrollView 滚动视图和 ForEach 循环方法来展示笔记内容外，也可以使用 List 列表和 ForEach 循环来展示内容。这里使用前者，原因除了开发者习惯外，List 列表自带的样式会影响到个性化视图的布局。

确定好界面框架后，笔记列表内容是由一张张笔记卡片组成的，因此我们可以单独创建笔记卡片组件，减少代码量，同时让代码结构更加清晰，如图 18-4 所示。

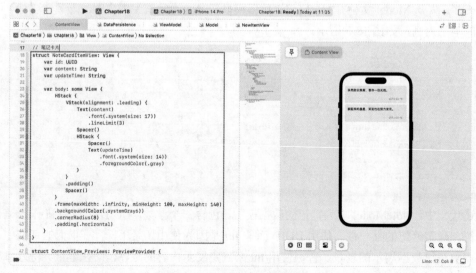

图 18-4　创建笔记卡片组件

```
                                                                    Swift
import SwiftUI

struct ContentView: View {
    var body: some View {
        ScrollView {
            NoteCardItemView(id: UUID(), content: "纵然敌众我寡，吾亦一往无前。",
                updateTime: "2023-03-10")
            NoteCardItemView(id: UUID(), content: "躲起来的星星，其实也在努力发光。",
                updateTime: "2023-03-10")
        }
    }
}

// 笔记卡片
struct NoteCardItemView: View {
    var id: UUID
    var content: String
    var updateTime: String

    var body: some View {
        HStack {
            VStack(alignment: .leading) {
                Text(content)
                    .font(.system(size: 17))
                    .lineLimit(3)

                Spacer()

                HStack {
                    Spacer()
                    Text(updateTime)
                        .font(.system(size: 14))
                        .foregroundColor(.gray)
                }
            }
            .padding()

            Spacer()
        }

        .frame(maxWidth: .infinity, minHeight: 100, maxHeight: 140)
        .background(Color(.systemGray6))
        .cornerRadius(8)
        .padding(.horizontal)
    }
}
```

上述代码中，NoteCardItemView 作为笔记卡片视图，传入三个笔记卡片的参数——id、content、updateTime，并使用布局容器和相关修饰符设计视图样式内容。之后我们再在 ContentView 中使用 ScrollView 预览效果。

页面主体内容完成后，下一步完成页面衔接部分，首先完善页面的标题和页面跳转触发的样式部分，如图 18-5 所示。

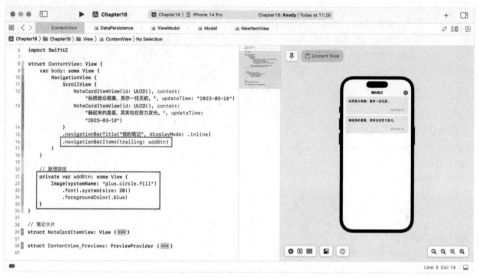

图 18-5　创建新增按钮

```swift
import SwiftUI

struct ContentView: View {
    var body: some View {
        NavigationView {
            ScrollView {
                NoteCardItemView(id: UUID(), content: "纵然敌众我寡，吾亦一往无前。",
                    updateTime: "2023-03-10")
                NoteCardItemView(id: UUID(), content: "躲起来的星星，其实也在努力发光。",
                    updateTime: "2023-03-10")
            }
            .navigationBarTitle("我的笔记", displayMode: .inline)
            .navigationBarItems(trailing: addBtn)
        }
    }

    // 新增按钮
    private var addBtn: some View {
```

```
    Image(systemName: "plus.circle.fill")
        .font(.system(size: 20))
        .foregroundColor(.blue)
    }
}
```

上述代码中，我们主要使用了 NavigationView 导航视图和导航修饰符 navigationBarTitle、navigationBarItems 来构建页面标题和页面导航按钮。为了后面要实现页面跳转和样式调整，这里将导航按钮结构化作为单独的视图。

以上便完成了文字展示列表的创建。

下一步我们创建新建文字页面，我们可以创建一个新的 SwiftUI 文件作为单独视图方便结构化分离，也可以在同一个文件中创建视图代码，方便修改时上下文联动处理。

我们直接在 ContentView 文件中创建一个新的结构体，并完善新建文字页面的代码，如图 18-6 所示。

图 18-6　创建新建文字页面

```Swift
// 新建文字
struct NewNoteView: View {
    @State var content: String = ""


    var body: some View {
        VStack {
            ZStack(alignment: .topLeading) {
                // 多行文本框
                TextEditor(text: $content)
```

```
                    .overlay(
                        RoundedRectangle(cornerRadius: 8)
                            .stroke(Color(.systemGray5), lineWidth: 1)
                    )

                // 提示文字
                if content.isEmpty {
                    Text("请输入内容")
                        .foregroundColor(Color(UIColor.placeholderText))
                        .padding(10)
                }
            }
            .frame(height: 320)
            .padding()

            Spacer()
        }
    }
}
```

同理，使用 NavigationView 设置页面标题和关闭页面按钮，如图 18-7 所示。

图 18-7 添加关闭弹窗按钮

```
// 新建文字
struct NewNoteView: View {
    @State var content: String = ""

    var body: some View {
```

```
        NavigationView {
            VStack {
                // 隐藏了代码块
            }
            .navigationBarTitle("新增笔记", displayMode: .inline)
            .navigationBarItems(trailing: closeBtn)
        }
    }

    // 关闭按钮
    private var closeBtn: some View {
        Image(systemName: "xmark.circle.fill")
            .font(.system(size: 20))
            .foregroundColor(.gray)
    }
}
```

下一步，我们实现 ContentView 视图和 NewNoteView 视图之间的页面跳转，这里使用最为简单的.sheet 模态弹窗进行跳转。

由于.sheet 模态弹窗跳转需要绑定一个 Bool 值作为点击触发的动作，我们可以将该参数在 ViewModel 中声明，如图 18-8 所示。

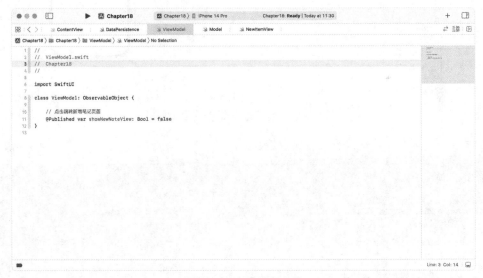

图 18-8　声明共享参数

```
import SwiftUI

class ViewModel: ObservableObject {
```

```
    // 点击跳转新增笔记页面
    @Published var showNewNoteView: Bool = false
}
```

上述代码中，我们创建一个符合 ObservableObject 可观察对象协议的类 ViewModel，并使用 @Published 发布器属性包装器声明了一个可以共享的对象 showNewNoteView，并赋予初始值 false。

回到 ContentView 文件中，要使用 ViewModel，我们首先需要在 ContentView 视图中引用 ViewModel，然后使用.sheet 模态弹窗实现页面之间的跳转，如图 18-9 所示。

图 18-9　使用模态弹窗进行页面跳转

```swift
import SwiftUI

struct ContentView: View {
    // 引入 VM
    @StateObject var viewModel = ViewModel()

    var body: some View {
        NavigationView {
            ScrollView {
                NoteCardItemView(id: UUID(), content: "纵然敌众我寡，吾亦一往无前。",
                    updateTime: "2023-03-10")
                NoteCardItemView(id: UUID(), content: "躲起来的星星，其实也在努力发光。",
                    updateTime: "2023-03-10")
            }
```

```
                .navigationBarTitle("我的笔记", displayMode: .inline)
                .navigationBarItems(trailing: addBtn)
        }

        // 跳转到新增笔记页面
        .sheet(isPresented: $viewModel.showNewNoteView) {
            NewNoteView(showNewNoteView: $viewModel.showNewNoteView)
        }
    }

    // 新增按钮
    private var addBtn: some View {
        Image(systemName: "plus.circle.fill")
            .font(.system(size: 20))
            .foregroundColor(.blue)
            .onTapGesture {
                viewModel.showNewNoteView.toggle()
            }
    }
}
```

在 NewNoteView 新建笔记页面点击关闭按钮关闭页面，可以使用的方法有很多，可以使用 @Environment 环境属性包装器声明环境参数关闭模态弹窗，也可以使用@Binding 绑定属性包装器对 showNewNoteView 参数进行双向绑定。

这里使用@Binding 绑定属性包装器的方式建立关联绑定，如图 18-10 所示。

图 18-10　使用@Binding 进行参数绑定

```swift
                                                                    Swift
// 新建文字
struct NewNoteView: View {
    @State var content: String = ""
    @Binding var showNewNoteView:Bool

    var body: some View {
        NavigationView {
            VStack {
                // 隐藏了代码块
            }
            .navigationBarTitle("新增笔记", displayMode: .inline)
            .navigationBarItems(trailing: closeBtn)
        }
    }

    // 关闭按钮
    private var closeBtn: some View {
        Image(systemName: "xmark.circle.fill")
            .font(.system(size: 20))
            .foregroundColor(.gray)
            .onTapGesture {
                self.showNewNoteView.toggle()
            }
    }
}
```

完成上述代码，我们就实现了 ContentView 视图和 NewNoteView 视图之间的页面跳转，在预览窗口点击按钮查看效果，如图 18-11 所示。

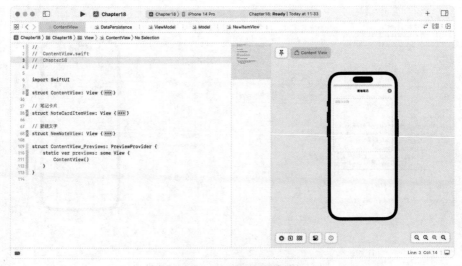

图 18-11   页面跳转效果预览

18.2 @AppStorage 应用存储包装器

@AppStorage 应用存储包装器主要适用于对应用内某些设置参数的存储，如之前章节中提及的深色模式的切换，我们在 ViewModel 文件中创建一个参数来存储当前展示的模式，如图 18-12 所示。

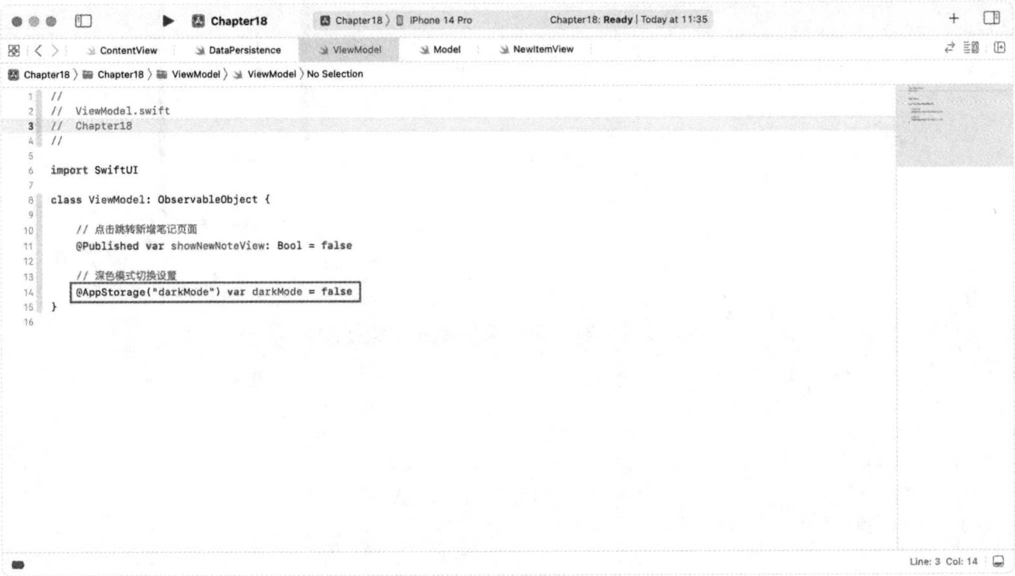

图 18-12 声明数据持久化参数

```Swift
import SwiftUI

class ViewModel: ObservableObject {

    // 点击跳转新增笔记页面
    @Published var showNewNoteView: Bool = false

    // 深色模式切换设置
    @AppStorage("darkMode") var darkMode = false
}
```

上述代码中，darkMode 为设置深色模式的参数，在@AppStorage 中使用 darkMode 存储参数的 key，而 darkMode 参数的值为 Bool 类型的 false。

紧接着，使用.preferredColorScheme 设置颜色主题修饰符来呈现展示模式。colorScheme 是一种 enum（枚举）类型，包含 dark、light 两个 cases，对应系统的深色模式和白天模式。我们提供一个点击切换的按钮，用于切换深色模式和白天模式，如图 18-13 所示。

图 18-13　创建切换深色模式按钮视图

```swift
import SwiftUI

struct ContentView: View {
    // 引入 VM
    @StateObject var viewModel = ViewModel()

    var body: some View {
        NavigationView {
            ScrollView {
                NoteCardItemView(id: UUID(), content: "纵然敌众我寡，吾亦一往无前。", updateTime: "2023-03-10")
                NoteCardItemView(id: UUID(), content: "躲起来的星星，其实也在努力发光。", updateTime: "2023-03-10")
            }
            .navigationBarTitle("我的笔记", displayMode: .inline)
            .navigationBarItems(leading: darkModeBtn,trailing: addBtn)
        }

        // 切换深色模式
        .preferredColorScheme(viewModel.darkMode ? .dark : .light)

        // 跳转到新增笔记页面
        .sheet(isPresented: $viewModel.showNewNoteView) {
            NewNoteView(showNewNoteView: $viewModel.showNewNoteView)
        }
```

```
    }

    // 新增按钮
    private var addBtn: some View {
        Image(systemName: "plus.circle.fill")
            .font(.system(size: 20))
            .foregroundColor(.blue)
            .onTapGesture {
                viewModel.showNewNoteView.toggle()
            }
    }

    // 切换深色模式按钮
    private var darkModeBtn: some View {
        Image(systemName: viewModel.darkMode ? "sun.max.circle.fill" : "moon.circle.fill")
            .font(.system(size: 20))
            .foregroundColor(viewModel.darkMode ? .white : .gray)
            .onTapGesture {
                viewModel.darkMode.toggle()
            }
    }
}
```

上述代码中，我们单独构建了切换模式的按钮视图 darkModeBtn，并根据 viewModel 中的 darkMode 参数值，在不同状态下呈现不同的样式，最后使用 onTapGesture 点击手势修饰符，当按钮被点击时，切换 darkMode 参数的值。

在预览窗口点击按钮，查看切换到深色模式后的效果，如图 18-14 所示。

图 18-14　深色模式效果预览

同理，在 NewNoteView 视图代码中也可以引入 ViewModel，并使用.preferredColorScheme 设置颜色主题修饰符来呈现展示模式，如图 18-15 所示。

图 18-15　NewNoteView 视图深色模式设置

```Swift
// 新建文字
struct NewNoteView: View {
    @State var content: String = ""
    @Binding var showNewNoteView: Bool

    // 引入 VM
    @StateObject var viewModel = ViewModel()

    var body: some View {
        NavigationView {
            VStack {
                // 隐藏了代码块
            }
            .navigationBarTitle("新增笔记", displayMode: .inline)
            .navigationBarItems(trailing: closeBtn)

            // 切换深色模式
            .preferredColorScheme(viewModel.darkMode ? .dark : .light)
        }
    }
```

```
    // 关闭按钮
    private var closeBtn: some View {
        Image(systemName: "xmark.circle.fill")
            .font(.system(size: 20))
            .foregroundColor(.gray)
            .onTapGesture {
                self.showNewNoteView.toggle()
            }
    }
}
```

由于 @AppStorage 应用存储包装器具有持久化的特征，当我们在 ContentView 视图中切换到深色模式时，darkMode 参数将会被持久存储，并在所有使用到的页面同步更新其状态，实现应用内所有页面都设置为深色模式。

其他应用场景，如设置系统字体、字号、主题颜色等，都可以使用 @AppStorage 应用存储包装器。

18.3　FileManager 本地文件存储框架

FileManager 的概念在 iOS 和 macOS 开发的早期就已经出现了，FileManager 本地文件存储，是使用 FileManager 访问设备的本地存储空间，并将数据以 JSON 文件的形式持久化储存的方法。

FileManager 通过在指定的路径上创建一个新目录，并创建一个 JSON 文件来存储相关信息。我们可以利用这一特征来保存和更新我们创建的内容，从而实现创建、读取、写入、复制、移动和删除数据。

18.3.1　准备数据模型

首先准备数据模型，代码如下：

```Swift
// 数据模型
@Published var noteModels = [NoteModel]()
```

18.3.2　获得沙盒地址及文件地址

下一步，我们需要获得文件夹路径，即创建沙盒地址。然后在沙盒地址的基础上，增加文件名及文件扩展名。将两个文件夹地址连接在一起，从而获得用于存写 JSON 文件的地址 URL。代码如下：

```Swift
// 获取设备上的文档目录路径
func documentsDirectory() -> URL {
    FileManager.default.urls(for: .documentDirectory, in: .userDomainMask)[0]
}

// 获取 plist 数据文件的路径
func dataFilePath() -> URL {
    documentsDirectory().appendingPathComponent("NoteModel.plist")
}
```

18.3.3 读取本地文件

创建一个方法判断是否有文件可供读取，若存在 JSON 文件则读取，解码后将其信息加载到 noteModels 数据模型中，代码如下：

```Swift
// 加载本地数据
func loadItems() {
    let path = dataFilePath()

    // 如果没有数据则跳过
    if let data = try? Data(contentsOf: path) {
        let decoder = PropertyListDecoder()
        do {
            noteModels = try decoder.decode([NoteModel].self, from: data)
        } catch {
            print("错误提示: \(error.localizedDescription)")
        }
    }
}
```

上述代码中，我们创建了一个加载本地 JSON 数据的方法 loadItems，将数据从文件加载到 NoteModel 对象数组中。通过调用 dataFilePath()函数获取存储数据的文件路径，找到应用程序文档目录中的文件位置。data (contentsOf: path)读取文件的内容来检查文件中是否存储有任何数据。如果存在数据，则将其存储在数据对象中。

PropertyListDecoder 实例是一个可以解码 PropertyList 格式数据的类，使用它将数据对象解码为 NoteModel 对象数组。如果解码成功，则将结果数组存储在对象的 noteModels 属性中；如果解码失败，该函数使用 print()打印错误消息，并包含错误的本地化描述。

然后我们在初始化时调用加载数据的方法 loadItems，即用户在打开应用时展示已经保存在本地 JSON 文件中的数据，如图 18-16 所示。

图 18-16　读取本地文件方法

```swift
// 启动时
init() {
    loadItems()
}
```

18.3.4　存储数据到本地文件

下一步，我们来完成 JSON 文件的写入存储部分。调用 write()函数，将编码内容写入笔记 JSON 的地址中，如图 18-17 所示。

```swift
// 写入本地数据
func saveItems() {
    let encoder = PropertyListEncoder()
    do {
        let data = try encoder.encode(noteModels)
        try data.write(to: dataFilePath(), options: Data.WritingOptions.atomic)
    } catch {
        print("错误提示: \(error.localizedDescription)")
    }
}
```

图 18-17　存储数据到本地文件方法

上述代码中，我们创建了一个存储数据到 JSON 文件的方法 saveItems，执行与 loadItems 加载数据相反的操作，用到 JSON 编码器 JSONEncoder 来将现有数组加码成 JSON 数据，接着调用 write() 函数，将编码内容写入笔记 JSON 的地址。

18.3.5　新增、编辑、删除方法

基本工作准备完成后，我们来实现业务层面的代码，包含新增、编辑、删除操作，如图 18-18 所示。

```Swift
// 新增
func addItem(content: String, updateTime: String) {
    let newItem = NoteModel(content: content, updateTime: updateTime)
    noteModels.append(newItem)
    saveItems()
}

// 编辑
func editItem(item: NoteModel) {
    if let id = noteModels.firstIndex(where: { $0.id == item.id }) {
        noteModels[id] = item
        saveItems()
    }
```

```
}

// 删除
func deleteItem(itemId: UUID) {
    noteModels.removeAll(where: { $0.id == itemId })
    saveItems()
}
```

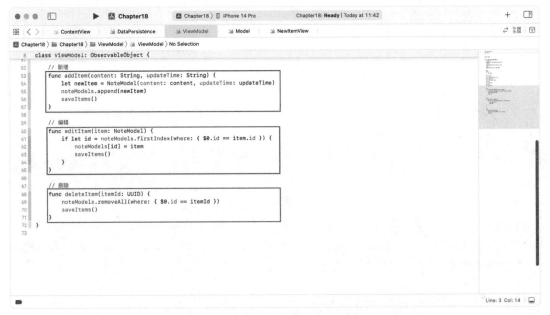

图 18-18　新增、编辑、删除方法

上述代码中，我们创建了三个方法，分别为新增方法 addItem、编辑更新方法 editItem 和删除方法 deleteItem。其中，新增方法 addItem 比较简单，通过传入笔记的参数 content、updateTime 并将其赋值给数据模型 NoteModel，作为一个新增的笔记 newItem，然后将笔记通过 append 添加到 noteModels 数组中，最后调用 saveItems 写入 JSON 文件保存数据。

编辑更新方法 editItem 的逻辑是传入笔记，然后先找到传入的笔记 item 的 id，匹配已经存在于 noteModels 数组中的 id，从而找到存在的笔记，然后将传入的笔记"覆盖"该条笔记，从而实现编辑更新的效果。

删除方法 deleteItem 原理类似，通过传入笔记的 id，找到存在的笔记并通过 removeAll 方法删除笔记，最后写入 JSON 文件保存操作。

18.3.6　获得当前日期方法

最后还需要补充一点，由于笔记应用创建和保存时都需要更新时间，那么还需要创建一个方法来获得当前的时间点，如图 18-19 所示。

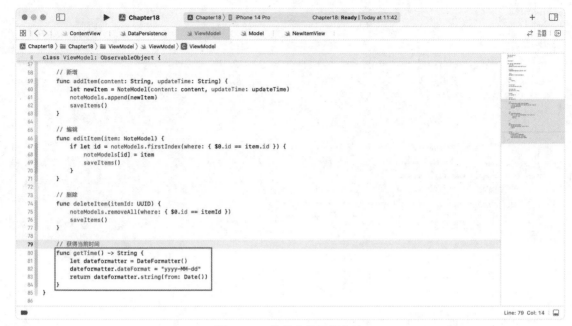

图 18-19　获得当前日期方法

```Swift
// 获得当前时间
func getTime() -> String {
    let dateformatter = DateFormatter()
    dateformatter.dateFormat = "yyyy-MM-dd"
    return dateformatter.string(from: Date())
}
```

上述代码中，我们创建了一个方法 getTime 来获得当前的时间。我们先在 getTime 方法中创建一个 DateFormatter 对象，并将其 dateFormat 属性设置为 "yyyy-MM-dd"，表示日期格式 "年-月-日"。然后，使用当前日期和时间作为参数调用 DateFormatter 对象的 string(from:)方法，返回一个字符串类型的日期。

准备工作完成后，我们回到 ContentView 视图中。

18.4　实战案例：新增笔记操作

前文为了演示效果，我们使用给 NoteCardItemView 笔记卡片视图赋值的方式展示了两张卡片。我们需要调整为读取来自 ViewModel 视图模型中定义的数组，如图 18-20 所示。

图 18-20 读取 ViewModel 中的共享数组数据

```Swift
ScrollView {
    ForEach(viewModel.noteModels) { item in
        NoteCardItemView(id: item.id, content: item.content, updateTime: item.updateTime)
    }
}
```

上述代码中，我们使用 ForEach 代替了单个卡片赋值展示的方式呈现卡片视图，数据来源于 viewModel 中 noteModels 数组的数据，并将其参数赋值给 NoteCardItemView 笔记卡片视图。

由于当前 noteModels 数组中还没有创建的数据，可以看到在预览窗口中列表为空白。下一步，我们在 NewNoteView 新增卡片页面添加保存按钮，以及在点击保存按钮时调用新增方法，如图 18-21 所示。

```Swift
// 保存文字
private var saveBtn: some View {
    Text("保存")
        .font(.system(size: 20))
        .foregroundColor(.blue)
```

```
        .onTapGesture {
            viewModel.addItem(content: content, updateTime: viewModel.getTime())
            self.showNewNoteView.toggle()
        }
    }
```

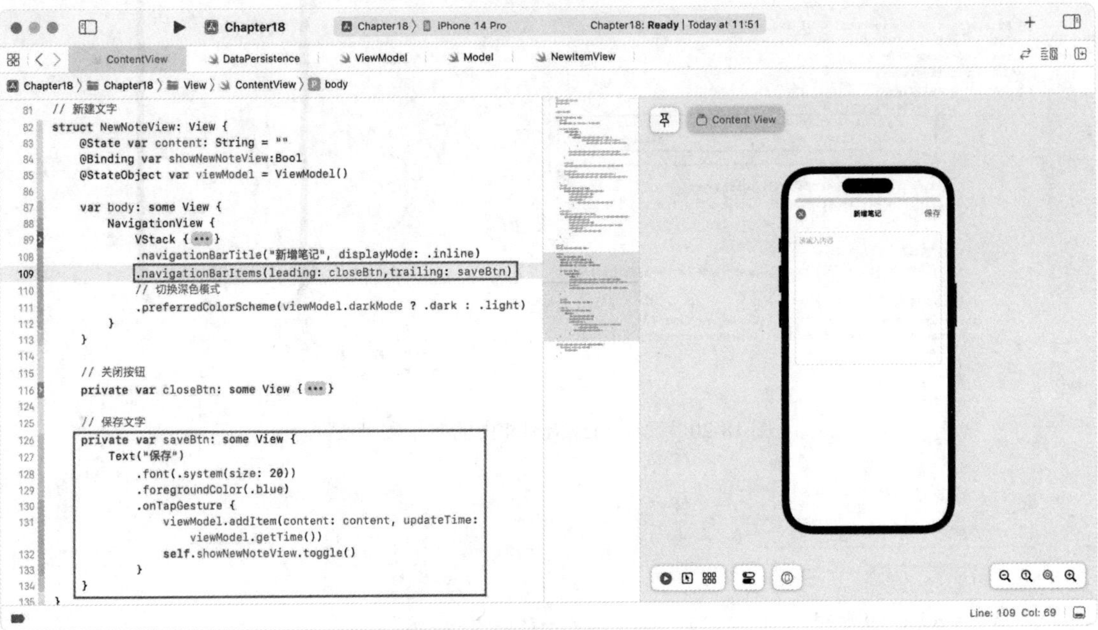

图 18-21　实现保存笔记方法

上述代码中，我们单独创建了保存按钮视图 saveBtn，并将其添加到 navigationBarItems 导航菜单按钮中。saveBtn 视图中使用 onTapGesture 点击手势修饰符，当点击保存按钮时，调用 viewModel 中的新增方法 addItem，将填写的内容新增到 noteModels 数组中。

我们尝试唤起弹窗，输入内容，点击保存，发现保存后列表内容仍然为空，此时重新刷新一个预览窗口就出现数据了，这是怎么回事呢？

这是因为我们在两个视图使用 ViewModel 时都使用了@StateObject，导致 ViewModel 的实例被不同的 View 所持有，最终数据独立分割开了。

因此，我们需要调整一下，将 NewNoteView 中的 ViewModel 与 ContentView 中的 ViewModel 进行关联，如图 18-22 所示。

在 NewNoteView 中，我们转为使用 var 声明 ViewModel，并在 ContentView 中跳转时进行参数关联，保证 ViewModel 数据实体只有 1 个。

在预览窗口操作新增笔记并保存，如图 18-23 所示。

图 18-22　viewModel 参数传递

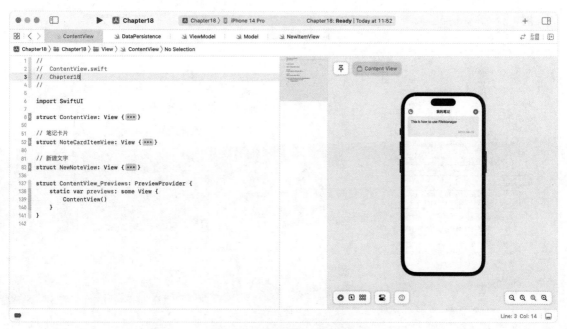

图 18-23　新增笔记效果预览

18.5　实战案例：编辑笔记操作

编辑笔记会比新增操作稍微复杂一些，常规业务场景下，新增笔记页面和编辑笔记页面会分为两个页面进行处理，这样做的好处是当新增和编辑界面存在较大的差异时，我们可以单独维护。但相应的，开发者需要维护两个界面的代码。

如果我们只是简单地想要新增、编辑共用一个视图，那么就需要做一些处理。首先我们需要一个 Bool 类型的参数，用于判断用户打开页面时是新增操作还是编辑操作，代码如下：

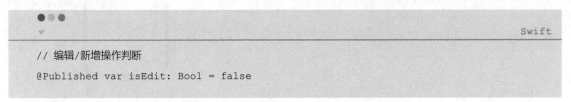

```swift
// 编辑/新增操作判断
@Published var isEdit: Bool = false
```

编辑和新增的区别在于编辑笔记时，需要更新笔记的 id 来更新笔记内容。且用户在编辑时，还需要将用户点击的笔记卡片的内容填充到编辑界面中。

为了实现这一效果，我们需要在 ViewModel 中声明两个笔记参数，如图 18-24 所示。

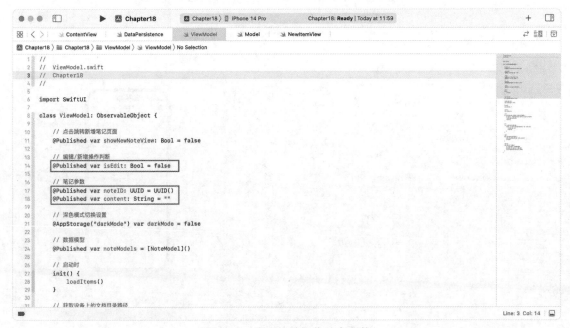

图 18-24　声明相关操作共享参数

```Swift
// 笔记参数
@Published var noteID: UUID = UUID()
@Published var content: String = ""
```

下一步，给 NoteCardItemView 笔记卡片增加一个点击手势，点击打开 NewNoteView 视图。由于需要分清楚当前用户是新增操作还是编辑操作，则在不同位置点击时，需要指定 isEdit 的状态。如图 18-25 所示。

图 18-25　指定 isEdit 的状态

```Swift
// 点击打开弹窗
.onTapGesture {
    viewModel.isEdit = true
    viewModel.noteID = item.id
    viewModel.content= item.content
    viewModel.showNewNoteView.toggle()
}
```

上述代码中，在点击 NoteCardItemView 笔记卡片时，执行编辑操作，isEdit 参数值为 true，noteID、noteID 参数值为点击的卡片的内容。而当点击 addBtn 视图时，则设置 isEdit 参数值为 false，并给 noteID、noteID 参数赋予默认值。

下一步来到 NewNoteView 视图，我们需要将 NewNoteView 视图中的 content 关联到 ContentView 视图中，但不需要建立双向绑定，因此可以直接使用@State 状态修饰符。并且我们还需要补充 id 参数，如图 18-26 所示。

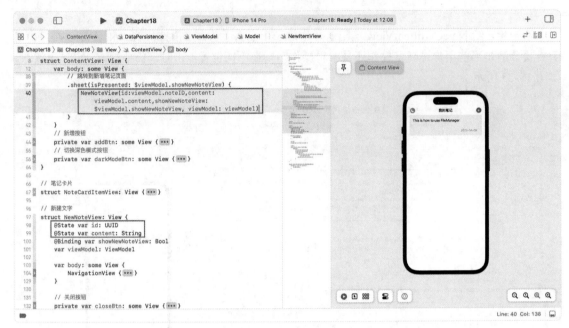

图 18-26　共用视图逻辑

```Swift
// 跳转到新增笔记页面
.sheet(isPresented: $viewModel.showNewNoteView) {
    NewNoteView(
        id: viewModel.noteID,
        content: viewModel.content,
        showNewNoteView: $viewModel.showNewNoteView,
        viewModel: viewModel
    )
}
```

上述代码中，我们在 NewNoteView 视图中使用@State 状态修饰符声明了 id、content 两个参数，并在 ContentView 视图进行跳转时，给参数赋值 viewModel.noteID、viewModel.content。由于前面我们在不同情景下点击视图跳转时赋予了不同的值，则实现了编辑和新增共用一个视图的逻辑。

我们还在 NewNoteView 视图的导航栏标题通过判断 viewModel.isEdit 参数的值来展示不同的文字标题，区分当前操作是新增操作还是编辑操作。

最后，我们也只需要在 NewNoteView 视图中点击"保存"按钮时，且 viewModel.isEdit 参数的值为 true 时执行编辑更新操作即可，如图 18-27 所示。

图 18-27　编辑笔记操作预览

```Swift
if viewModel.isEdit {
    let updateItem = NoteModel(id: id, content: content, updateTime: viewModel.getTime())
    viewModel.editItem(item: updateItem)
} else {
    viewModel.addItem(content: content, updateTime: viewModel.getTime())
}
```

上述代码中，当 viewModel.isEdit 参数的值为 true 时，声明参数 updateItem 符合 NoteModel 数据模型，并将传入的值赋值给 NoteModel，然后调用 viewModel 中的 editItem 编辑更新方法更新笔记内容。

而当 viewModel.isEdit 参数的值为 false 时，则执行新增笔记操作。

18.6　实战案例：删除笔记操作

删除笔记操作有很多交互方式，比如使用 ActionSheet 选项弹窗进行删除交互，或者使用 contextMenu 点按弹窗进行删除交互，这要看产品上的具体要求。

这里使用 contextMenu 点按弹窗作为演示，如图 18-28 所示。

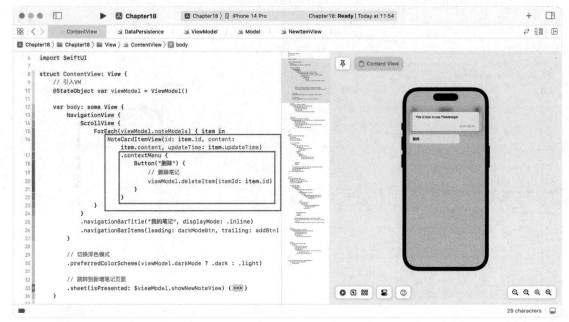

图 18-28　删除笔记操作预览

```Swift
.contextMenu {
    Button("删除") {
        // 删除笔记
        viewModel.deleteItem(itemId: item.id)
    }
}
```

上述代码中，我们给 NoteCardItemView 卡片添加点击弹窗修饰符 contextMenu，当唤起点按弹窗时，展示"删除按钮"，点击"删除"按钮时，调用 viewModel 中的 deleteItem 删除笔记方法，指定被点击的 NoteCardItemView 卡片的 id 进行匹配删除。

如此，我们便实现了一个简单的笔记应用，包含了常用的新增、编辑、删除操作。

18.7　本章小结

恭喜你，你已经完成一款最简单的笔记应用了。

在本章中，我们以实际案例作为切入口，来完整实现了一个笔记应用。当然，你也可以按照上述笔记应用的案例，来搭建一个 ToDo 待办事项应用，或者日记应用，逻辑原理基本类似。

FileManager 本地文件存储框架是数据持久化的一种方式，通过核心的几行代码，我们可以存取不同类型的数据来创建一个真正能用的 App，将创建的珍贵数据保存下来。

很多 iOS 开发者都急需实现一个完整的应用，作为学习的正向反馈，本章至此，便是一个里程碑的突破。虽然我们后面还有其他更加深入的内容，但我希望你能在完成本章的案例后，重新思索你理想中的应用，并运用本章的知识点将其开发出来，无论是笔记应用也好，或是其他。

在接下来的章节中，我们还会介绍其他数据持久化的方法，比如 CoreData、CloudKit 等框架的使用，请保持热情和期待吧。

第 19 章　图形绘制，Path 路径和 Shape 形状的使用

SwiftUI 除了提供标准组件之外，另一大特性是图形绘制，即具备使用 Path 路径和 Shape 形状绘制自定义图形的能力。通过 Path 路径和 Shape 形状，我们可以创建复杂而美丽的形状、线条和曲线，进而实现复杂的界面样式。

在本章中，我们将从基础的形状及其使用场景出发，逐渐学习 Path 路径绘制图形，再由 Shape 形状视图实现单独的、复杂的图形组件。

我们先创建一个新的 SwiftUI 项目文件，命名为"Graphics"，如图 19-1 所示。

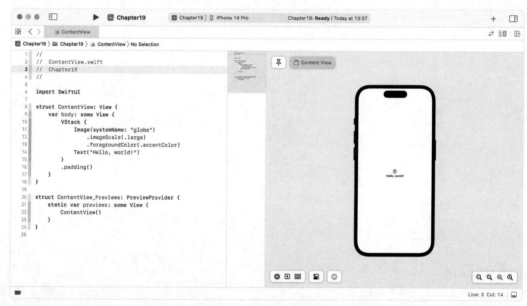

图 19-1　Graphics 代码示例

19.1　SwiftUI 中的基础形状

SwiftUI 中内置了很多种基础形状供开发者使用，其中最基础的图形包括 Circle 圆形、Ellipse 椭圆形、Rectangle 矩形、RoundedRectangle 圆角矩形、Capsule 胶囊矩形。

19.1.1　Circle 圆形

绘制圆形的方法很简单，我们可以将其作为一个基础组件进行调用。我们创建一个简单的圆形，

如图 19-2 所示。

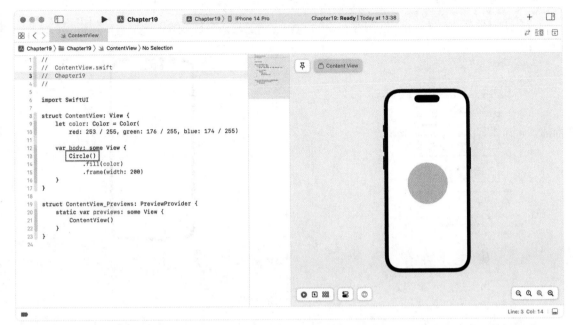

图 19-2 Circle 圆形

```swift
import SwiftUI

struct ContentView: View {
    let color: Color = Color(red: 253 / 255, green: 176 / 255, blue: 174 / 255)

    var body: some View {
        Circle()
            .fill(color)
            .frame(width: 200)
    }
}
```

上述代码中，我们可以直接使用圆形形状组件 Circle 绘制圆形视图，至于形状的前景色修饰符则需要使用 fill 填充修饰符。由于 Circle 圆形形状的特性之一为等比例缩放，则只需要使用 frame 尺寸修饰符设置宽度（width）或者高度（height）即可获得一个固定尺寸的图形。

值得注意的是，Circle 圆形形状使用 frame 尺寸修饰符同时设置宽度（width）和高度（height）作用在形状上是无效的，SwiftUI 会以宽度（width）参数为主。

如果我们想绘制一个空心的圆形，在实现方式上有两种方式。一种是使用 ZStack 堆叠布局容器在圆形上面叠加一个圆形，如图 19-3 所示。

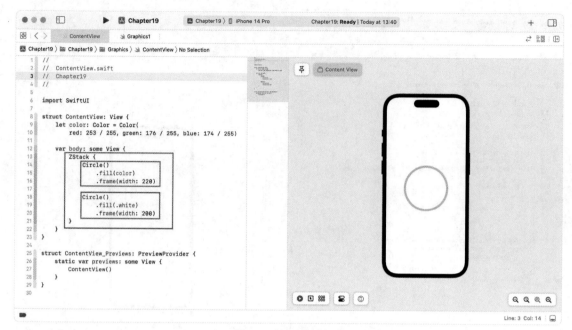

图 19-3　空心的圆形

```swift
import SwiftUI

struct ContentView: View {
    let color: Color = Color(red: 253 / 255, green: 176 / 255, blue: 174 / 255)

    var body: some View {
        ZStack {
            Circle()
                .fill(color)
                .frame(width: 220)

            Circle()
                .fill(.white)
                .frame(width: 200)
        }
    }
}
```

　　上述代码中，我们在 ZStack 堆叠布局容器中放置了两个 Circle 圆形，按照代码层级结构，前面的 Circle 圆形为底层的圆形，展示指定颜色；而上层的 Circle 圆形尺寸缩小一些，且展示白色。如此，展示给用户的视图就是一个空心的圆形。

另一种设置空心圆形的方法是使用 stroke 描边修饰符，如图 19-4 所示。

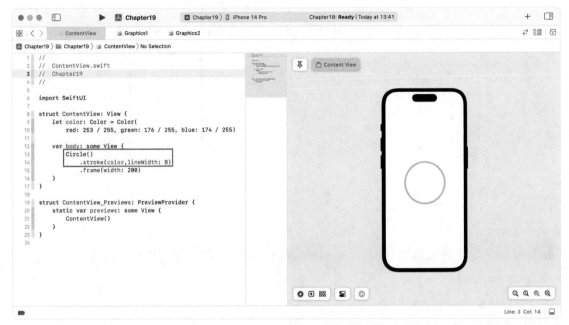

图 19-4　使用描边修饰符绘制空心圆

```swift
import SwiftUI

struct ContentView: View {
    let color: Color = Color(red: 253 / 255, green: 176 / 255, blue: 174 / 255)

    var body: some View {
        Circle()
            .stroke(color,lineWidth: 8)
            .frame(width: 200)
    }
}
```

上述代码中，我们对于 Circle 圆形使用 stroke 描边修饰符，在其参数中设置颜色为指定颜色 color，然后设置参数 lineWidth 边框宽度，从而得到了一个空心的圆形。

19.1.2　Ellipse 椭圆形

Ellipse 椭圆形是 Circle 圆形的一种特殊形状，根据设置的宽、高尺寸并自动展示圆角，如图 19-5 所示。

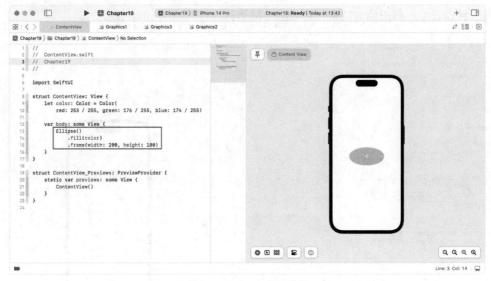

图 19-5　Ellipse 椭圆形

```Swift
Ellipse()
    .fill(color)
    .frame(width: 200,height: 100)
```

我们也可以使用 ZStack 堆叠视图，结合 Ellipse 椭圆形和 Circle 圆形绘制一个"眼睛"，如图 19-6 所示。

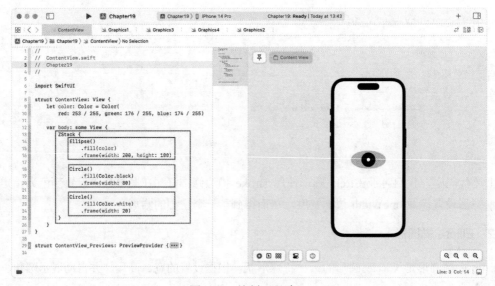

图 19-6　绘制"眼睛"

```Swift
ZStack {
    Ellipse()
        .fill(color)
        .frame(width: 200, height: 100)

    Circle()
        .fill(Color.black)
        .frame(width: 80)

    Circle()
        .fill(Color.white)
        .frame(width: 20)
}
```

19.1.3　Rectangle 矩形

Rectangle 矩形在应用中常常作为背景卡片存在，使用方式和 Circle 圆形一致，如图 19-7 所示。

图 19-7　Rectangle 矩形

```Swift
import SwiftUI

struct ContentView: View {
```

```
    let color: Color = Color(red: 77 / 255, green: 102 / 255, blue: 245 / 255)

    var body: some View {
        ZStack {
            color.edgesIgnoringSafeArea(.all)

            Rectangle()
                .fill(.white)
                .frame(width: 300, height: 200)
        }
    }
}
```

上述代码中，我们在 Zstack 堆叠布局容器中放置了一个 color 和 Rectangle 矩形。其中，color 使用 edgesIgnoringSafeArea 忽略安全区域修饰符使得颜色填充整个界面，Rectangle 矩形使用 fill 填充修饰符设置前景色为白色，使用 frame 尺寸修饰符设置宽、高。

值得注意的是，Rectangle 矩形与 Circle 圆形不同的是，我们需要指定其宽、高，如果没有设置，SwiftUI 将自动赋值为屏幕安全区域内的宽、高。而空心矩形的设置方式和 Circle 圆形一致，这里就不再赘述了。

另外，在一些实际开发场景中会使用虚线矩形作为背景，虚线矩形的绘制方法则是使用 strokeBorder 描边修饰符，如图 19-8 所示。

图 19-8　绘制虚线矩形

```Swift
Rectangle()
    .strokeBorder(.white,style: StrokeStyle(lineWidth: 4, dash: [10]))
    .frame(width: 300, height: 200)
```

上述代码中，strokeBorder 描边修饰符的作用是在 Rectangle 矩形外部描绘一层边框线，我们将宽度设置为 4，并使用 10 个单位的实笔画和 10 个单位的空白空间绘制一条虚线，实现绘制虚线边框效果。

另外，strokeBorder 描边修饰符和 stroke 描边修饰符都可以描绘视图边框，但 strokeBorder 描边修饰符是在视图外边缘描绘，而 stroke 描边修饰符是在内边缘描绘。

19.1.4　RoundedRectangle 圆角矩形

如果我们希望上述 Rectangle 矩形变为圆角，使其没有那么尖锐，常规方法可以怎么做呢？是的，我们可以直接使用 cornerRadius 圆角修饰符修饰 Rectangle 矩形，如图 19-9 所示。

图 19-9　添加 cornerRadius 圆角修饰符

```Swift
Rectangle()
    .fill(.white)
    .frame(width: 300, height: 200)
    .cornerRadius(8)
```

除此之外，SwiftUI 直接就定义了 RoundedRectangle 圆角矩形供开发者快速创建一个圆角矩形视图，如图 19-10 所示。

图 19-10　RoundedRectangle 圆角矩形

```Swift
RoundedRectangle(cornerRadius: 16)
    .fill(.white)
    .frame(width: 300, height: 200)
```

上述代码中，圆角矩形 RoundedRectangle 内置了圆角参数 cornerRadius，可以直接绘制带有自定义圆角的圆角矩形。

19.1.5　Capsule 胶囊矩形

如果说圆角矩形 RoundedRectangle 是 Rectangle 的一种特殊形状，那么 Capsule 胶囊矩形则是 RoundedRectangle 圆角矩形的一种特殊形状。Capsule 胶囊矩形固定了一个较大的圆角度数，如图 19-11 所示。

```Swift
Capsule()
    .fill(.white)
    .frame(width: 300, height: 60)
```

图 19-11　Capsule 胶囊矩形

上述代码中，我们发现 Capsule 胶囊矩形具备一个 32 以上的固定圆角度数，适用于对话框或者圆角按钮的使用样式。与文字结合可以构建一个按钮视图，如图 19-12 所示。

图 19-12　胶囊按钮

```
                                                                    Swift
ZStack{
    Capsule()
        .fill(.white)
        .frame(width: 300, height: 60)
    Text("点击登录")
        .foregroundColor(color)
        .bold()
}
```

19.2　使用 Path 路径绘制图形

介绍了 SwiftUI 内置的几种常见的图形及其使用方法后，为了实现复杂的形状，开发者常常需要自定义绘制。当然，直接使用 Image 图片也是可以的，但自己使用代码实现总会让人觉得很酷。

下面我们先来接触绘制图形最基础的概念——Path 路径。

19.2.1　addLine 绘制直线

Path 路径类似一支画笔，你只需要告诉它你要绘制图形的每一个经过的点，然后将所有的点连接起来，就形成了一个图形。下面以 Rectangle 矩形为例，如图 19-13 所示。

图 19-13　使用 addLine 绘制矩形

```Swift
Path { path in
    path.move(to: CGPoint(x: 20, y: 20))
    path.addLine(to: CGPoint(x: 300, y: 20))
    path.addLine(to: CGPoint(x: 300, y: 200))
    path.addLine(to: CGPoint(x: 20, y: 200))
    path.closeSubpath()
}
.stroke(color,lineWidth: 4)
```

上述代码中，我们使用 Path 路径进行绘图，画笔 path 的动作依次为 move 移动至 X 轴为 20、Y 轴为 20 的位置，然后 addLine 添加线段到坐标轴(300,20)的位置，再 addLine 添加线段到坐标轴(300,200)的位置，再 addLine 添加线段到坐标轴(20,200)的位置，最后一步，调用 closeSubpath()的方法将线段自动连接回起点。

为了呈现效果，我们使用 stroke 描边修饰符查看 Path 路径绘图的结果。

19.2.2　addQuadCurve 绘制贝塞尔曲线

Path 路径中 addLine 可以帮助开发者绘制直线线段，如果需要绘制曲线线段，则需要使用到 addQuadCurve 添加贝塞尔曲线方法，如图 19-14 所示。

图 19-14　使用 addQuadCurve 绘制曲线

```Swift
Path { path in
    path.move(to: CGPoint(x: 50, y: 50))
    let endPoint = CGPoint(x: 250, y: 50)
    let controlPoint = CGPoint(x: 150, y: 150)
    path.addQuadCurve(to: endPoint, control: controlPoint)
}
.stroke(color, lineWidth: 4)
```

上述代码中，我们使用 move 移动设置画笔起点，然后声明了 addQuadCurve 绘制贝塞尔曲线的两个重要的参数：endPoint 为画笔终点位置；controlPoint 为曲线形状的控制点。最后调用 addQuadCurve 绘制，就完成了一条简单的贝塞尔曲线。

19.2.3　addCurve 绘制二次贝塞尔曲线

在上述例子中，addQuadCurve 绘制贝塞尔曲线利用一个 controlPoint 控制点来生成曲线曲率，而 addCurve 则是增加一个控制点，来二次绘制贝塞尔曲线，如图 19-15 所示。

图 19-15　使用 addCurve 绘制曲线

```Swift
Path { path in
    path.move(to: CGPoint(x: 50, y: 50))
    let endPoint = CGPoint(x: 250, y: 50)
```

```
    let controlPoint1 = CGPoint(x: 150, y: 150)
    let controlPoint2 = CGPoint(x: 150, y: -50)
    path.addCurve(to: endPoint, control1: controlPoint1, control2: controlPoint2)
}
.stroke(color, lineWidth: 4)
```

上述代码中，我们除了声明终点位置 endPoint 外，还声明了二次贝塞尔曲线的两个控制点 controlPoint1、controlPoint2。绘制二次贝塞尔曲线时，我们使用 addCurve，并将控制点赋值给参数 controlPoint1、controlPoint2，就形成了一条类似曲线图元素的二次贝塞尔曲线。

19.2.4　addArc 绘制圆弧

SwiftUI 为开发者提供了一个方便的 API 来绘制圆弧，帮助开发者快速绘制各种组合形状，如图 19-16 所示。

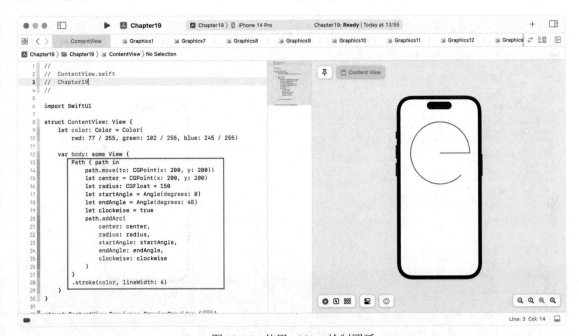

图 19-16　使用 addArc 绘制圆弧

```swift
Path { path in
    path.move(to: CGPoint(x: 200, y: 200))
    let center = CGPoint(x: 200, y: 200)
    let radius: CGFloat = 150
    let startAngle = Angle(degrees: 0)
    let endAngle = Angle(degrees: 45)
    let clockwise = true
```

```
    path.addArc(
        center: center,
        radius: radius,
        startAngle: startAngle,
        endAngle: endAngle,
        clockwise: clockwise
    )
}
.stroke(color, lineWidth: 4)
```

上述代码中，我们使用 addArc 绘制圆弧需要提前设置几个参数，分别是 center 圆弧的中心点、radius 圆弧的半径、startAngle 圆弧的开始角度、endAngle 圆弧的结束角度、clockwise 是否为顺时针。设置完成后，即可调用 addArc 并赋值绘制一个圆弧。

线段闭环我们可以调用 closeSubpath 的方法将线段自动连接回起点，如图 19-17 所示。

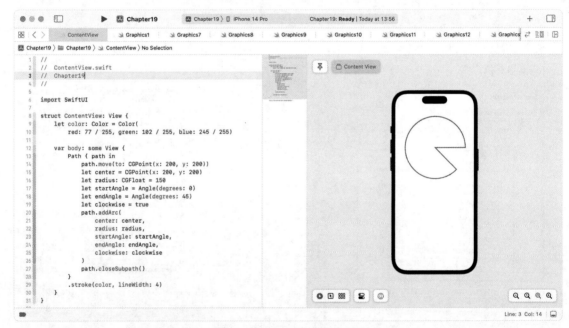

图 19-17　绘制"吃豆人"身体

学会了绘制自定义形状后，我们可以结合前面所学的基础形状，来绘制简单的插画。例如，我们绘制了一个"吃豆人"的插画，它由圆弧形状的"身体"和 Circle 圆形的"眼睛"组成，如图 19-18 所示。

```
                                                              Swift
ZStack(alignment: .topTrailing) {
    Path { path in
```

```
        path.move(to: CGPoint(x: 200, y: 200))
        let center = CGPoint(x: 200, y: 200)
        let radius: CGFloat = 150
        let startAngle = Angle(degrees: -15)
        let endAngle = Angle(degrees: 35)
        let clockwise = true
        path.addArc(
            center: center,
            radius: radius,
            startAngle: startAngle,
            endAngle: endAngle,
            clockwise: clockwise
        )
    }
    .fill(color)

    Circle()
        .frame(width: 40)
        .padding(100)
        .padding(.trailing, 40)
}
```

图 19-18　绘制"吃豆人"案例

19.3　使用 Shape 自定义形状

Path 路径可以通过调用相关的 API 方法来绘制图形，但随着我们绘制的图形难度增大，在 View 视图中的代码结构就会变得无比复杂。因此，一方面为了代码结构的清晰，另一方面为了实现对于自定义图形的控制，SwiftUI 引入了 Shape 自定义形状视图。

以上面的"吃豆人"为例，我们可以将其抽离出来，作为单独的 Shape 自定义形状视图，如图 19-19 所示。

图 19-19　使用自定义形状视图

```Swift
// 自定义形状视图
struct PACMan: Shape {
    func path(in rect: CGRect) -> Path {
        var path = Path()
        let center = CGPoint(x: 200, y: 200)
        let radius: CGFloat = 150
        let startAngle = Angle(degrees: -15)
        let endAngle = Angle(degrees: 35)
        let clockwise = true
```

```
        path.move(to: CGPoint(x: 200, y: 200))
        path.addArc(
            center: center,
            radius: radius,
            startAngle: startAngle,
            endAngle: endAngle,
            clockwise: clockwise
        )

        return path
    }
}
```

上述代码中，我们单独构建了一个形状视图 PACMan，它的类型为 Shape 形状视图。在 Path 路径方法中返回一个描述视图形状的 Path 对象，对象内部就是上面"吃豆人"的绘制路径方法。

Shape 的使用方式与 View 一致，可以直接在视图中展示 PACMan 形状视图的内容。

19.4 实战案例：倒计时圆环

下面我们运用上面学习的图形绘制的知识，来完成一个在实际开发过程中常见的倒计时圆环的案例。常见的倒计时圆环由一个圆环，以及圆环上的倒计时进度条组成。

圆环部分比较简单，可以直接使用 Circle 圆形基本组件搭建，如图 19-20 所示。

图 19-20 背景圆环

```Swift
import SwiftUI

struct ContentView: View {
    var lineWidth: CGFloat = 30.0

    var body: some View {
        Circle()
            .stroke(Color(.systemGray6), lineWidth: lineWidth)
    }
}
```

上述代码中，我们声明了一个线宽参数 lineWidth 来控制展示圆环的宽度，然后使用 Circle 圆形和 stroke 描边修饰符完成了一个圆环形状。

下一步我们来绘制进度条，进度条本质上是一个圆弧形状，它跟随着进度不断更新圆弧的样式。单独搭建 Shape 自定义形状，代码如下：

```Swift
// 自定义圆环
struct RingShape: Shape {
    var progress: Double = 0.0
    var lineWidth: CGFloat = 30.0
    var startAngle: Double = -90.0

    func path(in rect: CGRect) -> Path {
        var path = Path()
        let center = CGPoint(x: rect.width / 2.0, y: rect.height / 2.0)
        let radius = min(rect.width, rect.height) / 2.0
        let sAngle = Angle(degrees: startAngle)
        let eAngle = Angle(degrees: 360 * progress + startAngle)
        let clockwise = false

        path.addArc(
            center: center,
            radius: radius,
            startAngle: sAngle,
            endAngle: eAngle,
            clockwise: clockwise
        )

        return path.strokedPath(.init(lineWidth: lineWidth, lineCap: .round))
    }
}
```

上述代码中，自定义形状 RingShape 作为进度条绘制的视图内容，我们声明了三个参数用于控制进度条的样式：progress 进度、lineWidth 线宽、startAngle 开始角度。

在绘制 Path 路径时，使用 addArc 绘制圆弧，圆弧的中心点 center 为圆环尺寸的一半，即可通过圆环在外层设置的尺寸自动调整其位置，避免偏离。圆环的绘制角度通过查找圆形中较小的尺寸，即圆的直径，除以 2.0 得到圆的半径。

圆弧的开始角度为设置的角度 startAngle，结束角度为计算进度在圆环中的占比，再加上开始角度，得到最终圆环停留的进度位置。

返回 Path 对象时，我们绘制其线宽为 lineWidth，后续可以保持与外层展示的 Circle 圆形线宽一致。我们在 ContentView 中展示进度条圆环，如图 19-21 所示。

图 19-21　进度条圆环

```Swift
import SwiftUI

struct ContentView: View {
    var lineWidth: CGFloat = 30.0

    var body: some View {
        ZStack{
            Circle()
                .stroke(Color(.systemGray6), lineWidth: lineWidth)
```

```
            RingShape(progress: 0.3, lineWidth: lineWidth)
        }
        .frame(width: 300)
    }
}
```

我们也可以给进度条圆环增加填充颜色，使其更加优雅。在前面的章节中，我们学习了常见的几种渐变色效果的实现，对于圆环，我们可以使用 AngularGradient 弧度渐变，使用旋转角度来决定颜色的过渡，创造一种优雅、精致的设计感，如图 19-22 所示。

图 19-22　渐变色进度条圆环

```
import SwiftUI

struct ContentView: View {
    var lineWidth: CGFloat = 30.0
    var startAngle: Double = -90.0
    let startColor: Color = Color(red: 249 / 255, green: 194 / 255, blue: 235 / 255)
    let endColor: Color = Color(red: 169 / 255, green: 193 / 255, blue: 238 / 255)

    var body: some View {
        ZStack {
            Circle()
                .stroke(Color(.systemGray6), lineWidth: lineWidth)
```

```
        RingShape(progress: 0.3, lineWidth: lineWidth)
            .fill(
                AngularGradient(
                    gradient: Gradient(colors: [startColor, endColor]),
                    center: .center,
                    startAngle: .degrees(startAngle),
                    endAngle: .degrees(360 * 0.3 + startAngle))
            )
        }
        .frame(width: 300)
    }
}
```

上述代码中，我们首先声明了 AngularGradient 弧度渐变所需要的变量：startAngle 开始角度、startColor 渐变色开始颜色、endColor 渐变色结束颜色。然后给 RingShape 圆环添加 .fill 填充修饰符，填充 AngularGradient 弧度渐变，并设置其参数为前面声明好的参数。

最后我们要实现倒计时功能，只需要将固定的进度参数进行声明，通过更新进度参数的值，即可完成一个倒计时应用的样式，如图 19-23 所示。

图 19-23　实现倒计时功能

```Swift
@State var progress: Double = 0.7
```

19.5　本章小结

在本章中，我们学习了 SwiftUI 基本形状的使用，并进一步学习了 Path 路径和 Shape 形状来搭建自定义形状。绘图的过程十分有意思，我们几乎可以使用 Path 路径和 Shape 形状绘制所有复杂的形状，或者是我们喜欢的形状。

在实际项目开发过程中使用到图形绘制的场景并不多，正如前文所说的，我们似乎更热衷于导入一张 SVG 的图片来展示图形内容。而形状效果的实现可能更多地会借助于现有的框架或者开源的代码实现，就我而言，这并不是一件好事情。

虽然我们可以借助别人的"轮子"完成自己的项目，而且可以更快、效果更好，但别人的始终是别人的，如果有一天，这个"轮子"不再维护，我们就可能要去找新的"轮子"。

而只会使用"轮子"的开发者，10 年经验和 1 年经验又有何区别呢？

我们要站在巨人的肩膀上创造，也要学会脚踏实地走好每一步，这可能是本书在每一个章节都想传达的内容。

第 20 章　设备功能初探，拍摄、上传、保存、分享

在前面的章节中，我们学习了往 Assets.xcassets 素材库中导入本地图片，然后在 View 中使用 Image 图片控件调用本地素材进行展示。或者是使用 AsyncImage 异步图片框架，通过加载放置在云端的图片素材生成的地址链接访问展示图片。

如果你需要从手机等设备的相册中选择一张图片素材，或者使用相机拍摄一张图片上传，又该如何实现呢？

在本章中，我们将介绍 SwiftUI 中图像存储和选择的各种方法，使用很少的代码来直观获得相册或者相机的图片素材，并实现编辑图片后保存图片至本地相册。是不是感觉有点意思呢？那么，让我们开始吧！

我们先创建一个新的 SwiftUI 项目文件，命名为"Chapter20"，如图 20-1 所示。

图 20-1　Chapter20 代码示例

20.1　从相册中选择图片

20.1.1　创建 ImagePicker 方法

SwiftUI 当前最新版本并没有直接能够访问本地相册的 API，因此我们无法简单地使用一串代码来实现打开本地相册上传图片的操作。不过，Apple 提供了 UIImagePickerController 可以快速访问

本地相册，我们需要对其稍加封装一下，利用其特性来实现选择图片的操作。

首先，我们新建一个名为"SupportFile"的文件夹，并新建一个名为"ImagePicker"的 Swift 文件，作为实现相册选择器的代码文件，如图 20-2 所示。

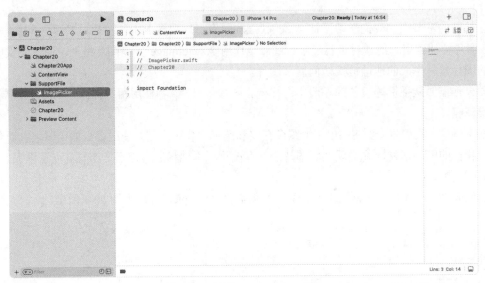

图 20-2　创建 ImagePicker 文件

在项目代码结构中，我们可以将一些实现的功能或者功能特性文件，都放在 SupportFile 文件夹中进行管理。

下一步，我们实现 ImagePicker 功能代码，如图 20-3 所示。

图 20-3　实现 ImagePicker 功能

上述代码中，我们将其分成几个核心的代码块进行解释。首先引入 SwiftUI，声明一个结构体 ImagePicker 遵循 UIViewControllerRepresentable 协议。这意味着它包装了一个 UIKit 视图控制器，并转换为一个 SwiftUI 组件，供我们在 SwiftUI 视图中调用，如图 20-4 所示。

```Swift
import SwiftUI

struct ImagePicker: UIViewControllerRepresentable {

    @Environment(\.presentationMode) var presentationMode
    @Binding var image: Image?

    // 隐藏了代码块

}
```

图 20-4　声明图片相关参数

在 ImagePicker 视图中声明的两个变量，presentationMode 环境变量我们之前介绍过，主要用来关闭弹窗使用；而使用@Binding 绑定属性包装器加以声明的 image 是我们从相册中接收的图片，接收后对 image 图片进行双向绑定从而传递到 View 视图中。

值得注意的是，由于存在用户可以取消选择图片或者图片选择回传失败等情况，因此使用 "?" 可选类型标识。

下一步，我们需要定义 Coordinator 类，来处理 UIImagePickerController 和 SwiftUI 视图层次结构之间的通信，如图 20-5 所示。

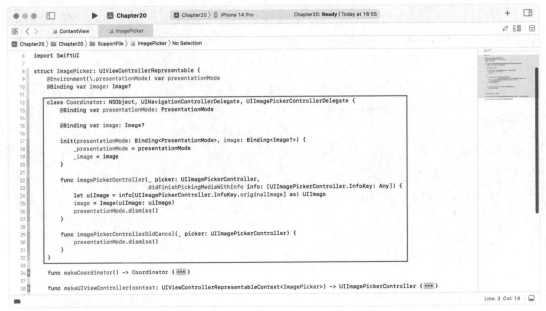

图 20-5　建立视图-功能通信

```swift
class Coordinator: NSObject, UINavigationControllerDelegate,
    UIImagePickerControllerDelegate {
        @Binding var presentationMode: PresentationMode

        @Binding var image: Image?

        init(presentationMode: Binding<PresentationMode>, image: Binding<Image?>) {
            _presentationMode = presentationMode
            _image = image
        }

        func imagePickerController(_ picker: UIImagePickerController,
                        didFinishPickingMediaWithInfo info:
                            [UIImagePickerController.InfoKey: Any]) {
            let uiImage = info[UIImagePickerController.InfoKey.originalImage] as! UIImage
            image = Image(uiImage: uiImage)
            presentationMode.dismiss()
        }

        func imagePickerControllerDidCancel(_ picker: UIImagePickerController) {
            presentationMode.dismiss()
        }
    }
```

上述代码中，Coordinator 协调器类符合 UINavigationControllerDelegate 和 UIImagePicker ControllerDelegate 协议，实现从 UIImagePickerController 接收回调图片。

Coordinator 协调器有两个属性：presentationMode 和 image，前者是到 presentationMode 环境值的绑定，后者是到所选图像的绑定。init 方法使用 PresentationMode 和 Image 绑定初始化协调器。

当用户选择了一张图片时，将调用 imagePickerController 方法从信息字典中提取所选的 UIImage，并从中创建一个新的 SwiftUI Image。最后将新的 Image 分配给图像绑定，并终止表示模式。

最后回到功能层面，我们需要传回图片和图片选择器，如图 20-6 所示。

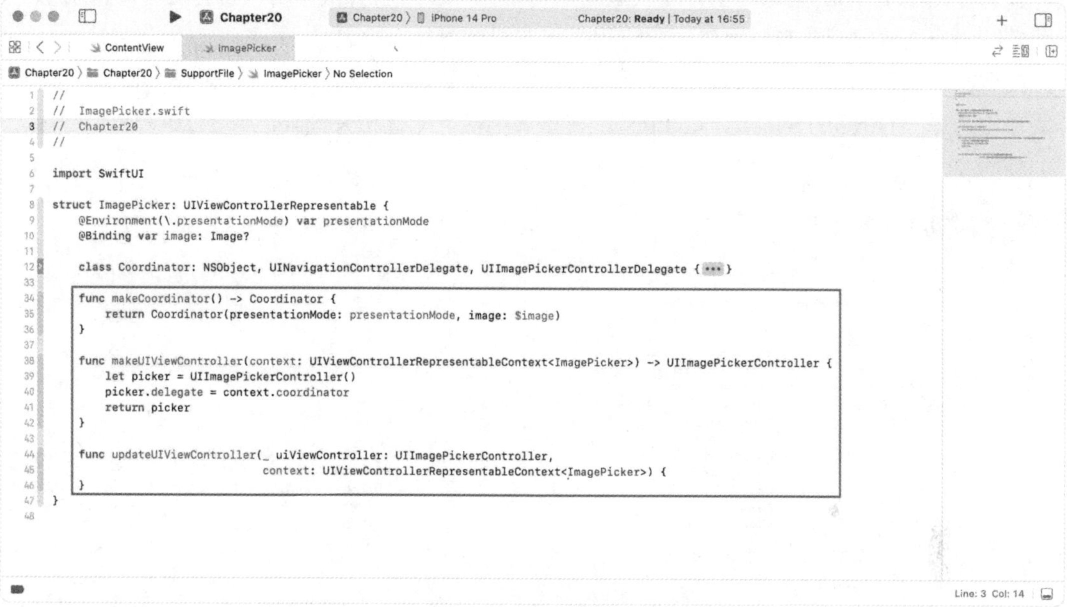

图 20-6　实现图片回传

```Swift
func makeCoordinator() -> Coordinator {
    return Coordinator(presentationMode: presentationMode, image: $image)
}

func makeUIViewController(context: UIViewControllerRepresentableContext<ImagePicker>)
-> UIImagePickerController {
    let picker = UIImagePickerController()
    picker.delegate = context.coordinator
    return picker
}

func updateUIViewController(_ uiViewController: UIImagePickerController,
                context: UIViewControllerRepresentableContext<ImagePicker>) {
}
```

上述代码中，我们主要实现了三个方法：首先是创建并返回 Coordinator 类的实例，传入 presentationMode 和 image 图像绑定；然后是创建并返回一个新的 UIImagePickerController 实例，将 UIImagePickerController 的委托设置为之前创建的 Coordinator 实例；最后是在视图更新时调用 ImagePicker 方法。

20.1.2　使用 ImagePicker 方法

完成 ImagePicker 方法实现后，我们来到 View 视图部分来调用 ImagePicker 功能。首先是权限配置部分，由于 iOS 生态对于设备权限的严格管控，在应用尝试调用设备行为时，都要求开发者配置相对应的权限，并告知用户当前应用操作需要调用什么权限。

配置权限的路径统一在 Info.plist 配置文件中进行配置，在左侧导航栏中点击"项目名称"，在子菜单中选择"TARGETS"，选择"Info"，在该菜单栏下配置相关权限，如图 20-7 所示。

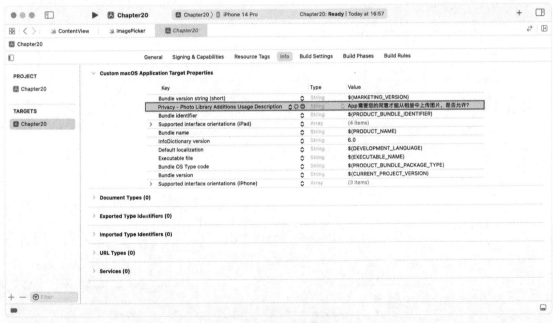

图 20-7　配置访问相册权限

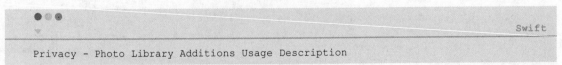

```Swift
Privacy - Photo Library Additions Usage Description
```

App 需要您的同意才能从相册中上传图片，是否允许？

另外，开发者还需要设置在应用调用该权限时的提示语，提示语尽可能涵盖 App 调用该权限后执行的操作内容，这涉及应用后面上架时的审核。

权限配置完成后，我们在 ContentView 中创建一个简单的图片上传视图，如图 20-8 所示。

图 20-8　创建图片上传视图

```swift
import SwiftUI

struct ContentView: View {
    @State var selectImage: Image?

    var body: some View {
        VStack {
            if selectImage != nil {
                // 用户头像
                selectImage?
                    .resizable()
                    .scaledToFit()
                    .frame(width: 80)
                    .clipShape(Circle())
            } else {
                // 系统默认头像
                Image(systemName: "person.circle.fill")
                    .font(.system(size: 60))
                    .foregroundColor(Color(.systemGray3))
                    .padding()
                    .background(Color(.systemGray6))
                    .clipShape(Circle())
            }
        }
    }
}
```

上述代码中，我们使用@State 状态属性包装器声明了一个可选的变量 selectImage，接收来自 ImagePicker 回调的图片。然后通过判断 selectImage 来显示用户头像或者系统默认头像，修饰符方面的使用可以查看前面章节的内容，里面有详细讲解。

下一步，我们需要一个触发动作打开本地相册弹窗，并在点击头像时执行操作，如图 20-9 所示。

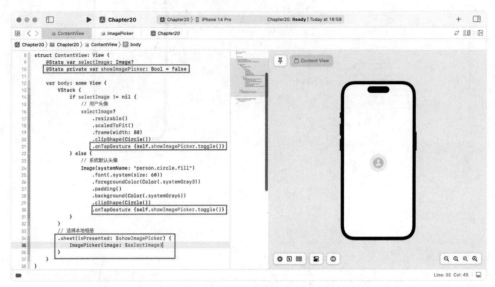

图 20-9　实现打开本地相册方法

```Swift
import SwiftUI

struct ContentView: View {
    @State var selectImage: Image?
    @State private var showImagePicker: Bool = false

    var body: some View {
        VStack {
            if selectImage != nil {
                // 用户头像
                selectImage?
                    .resizable()
                    .scaledToFit()
                    .frame(width: 80)
                    .clipShape(Circle())
                    .onTapGesture {
                        self.showImagePicker.toggle()
                    }
            } else {
```

```swift
            // 系统默认头像
            Image(systemName: "person.circle.fill")
                .font(.system(size: 60))
                .foregroundColor(Color(.systemGray3))
                .padding()
                .background(Color(.systemGray6))
                .clipShape(Circle())
                .onTapGesture {
                    self.showImagePicker.toggle()
                }
            }
        }

        // 选择本地相册
        .sheet(isPresented: $showImagePicker) {
            ImagePicker(image: $selectImage)
        }
    }
}
```

　　上述代码中，我们声明了一个 Bool 变量 showImagePicker，然后使用 sheet 模态弹窗的方式打开 ImagePicker 选择相册弹窗，并将回调的 image 绑定用户头像参数 selectImage。最后给用户头像和系统头像视图增加 onTapGesture 点击手势修饰符，点击时切换 showImagePicker 变量状态触发打开弹窗动作。

　　我们在预览窗口点击头像，并选择一张图片看看效果，如图 20-10 所示。

图 20-10　上传图片预览

20.2 使用相机拍摄图片

20.2.1 设置选择器 sourceType

SwiftUI 中调用相机的方法和选择本地相册的方法类似，只需要在 ImagePicker 图片选择器代码中指定素材来源是本地相册或者相机即可。ImagePicker 图片选择器代码修改如图 20-11 所示。

图 20-11　设置选择器的类型

```Swift
let sourceType: UIImagePickerController.sourceType
```

上述代码中，我们声明了一个参数 sourceType，来指定 UIImagePickerController 选择器的类型，并且在创建 Coordinator 实例的同时设置选择器的类型，如果没有设置，则默认选择相册。

要调用相机权限，同样也需要在 Info.plist 配置文件中配置相对应的权限，如图 20-12 所示。

```Swift
Privacy - Camera Usage Description
```

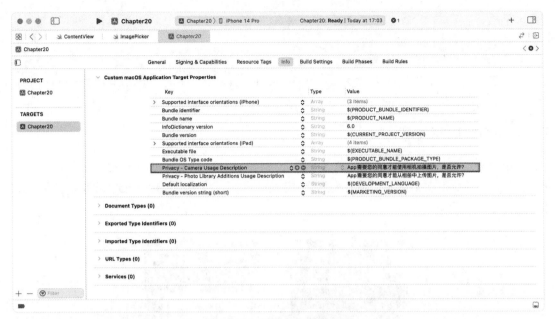

图 20-12　配置相机相关权限

App 需要您的同意才能使用相机拍摄图片，是否允许？

完成后，回到 ContentView 视图中，首先需要声明 UIImagePickerController 选择器的类型，并绑定 ImagePicker，如图 20-13 所示。

图 20-13　实现使用相机拍摄方法

```Swift
@State private var sourceType: UIImagePickerController.SourceType = .camera
```

上述代码中，sourceType 参数的类型为 UIImagePickerController 的类型，默认值为 camera 相机，同时将该参数赋值给 ImagePicker 选择器中的 sourceType。

20.2.2　在真机上预览效果

使用相机需要在真机上才能预览到真实效果，因此我们可以接入 iOS 设备，在设备栏中选择接入的设备，并点击 Xcode 左边栏右上角的"运行"按钮，将应用加载到 iOS 设备中查看真机效果，如图 20-14 所示。

图 20-14　相机拍摄真机预览效果

如果我们需要换回访问本地相册，则只需要修改参数 sourceType 为.photoLibrary 即可。在实际开发场景中，可能我们会同时使用到本地相册和相机两种模式上传图片，则在代码逻辑上可以使用 ActionSheet 选项弹窗，在不同选项中赋予 sourceType 参数不同的类型，即可实现多种模式上传图片的操作。

20.3　保存图片至本地相册

当我们从本地相册或者通过相机拍摄上传图片，在业务上实现复杂的功能后，比如将图片和文字结合形成一张文字卡片。此时，产品上要求允许用户将文字卡片保存到本地相册中，这又该如何实现？

逻辑上实现这个功能需要明确两个要点：一是上传的文字和图片最终是构成一个 View 视图，View 视图不能直接保存在本地，而是需要转换为 Image 图片才能保存在本地相册；二是系统还需要实现将图片保存在本地相册的方法。

20.3.1　View 转换为 UIImage

UIImage 是 UIKit 中的一个类，如同 SwiftUI 中的 Image。Image 被设计用来作为 SwiftUI 视图层次结构中的视图组件，而 UIImage 通常被用作 iOS 应用程序中表示图像的模型对象。

在 SwiftUI 中也可以直接使用 UIImage 来展示一张图片，而这里我们需要将 View 视图转换为模型对象。我们创建一个新的 Swift 文件，命名为 "AsImage"，并实现相关代码，如图 20-15 所示。

图 20-15　实现 View 转换为 UIImage 方法

```Swift
import SwiftUI

extension View {
    func snapshot() -> UIImage? {
        let controller = UIHostingController(
            rootView: ignoresSafeArea()
                .fixedSize(horizontal: true, vertical: true)
        )
        guard let view = controller.view else { return nil }

        let targetSize = view.intrinsicContentSize
```

```
    if targetSize.width <= 0 || targetSize.height <= 0 { return nil }

    view.bounds = CGRect(origin: .zero, size: targetSize)
    view.backgroundColor = .clear

    let renderer = UIGraphicsImageRenderer(size: targetSize)

    return renderer.image { _ in
        view.drawHierarchy(in: controller.view.bounds, afterScreenUpdates: true)
    }
  }
}
```

上述代码中，将 View 视图转换为 UIImage 模型对象的方法是通过"快照"的方式，创建一个实例来获取当前视图的快照，并将其作为一个 UIImage 模型对象返回。返回的 UIImage 模型对象将视图的边界设置为其原本的内容大小，然后使用 uigraphicsimagerender 类来呈现视图。

20.3.2 展示 UIImage 模型对象

我们往 Assets.xcassets 资源库中导入一张图片素材，并在 ContentView 视图中创建一个简单的文字卡片视图，如图 20-16 所示。

图 20-16 展示 UIImage 模型对象

```
import SwiftUI
```

```swift
struct ContentView: View {
    var body: some View {
        imageCard
    }

    // 文字卡片
    private var imageCard: some View {
        ZStack {
            Image("CloudImage")
                .resizable()
                .frame(width: 300, height: 200)
                .cornerRadius(16)
                .overlay(
                    Text("月亮很亮，亮也没用，没用也亮。我喜欢你，喜欢也没用，没用也喜欢。")
                        .padding(.horizontal)
                )
        }
    }
}
```

上述方式是视图搭建中常见的代码组织方式，通过单独构建 View 视图的方式，将 View 视图分离便于代码管理。下一步，我们尝试使用 View 转换为 UIImage 的方法，将视图 imageCard 以 Image 方式进行展示，如图 20-17 所示。

图 20-17　调用 snapshot 快照方法

SwiftUI 完全开发

```swift
                                                                    Swift
VStack{
    // View
    imageCard

    // Image
    Image(uiImage: imageCard.snapshot()!)
}
```

上述代码中，imageCard 是单独搭建的视图的内容，而通过使用 snapshot 快照的方法，我们将 imageCard 转换为 UIImage 模型对象并使用 Image 图片组件展示其内容。虽然在预览窗口看到的效果基本一致，但不同的是，imageCard 是组合元素的视图，而 Image 则是单独的图片素材。

20.3.3 保存 UIImage 模型对象

下一步，我们就可以将 UIImage 模型对象保存到本地相册中。我们创建一个新的 Swift 文件，命名为"ImageSaver"，并实现相关代码，如图 20-18 所示。

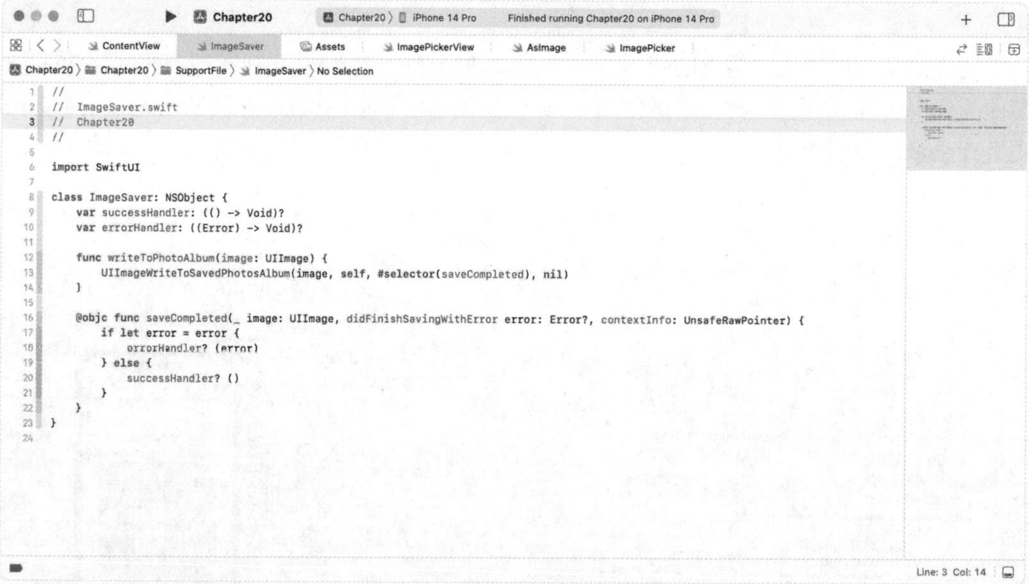

图 20-18 创建保存到本地相册方法

```swift
                                                                    Swift
import SwiftUI

class ImageSaver: NSObject {
    var successHandler: (() -> Void)?
```

```
    var errorHandler: ((Error) -> Void)?

    func writeToPhotoAlbum(image: UIImage) {
        UIImageWriteToSavedPhotosAlbum(image, self, #selector(saveCompleted), nil)
    }

    @objc func saveCompleted(_ image: UIImage, didFinishSavingWithError error: Error?,
        contextInfo: UnsafeRawPointer) {
        if let error = error {
            errorHandler? (error)
        } else {
            successHandler? ()
        }
    }
}
```

上述代码中，我们定义了一个名为 ImageSaver 的新类，它遵循 NSObject 协议。NSObject 是 Swift 中的一个基类，为对象提供基本行为，比如引用计数或者运行时类型检查。

我们还声明了两个属性：successHandler 和 errorHandler，用于获得保存成功或者失败的状态的回调。然后创建了一个方法将图像写入用户的相册，最后保存更新时返回状态结果。

若权限配置需要访问本地相册，则需要在 Info.plist 配置文件中配置相对应的权限，保存至相册的权限和访问相册的权限相同，都是对本地相册进行操作。

如果你已经完成了上面的内容，则无须再次配置权限。如果是单独完成保存图片至相册的操作，则需要配置以下权限。

```Swift
Privacy - Photo Library Additions Usage Description
```

是否允许 App 将图片保存到本地相册？

回到 ContentView 中，我们在用户点击 Image 图片的时候调用保存图片至本地相册的方法，如图 20-19 所示。

```Swift
imageCard
    .onTapGesture {
        // 保存到相册
        let imageSaver = ImageSaver()
        imageSaver.writeToPhotoAlbum(image: imageCard.snapshot()!)
    }
```

上述代码中，我们给 imageCard 视图添加了 onTapGesture 点击手势修饰符，点击视图时，调用 imageSaver 类的 writeToPhotoAlbum 写入本地相册方法，将 imageCard 使用 snapshot 快照方法转换的 UIImage 模型对象保存到相册中。

图 20-19　调用保存图片至相册方法

我们在真机上运行应用，点击 imageCard 视图，然后在本地相册中查看保存成功的图片，如图 20-20 所示。

图 20-20　保存图片至本地相册

20.4 分享图片到其他平台

保存至相册后，我们是否还想过将保存的图片分享出去？

在 iOS6 以后的版本中，Apple 提供了 UIActivityViewController 类实现分享文字、图片、URL、音频等文件，我们可以借助 UIActivityViewController 类来创建一个分享文件的方法，来实现分享图片到其他平台的操作。

20.4.1 创建 ShareSheet 方法

新建一个命名为"ShareSheet"的 Swift 文件，作为实现分享文件的代码文件，如图 20-21 所示。

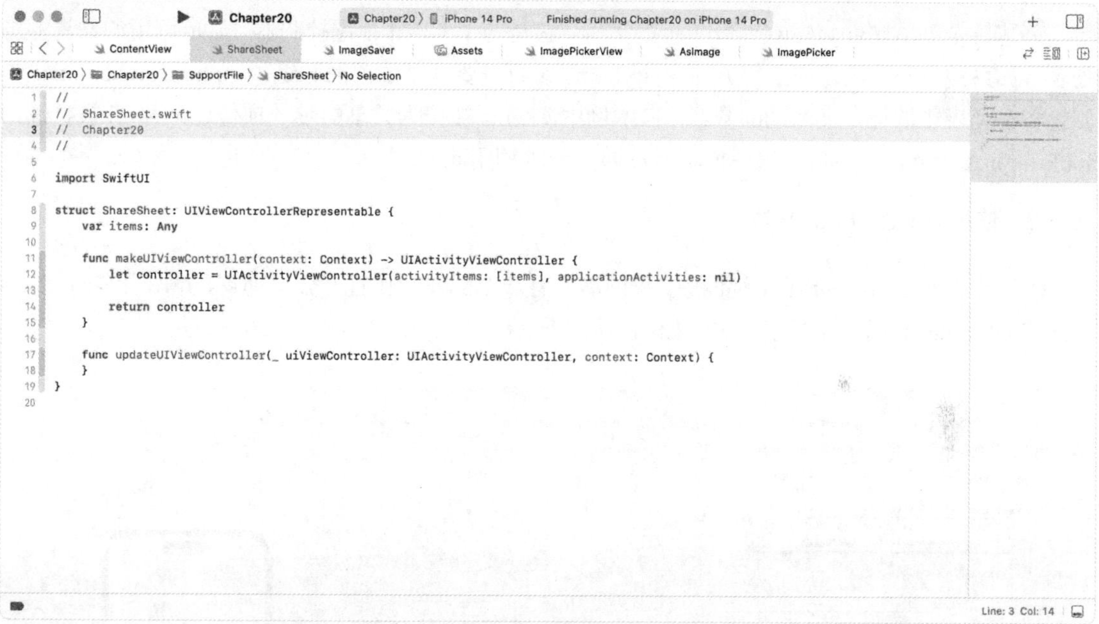

```swift
//
//  ShareSheet.swift
//  Chapter20
//

import SwiftUI

struct ShareSheet: UIViewControllerRepresentable {
    var items: Any

    func makeUIViewController(context: Context) -> UIActivityViewController {
        let controller = UIActivityViewController(activityItems: [items], applicationActivities: nil)

        return controller
    }

    func updateUIViewController(_ uiViewController: UIActivityViewController, context: Context) {
    }
}
```

图 20-21 实现 ShareSheet 分享方法

```swift
                                                                    Swift

import SwiftUI

struct ShareSheet: UIViewControllerRepresentable {
    var items: Any

    func makeUIViewController(context: Context) -> UIActivityViewController {
        let controller = UIActivityViewController(activityItems: [items],
         applicationActivities: nil)
```

```
        return controller
    }

    func updateUIViewController(_ uiViewController: UIActivityViewController, context:
      Context) {
    }
}
```

上述代码中，我们首先引入 SwiftUI，定义了一个名为 ShareSheet 的结构体，遵循 UIViewController Representable 协议。UIViewControllerRepresentable 是 SwiftUI 中的一个协议，允许我们包装 UIKit 视图控制器，并在 SwiftUI 视图层次结构中使用它。

定义了一个名为 items 的属性，items 为 Any 类型，这意味着它可以保存任何类型的值。

创建一个 UIActivityViewController 的实例，它是一个 UIKit 视图控制器，显示可用的共享服务列表（如系统 App、用户应用等）。activityItems 参数是要共享的项的数组，applicationActivities 是要包含在列表中的自定义活动的数组。在本例中，items 被作为共享的唯一项传递，而 nil 被传递给 applicationActivities，最后当视图控制器需要更新时调用此方法。

20.4.2　使用 ShareSheet 方法

下一步，回到 ContentView 视图中，我们需要有一个触发动作打开分享弹窗，并调用 ShareSheet 方法将 UIImage 数据对象分享出去，如图 20-22 所示。

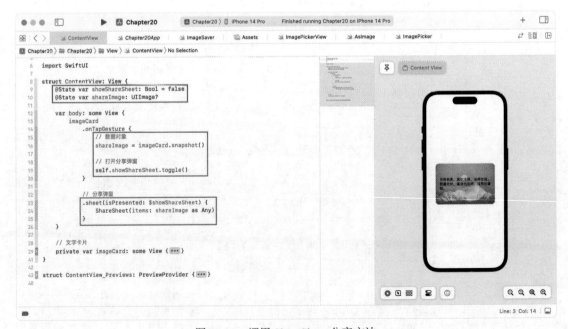

图 20-22　调用 ShareSheet 分享方法

```Swift
import SwiftUI

struct ContentView: View {
    @State var showShareSheet: Bool = false
    @State var shareImage: UIImage?

    var body: some View {
        imageCard
            .onTapGesture {
                // 数据对象

                shareImage = imageCard.snapshot()

                // 打开分享弹窗
                self.showShareSheet.toggle()
            }

            // 分享弹窗
            .sheet(isPresented: $showShareSheet) {
                ShareSheet(items: shareImage)
            }
    }

    // 文字卡片
    private var imageCard: some View {
        ZStack {
            Image("CloudImage")
                .resizable()
                .frame(width: 300, height: 200)
                .cornerRadius(16)
                .overlay(
                    Text("月亮很亮，亮也没用，没用也亮。我喜欢你，喜欢也没用，没用也喜欢。")
                        .padding(.horizontal)
                )
        }
    }
}
```

上述代码中，showShareSheet 参数作为触发条件进行打开分享弹窗的操作，shareImage 存储需要分享的数据对象，在点击 imageCard 视图时，使用 snapshot 快照方法将 imageCard 视图转换为 UIImage 数据对象，并传给 shareImage。

更改 showShareSheet 状态打开分享弹窗，弹窗代码中使用 sheet 呈现分享弹窗，并调用 ShareSheet 创建 UIActivityViewController 实例，并将 shareImage 数据对象传入作为分享的内容。

在预览窗口点击 imageCard 视图，查看分享效果，如图 20-23 所示。

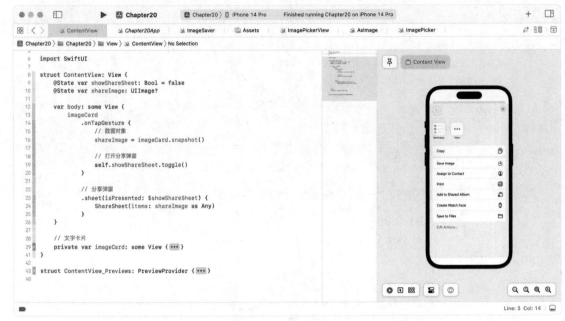

图 20-23　图片分享效果

20.5　本章小结

在本章中，我们介绍了常见的 iOS 设备交互操作，包括从相册选择图片上传、调用相机拍摄上传图片、将视图转换为图片保存至相册并分享⋯⋯我们可以在很多 App 中看到本章内容涉及的业务场景。开发者通过对 iOS 设备的操作，进一步丰富了应用的内容，也为功能场景延伸了无限可能。

本章我们对于功能实现方面使用的逻辑是，创建一个 SupportFile 文件夹，并将一个完整的功能方法抽离出来，当需要使用时只需要在 View 中进行调用。

这在开发过程中是很好的代码编写方式，将功能方法和 View 视图分隔开，当需要更改功能时，可以直接在功能方法的文件中进行修改。当然，你甚至可以将实现的功能方法进行封装，变成一个"轮子"，并分享到开源社区供其他开发者使用。

第 21 章　FaceID，LocalAuthentication 身份认证框架的使用

只需要看一眼，就能安全地解锁设备。

这是苹果在推出 iPhoneX 时形容 FaceID 的宣传语，不需要任何动作，抬手秒解锁，整个过程很自然。通过 3D 结构光人脸识别技术和神经网络算法，苹果开启了一个人脸识别时代。时至今日，FaceID 已经运用于各种场合，无论是解锁手机、填充密码，还是手机支付、加密信息等。得益于 FaceID，人们的生活变得更加方便和快捷。

本章我们就来学习 FaceID 背后的 API 框架——LocalAuthentication 身份认证框架，并将其融入我们的应用当中。

我们先创建一个新的 SwiftUI 项目文件，命名为"Chapter21"。如图 21-1 所示。

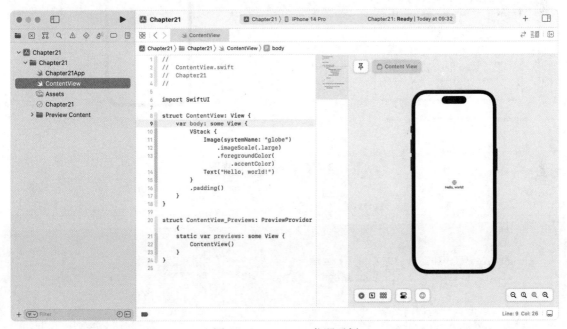

图 21-1　Chapter21 代码示例

21.1　创建一个配置开关

我们先回想下 FaceID 在日常应用中的使用场景。在笔记或者记账应用中，用户需要在设置页面开启 FaceID 功能，开启成功后 App 将会记录开启状态，并在下一次用户打开 App 的时候进行验

证。当用户识别通过后，可以进入 App 或者进行某项操作；如果认证识别没通过，则停留在解锁页面。

初步理解了业务流程之后，我们再来了解相关的功能。

首先是 FaceID 功能的开启与关闭操作的配置页面，我们使用简单的 Toggle 开关控件完成一个配置的样式，如图 21-2 所示。

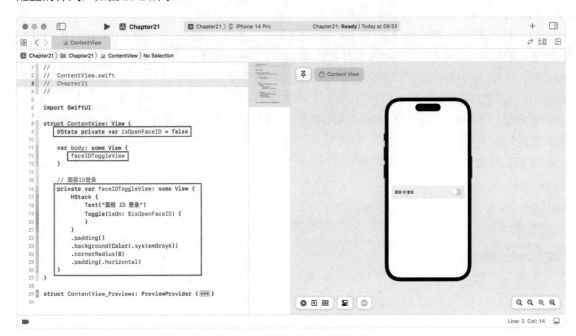

图 21-2　完成 Toggle 开关视图

```Swift
import SwiftUI

struct ContentView: View {
    @State private var isOpenFaceID = false

    var body: some View {
        faceIDToggleView
    }

    // 面容ID登录
    private var faceIDToggleView: some View {
        HStack {
            Text("面容 ID 登录")
            Toggle(isOn: $isOpenFaceID) {
            }
```

```
        }
        .padding()
        .background(Color(.systemGray6))
        .cornerRadius(8)
        .padding(.horizontal)
    }
}

struct ContentView_Previews: PreviewProvider {
    static var previews: some View {
        ContentView()
    }
}
```

上述代码中，没有太多的修饰符和功能特点，我们声明了一个变量 isOpenFaceID 来关联 Toggle 开关的状态，单独创建了 faceIDToggleView 视图作为面容 ID 设置元素，使用 HStack 横向布局容器和 Text 文字控件组合来呈现一个配置开关。

21.2　创建一个解锁页面

下一步，我们依旧先完成 View 的内容。除了配置页面外，我们还需要一个解锁页面，用于指引用户使用 FaceID 进行解锁，如图 21-3 所示。

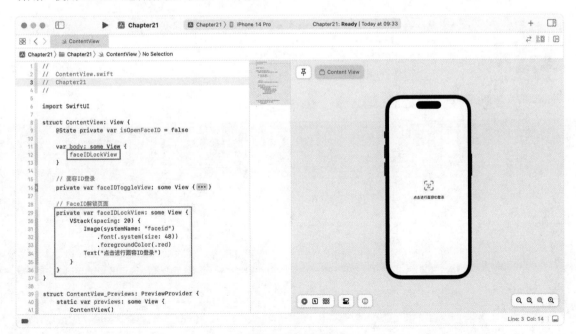

图 21-3　解锁页面

```Swift
// FaceID 解锁页面
private var faceIDLockView: some View {
    VStack(spacing: 20) {
        Image(systemName: "faceid")
            .font(.system(size: 48))
            .foregroundColor(.red)
        Text("点击进行面容 ID 登录")
    }
}
```

上述代码中，我们单独创建了一个 View 视图 faceIDLockView 作为 FaceID 解锁页面，页面内容简单直观，由 VStack 纵向布局容器、Image 图片控件、Text 文字控件组成。

至此，我们已经完成了 View 视图层面的开发，下面我们来实现功能层面。

21.3　实现身份认证方法

功能实现需要和 View 视图分开，便于增强代码的可读性和可维护性。因此，我们使用 MVVM 架构模式，新建一个 Swift 文件，命名为"ViewModel"，并搭建基本的 VM 框架，如图 21-4 所示。

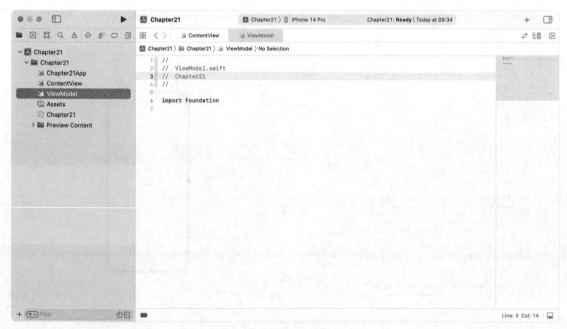

图 21-4　创建 ViewModel

```Swift
import SwiftUI

class ViewModel: ObservableObject {

}
```

实现 FaceID 识别需要使用到 LocalAuthentication 身份认证框架，我们导入相关依赖后，创建一个方法来实现 FaceID 识别功能，如图 21-5 所示。

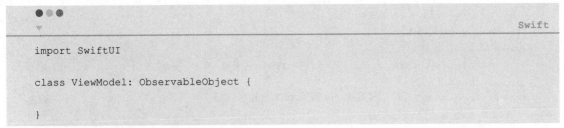

```
6    import LocalAuthentication
7    import SwiftUI
8
9    class ViewModel: ObservableObject {
10       // FaceID状态
11       @Published var isLock: Bool = false
12
13       // FaceID识别方法
14       func authenticate() {
15           let context = LAContext()
16           var error: NSError?
17
18           if context.canEvaluatePolicy(.deviceOwnerAuthenticationWithBiometrics, error: &error) {
19               let reason = "开启面容 ID 权限才能够使用解锁哦"
20               context.evaluatePolicy(.deviceOwnerAuthenticationWithBiometrics, localizedReason: reason) { success, _ in
21                   DispatchQueue.main.async {
22                       if success {
23                           self.isLock = true
24                       } else {
25                           self.isLock = false
26                       }
27                   }
28               }
29           } else {
30               if error?.code == -6 {
31                   print("没有生物指纹识别功能")
32               }
33           }
34       }
35   }
36
```

图 21-5　实现 FaceID 识别方法

```Swift
import SwiftUI
import LocalAuthentication

class ViewModel: ObservableObject {

    // FaceID 状态
    @Published var isLock:Bool  = false

    // FaceID 识别方法
    func authenticate() {
```

```
    let context = LAContext()
    var error: NSError?

    if context.canEvaluatePolicy(.deviceOwnerAuthenticationWithBiometrics, error:
      &error) {
        let reason = "开启面容 ID 权限才能够使用解锁哦"
        context.evaluatePolicy(.deviceOwnerAuthenticationWithBiometrics,
            localizedReason: reason) { success, _ in
            DispatchQueue.main.async {
                if success {
                    self.isLock = true
                } else {
                    self.isLock = false
                }
            }
        }
    } else {
        if error?.code == -6 {
            print("没有生物指纹识别功能")
        }
    }
}
```

上述代码中，我们先引入了 LocalAuthentication 身份认证框架，并创建了一个方法 authenticate 可被调用开启和关闭 FaceID 识别功能。

在 authenticate 方法中，我们声明了参数 context、error 来存储识别的内容和返回错误信息，方法逻辑上先判断设备是否支持生物识别（FaceID、TouchID）相关功能，支持情况下开始进行识别，当身份识别鉴权成功后，更新 isLock 状态。

21.4 在 Info.plist 中配置权限

方法完成后，由于 FaceID 是敏感权限，而且需要调用硬件设备的识别模块进行识别，因此要使用到 LocalAuthentication 身份识别框架，和调用相册一样需要配置权限。

配置权限的路径统一在 Info.plist 配置文件中进行配置，在左侧导航栏中点击 "项目名称"，在子菜单中选择 "TARGETS"，选择 "Info"，在该菜单栏下配置相关权限，如图 21-6 所示。

```
                                                                      Swift
Privacy - Face ID Usage Description
```

App 需要您的同意才能使用面容 ID 进行解锁，是否允许？

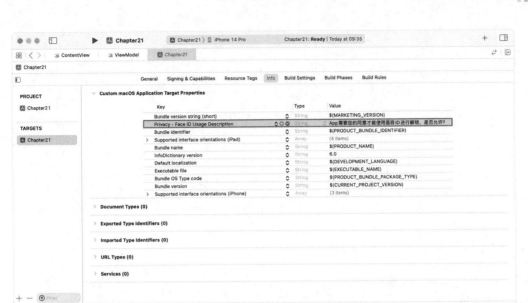

图 21-6　配置 FaceID 识别相关权限

21.5　实现登录身份认证交互

回到 ContentView 视图中，我们先分析下简单的交互操作。当用户打开 FaceID 开关配置时，进入页面前的操作都会进入解锁页面，解锁成功后才能进入应用页面，如图 21-7 所示。

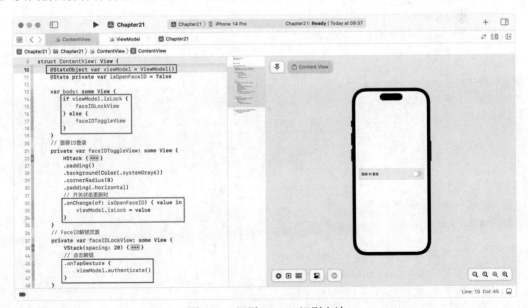

图 21-7　调用 FaceID 识别方法

```swift
                                                                    Swift
import SwiftUI

struct ContentView: View {
    // 引入 VM
    @StateObject var viewModel = ViewModel()

    @State private var isOpenFaceID = false

    var body: some View {
        if viewModel.isLock {
            faceIDLockView
        } else {
            faceIDToggleView
        }
    }

    // 面容 ID 登录
    private var faceIDToggleView: some View {
        HStack {
            Text("面容 ID 登录")
            Toggle(isOn: $isOpenFaceID) {
            }
        }
        .padding()
        .background(Color(.systemGray6))
        .cornerRadius(8)
        .padding(.horizontal)

        // 开关状态更新时
        .onChange(of: isOpenFaceID) { value in
            viewModel.isLock = value
        }
    }

    // FaceID 解锁页面
    private var faceIDLockView: some View {
        VStack(spacing: 20) {
            Image(systemName: "faceid")
                .font(.system(size: 48))
                .foregroundColor(.red)
            Text("点击进行面容 ID 登录")
```

```
        }

        // 点击解锁
        .onTapGesture {
            viewModel.authenticate()
        }
    }
}
```

　　上述代码中，我们先引入 ViewModel 视图模型，在 body 视图中，根据 ViewModel 中的 isLock 参数展示 faceIDLockView 解锁页面或者 faceIDToggleView 配置页面。

　　faceIDToggleView 配置页面上，当 Toggle 配置开关的状态 isOpenFaceID 改变时，监听 isOpenFaceID 的状态，并跟随 isOpenFaceID 的状态，同步更新 ViewModel 视图模型中的 isLock 状态。实现的效果是，当开关打开时，isLock 状态则更新为 true，从而使 body 视图展示 faceIDLockView 视图。

　　在 faceIDLockView 解锁页面，点击视图时，调用 ViewModel 视图模型中的 authenticate 身份识别方法，当识别成功时，方法会更新 isLock 状态，同时会使得 body 视图展示 faceIDToggleView 视图。

　　我们可以在模拟器中进行测试，运行模拟器后，需要从模拟器顶部菜单中，选择"Feature - Face ID - Enrolled"，如果需要测试解锁成功的情况，选择"Matching Face"，解锁失败选择"Non-matching Face"，如图 21-8 所示。

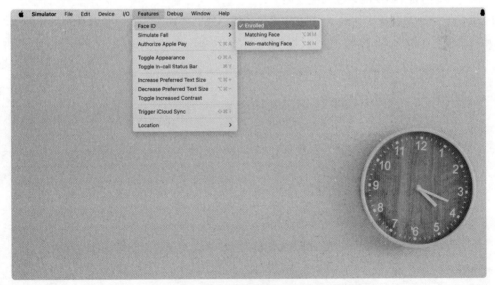

图 21-8　模拟器预览设置

　　完成后，我们在模拟器中点击配置开关进行流程操作，如图 21-9 所示。

图 21-9　FaceID 识别流程

21.6　逻辑优化

上述案例中，我们根据 Toggle 开关控制是否开启 FaceID 识别，这是最简单的交互案例。在实际应用中，面容 ID 的配置开关常常用于是否启用 FaceID，而开启后，则每次进入某项操作或者页面时，都需要进行面容 ID 的识别才能使用。

因此，在 ViewModel 中，除了 isLock 状态之外，我们还需要配置一个数据持久化参数，用于存储开关的状态，如图 21-10 所示。

图 21-10　声明数据持久化共享参数

```Swift
// 开启 FaceID
@AppStorage("isOpenFaceID") var isOpenFaceID = false
```

下一步，回到 ContentView 视图中，对于 faceIDToggleView 视图中的 Toggle 开关，我们需要在其展示和更新的时候，同步更新持久化存储的参数 isOpenFaceID，以此确定是否开启了 FaceID，如图 21-11 所示。

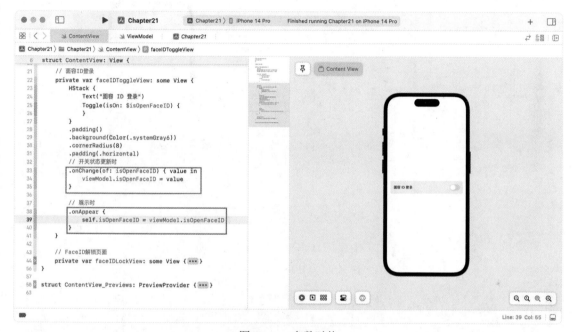

图 21-11　参数赋值

```Swift
// 开关状态更新时
.onChange(of: isOpenFaceID) { value in
    viewModel.isOpenFaceID = value
}

// 展示时
.onAppear {
    self.isOpenFaceID = viewModel.isOpenFaceID
}
```

上述代码中，在监听 isOpenFaceID 参数变化时，将 Toggle 开关的状态同步更新给 viewModel 中的 isOpenFaceID。并且使用 onAppear 展示时修饰符，在视图显示时，将 viewModel 中的 isOpenFaceID 状态更新回 Toggle 开关的状态 isOpenFaceID。

下一步，我们就可以通过判断 viewModel 中的 isOpenFaceID 状态和 isLock 状态来处理用户是否打开了面容 ID 登录的需求，如图 21-12 所示。

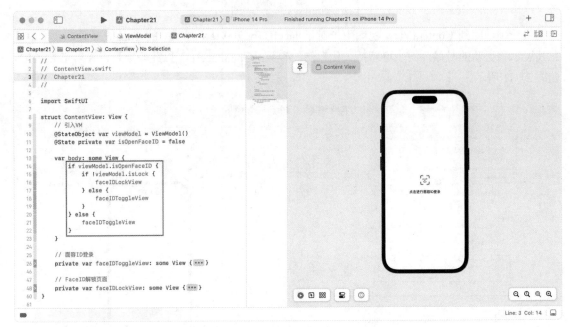

图 21-12　FaceID 识别业务逻辑判断

```Swift
if viewModel.isOpenFaceID {
    if !viewModel.isLock {
        faceIDLockView
    } else {
        faceIDToggleView
    }
} else {
    faceIDToggleView
}
```

上述代码中，当用户开启了面容 ID 登录，即 viewModel.isOpenFaceID 值为 true 时，则用户需要面容识别认证身份通过后才能进入应用页面。当未开启面容 ID 登录时，则直接进入应用页面。

开启认证后，则每次都需要判断 viewModel.isLock 的值，只有认证通过，更新 isLock 值为 true 时，才进入 faceIDToggleView 界面，否则停留在 faceIDLockView 解锁界面。

至此，我们就完成了使用身份认证框架 Local Authorization 来调用 FaceID 进行配置登录的方法。

此外，在 ViewModel 创建持久化存储参数 isOpenFaceID 的好处是，除了登录这种场景外，我们也可以通过 isOpenFaceID 限制应用内的某些操作和界面，比如登录后才能使用和访问的功能等。

21.7　本章小结

在本章中，我们学习使用了身份认证框架 Local Authorization，并实现了 FaceID 在 App 中的使用。在没有更加安全的身份识别方法之前，FaceID 仍是当前主流的授权认证方式，为此我们也使用案例的形式详细分享了其实现过程。

随着 SwiftUI 越来越完善，Apple 也将常用的功能封装成了框架供开发者快速调用，这也很大程度上降低了开发的门槛。甚至我们还注意到，现如今的 FaceID 已经支持了戴口罩等场景的识别。

软件的提升背后离不开强大的硬件支持，丰富的应用场景也离不开底层知识的积累。让我们保持学习的热情，继续 SwiftUI 的学习之旅吧。

第22章 播放声音和视频，增强你的感官体验

声音作为一种感官体验，它与视觉、触觉一样，是产品设计中极为重要的一环。

在 iOS 游戏生态中，经常会使用到配乐以增强游戏的可玩性和乐趣，给用户带来沉浸式感受。而在应用开发中，特别是交互性强的精美应用，也常常使用音频和视频相结合的方式，带来差异化的用户体验。

在本章中，我们使用官方的 AVFoundation 音视频框架来完成应用中的声音，以及使用 AVKit 实现视频的播放，并实现一些有趣且实用的案例。

我们先创建一个新的 SwiftUI 项目文件，命名为"Chapter22"，如图 22-1 所示。

图 22-1 Chapter22 代码示例

22.1 实战案例：电子木鱼

下面我们来完成一个有趣的案例——电子木鱼，这是一款通过不断"敲击"App 的木鱼图片完成"自我救赎"的 App。我们先来完成它的核心功能，即通过点击图片发出"咚咚咚"的声音。

首先是样式部分，需要一张木鱼的图片，往 Assets.xcassets 资源库中导入一张木鱼的图片，并使用 Image 图片组件展示素材，如图 22-2 所示。

图 22-2　电子木鱼视图

```Swift
import SwiftUI

struct ContentView: View {
    var body: some View {
        ZStack {
            // 填充背景颜色
            Color.black.edgesIgnoringSafeArea(.all)

            // 展示木鱼
            Image("WoodFish")
                .resizable()
                .aspectRatio(contentMode: .fit)
                .frame(maxWidth: 180, maxHeight: 180)
        }
    }
}


struct ContentView_Previews: PreviewProvider {
    static var previews: some View {
        ContentView()
    }
}
```

上述代码中，为了更好地突出木鱼的效果，我们使用 ZStack 堆叠布局容器让 Color 颜色填充作为背景，使用 edgesIgnoringSafeArea 忽略安全区域修饰符让颜色覆盖包含安全区域。图片素材使用 Image 图片组件展示素材 WoodFish，并使用修饰符使其保持合适的比例。

下一步，木鱼素材可以被点击而触发声音，我们将 Image 作为一个可被点击的对象，如图 22-3 所示。

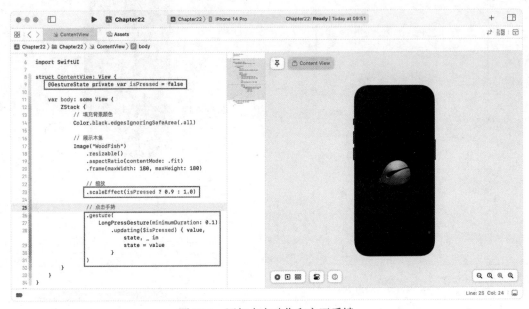

图 22-3　添加点击动作和交互反馈

```swift
import SwiftUI

struct ContentView: View {
    @GestureState private var isPressed = false

    var body: some View {
        ZStack {
            // 填充背景颜色
            Color.black.edgesIgnoringSafeArea(.all)

            // 展示木鱼
            Image("WoodFish")
                .resizable()
                .aspectRatio(contentMode: .fit)
                .frame(maxWidth: 180, maxHeight: 180)
```

```
// 缩放
.scaleEffect(isPressed ? 0.9 : 1.0)

// 点击手势
.gesture(
    LongPressGesture(minimumDuration: 0.1)
        .updating($isPressed) { value, state, _ in
            state = value
        }
)
    }
  }
}
```

上述代码中，为了实现模拟敲击木鱼的效果，我们的思路是在用户点击时，通过缩小和放大的效果来呈现点击的反馈。当用户点击时，则缩小木鱼；而用户点击完成时，木鱼恢复原始大小。

因此，我们首先声明了一个使用@GestureState 手势包装器的参数 isPressed，用于后续绑定用户的点击手势。然后给 Image 图片添加了 scaleEffect 缩放修饰符，当图片被点击时缩放素材比例为 0.9，未点击时恢复初始比例 1.0。

之后给素材添加 gesture 手势修饰符，使用长按手势 LongPressGesture 点击操作至少 0.1 秒，并且在手势被调用时更新点击操作的状态，实现解除点击手势的操作。

这里没有直接使用点击手势的原因是，点击手势常常应用于点击后进行某一项具体的操作，而点击手势改变状态后不会自动更新状态，因而无法实现点击时缩小、松开时恢复的交互效果。

我们可以在预览窗口中，点击木鱼图片，体验敲击木鱼的效果，如图 22-4 所示。

图 22-4　敲击木鱼效果预览

22.2　实现播放声音方法

当每次点击木鱼的时候，电子木鱼 App 都需要发出"咚"的敲击声。我们在网上可以找到木鱼敲击声并下载，将下载好的文件拖入项目中，如图 22-5 所示。

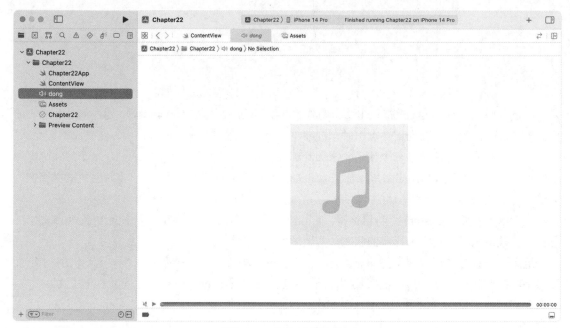

图 22-5　导入音频文件

在此请记住下载的音频时长（通常为 1 秒），以及文件名称、文件后缀名（通常为 mp3、m4a），在之后的代码中需准确调用。

我们使用 MVVM 架构模式进行开发，首先创建一个 Swift 文件，命名为"ViewModel"，并创建 VM 的基础代码，如图 22-6 所示。

```Swift
import SwiftUI

class ViewModel: ObservableObject {

}
```

紧接着，我们来实现音频播放相关的代码。音频播放需要使用到一个新的框架——AVFoundation。AVFoundation 是苹果在 iOS 和 OS X 系统中，用于处理基于时间的媒体数据的 Objective-C 框架，供使用者来开发媒体类型的应用程序。

图 22-6 创建 ViewModel

引入 AVFoundation 框架，预设一个播放器，然后创建一个方法来使用播放器，如图 22-7 所示。

图 22-7 实现播放声音方法

```Swift
import AVFoundation
import SwiftUI
```

```
class ViewModel: ObservableObject {
    // 创建播放器
    var soundPlayer: AVAudioPlayer?

    // 播放声音方法
    func playAudio(forResource: String, ofType: String) {
        let path = Bundle.main.path(forResource: forResource, ofType: ofType)!
        let url = URL(fileURLWithPath: path)

        do {
            soundPlayer = try AVAudioPlayer(contentsOf: url)
            soundPlayer?.play()
        } catch {
            print("音频文件出现问题")
        }
    }
}
```

上述代码中，我们预先创建了一个播放器 soundPlayer，然后创建了一个方法 playAudio 播放声音，并传入两个参数，forResource 用于确定所需播放的音频文件的文件名称，ofType 为文件的后缀名。

确定好参数后，将两个参数值给到路径 path，再把路径给到地址 url，便于后面播放器使用。在代码中使用声音播放器 AVAudioPlayer 播放声音，如果尝试执行失败则打印输出错误信息。

完成后，回到 ContentView 文件，先引入 VM，然后在点击木鱼时调用 playAudio 方法，如图 22-8 所示。

图 22-8　在项目中调用播放声音方法

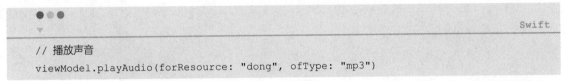

```
// 播放声音
viewModel.playAudio(forResource: "dong", ofType: "mp3")
```

上述代码中，我们首先使用@StateObject 状态类属性包装器引入了 VM，并在木鱼视图被点击时调用 VM 中的 playAudio 播放音频方法，播放音频文件名为 "dong"，音频文件后缀为 "mp3"。

完成后，我们在预览窗口点击木鱼视图，在感受敲击效果的同时，听听敲击木鱼的声音。

22.3　实战案例：文字转语音

完成上面的案例后，我们再使用 AVFoundation 音视频框架来实现一个简单的文字转语音应用。先创建一个新的 SwiftUI 项目文件，命名为 "TextToSpeech"，如图 22-9 所示。

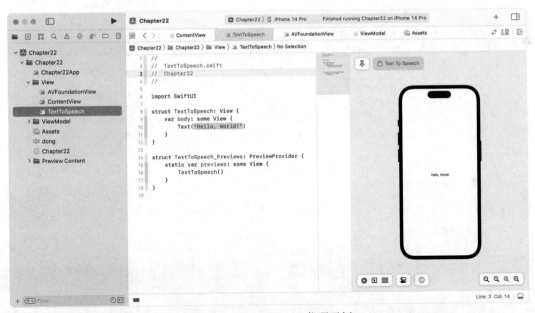

图 22-9　TextToSpeech 代码示例

文字转语音 App 的主要内容框架为文字输入框和播放按钮，我们使用布局视图构建内容，如图 22-10 所示。

```
import SwiftUI

struct ContentView: View {
    @State var inputText: String = ""
```

```
var body: some View {
    VStack {
        textInputView
        textToSpeechBtn
    }
}

// 文字输入文本框
private var textInputView: some View {
    ZStack(alignment: .topLeading) {
        TextEditor(text: $inputText)
            .padding()

        if inputText.isEmpty {
            Text("请输入文字内容")
                .foregroundColor(Color(UIColor.placeholderText))
                .padding(25)
        }
    }
    .overlay(
        RoundedRectangle(cornerRadius: 8)
            .stroke(Color(.systemGray5), lineWidth: 1)
    )
    .padding()
    .frame(height: 320)
}

// 文字转语音按钮
private var textToSpeechBtn: some View {
    Button(action: {
        // 点击播放声音
    }) {
        Text("语音播放")
            .font(.system(size: 17))
            .foregroundColor(.white)
            .padding()
            .frame(width: 320)
            .background(Color.blue)
            .cornerRadius(8)
    }
}
}
```

```
struct ContentView_Previews: PreviewProvider {
    static var previews: some View {
        ContentView()
    }
}
```

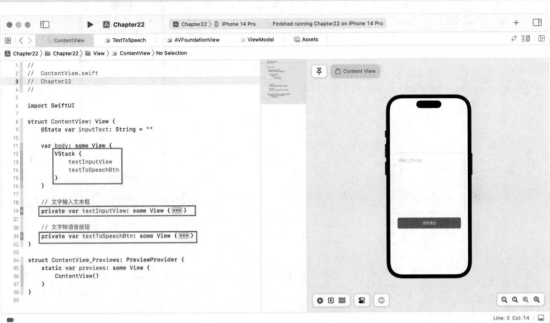

图 22-10　文字转语音视图布局

上述代码中，我们首先创建了 textInputView 文本输入文本框视图、textToSpeechBtn 文字转语音按钮视图两个视图。

在 textInputView 文本输入文本框视图中，我们首先声明了绑定 TextEditor 多行文本框内容的参数 inputText，并与 TextEditor 多行文本框内容进行绑定。在之前的章节中，我们提及 TextEditor 多行文本框当前还没有参数可以控制提示文字，因此使用 ZStack 堆叠布局容器，当 inputText 参数为空的时候，展示 Text 文字，实现 TextEditor 多行文本框的提示文字效果。

textToSpeechBtn 文字转语音按钮视图则使用 Button 按钮，按钮呈现样式为 Text 文字按钮样式。

单独完成视图后，在 body 视图中，使用 VStack 垂直布局容器将两个视图进行布局，呈现一个简单的文字转语音页面样式。当用户输入文字，点击"语音播放"按钮后，则调用方法进行语音播放。

下一步，我们来实现语音播放方法。可以使用 MVVM 架构模式，也可以直接在 View 中创建一个方法，这里我们介绍第二种。首先引入 AVFoundation 框架，并创建一个方法，用于实现文字转语音，如图 22-11 所示。

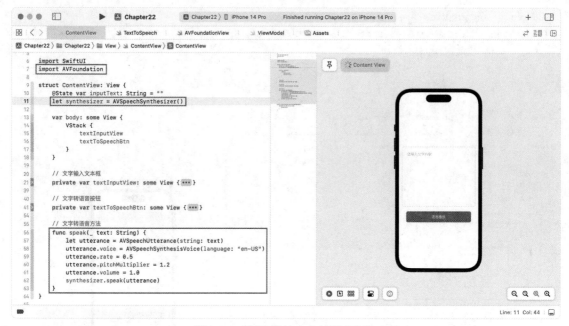

图 22-11　创建播放文字转语音方法

```swift
// 文字转语音方法
func speak(_ text: String) {
    let utterance = AVSpeechUtterance(string: text)
    utterance.voice = AVSpeechSynthesisVoice(language: "en-US")
    utterance.rate = 0.5
    utterance.pitchMultiplier = 1.2
    utterance.volume = 1.0
    synthesizer.speak(utterance)
}
```

上述代码中，我们引入 AVFoundation 框架后，声明了一个参数 synthesizer 来创建 AVSpeechSynthesizer 实例，用来播放声音。

在实现文字转语音的方法 speak 中，传入文字 text 作为输入的文字内容。创建一个实例 AVSpeechUtterance，指定 AVSpeechSynthesisVoice 语音类型为 en-US，设置语速 rate 为正常语速的一半，并稍微提高声音的音调，声音为正常，最后调用 synthesizer 实例的播放声音方法来播放 AVSpeechSynthesizer 实例处理的文字内容。

我们将播放声音的方法加到按钮上，在预览窗口中输入文字后，点击"语音播放"按钮，查看文字转语音效果，如图 22-12 所示。

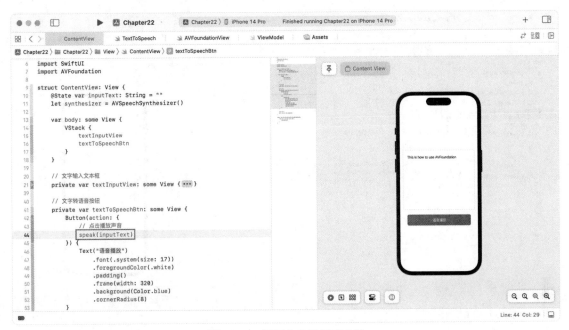

图 22-12　调用文字转语音方法

```
// 点击播放声音
speak(inputText)
```

　　如果需要切换其他地区和国家的语音，直接修改 AVSpeechSynthesisVoice 语音类型参数即可，比如中文，设置语音类型参数为"zh-CN"。但由于预览窗口中暂时只能输入英文，其他语音环境建议在运行模拟器中尝试。

22.4　创建一个帮助教程页面

　　学习完基础的使用 AVFoundation 音视频框架实现播放声音，以及文字转语音的案例后，我们再来接触下另一个关于视频的框架——AVKit 视频流框架，我们以一个简单的帮助教程页面作为例子。

　　帮助教程页面，可以帮助用户快速了解应用的核心功能和操作流程，开发者们也可以使用它来展示应用中的亮点和新功能。我们创建一个新的 SwiftUI 项目文件，命名为"VideoPlayer"，如图 22-13 所示。

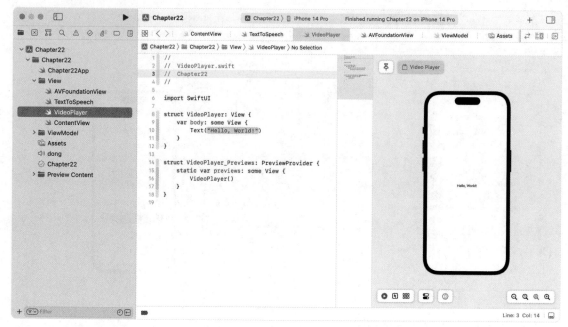

图 22-13　VideoPlayer 代码示例

　　初步构思下页面布局，帮助教程页面可以由教程视频和说明文字两部分组成，我们先搭建样式框架，如图 22-14 所示。

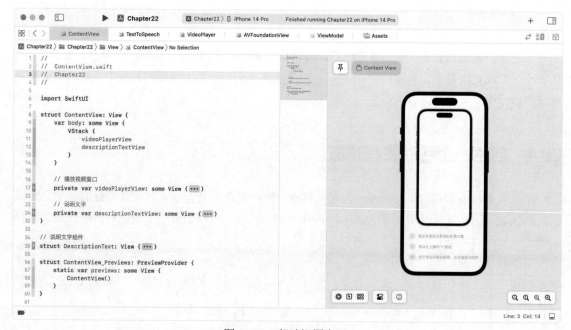

图 22-14　帮助视图布局

```
Swift
import SwiftUI

struct ContentView: View {
    var body: some View {
        VStack {
            videoPlayerView
            descriptionTextView
        }
    }

    // 播放视频窗口
    private var videoPlayerView: some View {
        Image("iPhone")
            .resizable()
            .aspectRatio(contentMode: .fit)
    }

    // 说明文字
    private var descriptionTextView: some View {
        VStack(alignment: .leading, spacing: 10) {
            DescriptionText(item: 1, description: "轻点并按住主屏幕的任意位置")
            DescriptionText(item: 2, description: "轻点左上角的 "+" 按钮")
            DescriptionText(item: 3, description: "向下滑动并轻点应用，点击添加小组件")
        }
        .padding()
    }
}

// 说明文字组件
struct DescriptionText: View {
    var item: Int
    var description: String

    var body: some View {
        HStack(spacing: 15) {
            Text(String(item))
                .font(.system(size: 14))
                .bold()
                .foregroundColor(Color(.systemGray2))
                .padding(12)
                .background(Color(.systemGray6))
                .clipShape(Circle())

            Text(description)
                .font(.system(size: 17))
```

```
                .foregroundColor(Color(.systemGray2))
            }
        }
    }
```

上述代码中，自下而上的代码结构分析依次是：搭建一个说明文字组件 DescriptionText，作为说明文字展示内容的框架。DescriptionText 说明文字组件由两个 Text 文字控件使用 HStack 横向布局容器组成，文字横向排布展示的两个对象，前者为说明文字的序号 item，后者为说明文字的内容 description。样式部分，使用样式修饰符调整文字的字号、颜色、外形等参数，展示内容但不突出，实现说明文字的辅助说明作用。

在 ContentView 视图中创建一个视图 descriptionTextView，通过给 DescriptionText 文字组件赋值展示内容，并使用 VStack 纵向布局容器排列多个说明文字。

创建一个 videoPlayerView 作为视频播放视图的框架，并展示提前导入在 Assets.xcassets 资源库中的 "iPhone" 素材。当然，如果视频文件是包含设备框架的，就无须进行这一步。

最后，在 body 视图中使用 VStack 纵向布局容器展示播放窗口和说明文字，便完成了帮助教程页面的样式部分。

下面我们来实现播放视频的功能方法。

22.5　实现播放视频方法

播放视频可以分为播放云端的视频，以及播放项目中导入的视频素材，这里以播放本地素材为例。提前录制好视频，并将视频文件拖入项目中，如图 22-15 所示。

图 22-15　导入视频素材

在此请记住导入视频的文件名称、文件后缀名（通常为 MP4），在之后的代码中需准确调用。创建一个 Swift 文件，命名为"PlayerView"，来实现视频播放相关的代码，如图 22-16 所示。

```Swift
import AVFoundation
import AVKit
import SwiftUI

struct PlayerView: UIViewRepresentable {
    func updateUIView(_ uiView: UIView, context: UIViewRepresentableContext<PlayerView>) {
    }

    func makeUIView(context: Context) -> UIView {
        return LoopingPlayerUIView(frame: .zero)
    }
}

class LoopingPlayerUIView: UIView {
    private let playerLayer = AVPlayerLayer()
    private var playerLooper: AVPlayerLooper?
    required init?(coder: NSCoder) {
        fatalError("加载失败")
    }

    override init(frame: CGRect) {
        super.init(frame: frame)

        // 获取资源路径
        let fileUrl = Bundle.main.url(forResource: "widget", withExtension: "MP4")!
        let asset = AVAsset(url: fileUrl)
        let item = AVPlayerItem(asset: asset)

        // 初始化 player
        let player = AVQueuePlayer()
        playerLayer.player = player
        playerLayer.videoGravity = .resizeAspect
        layer.addSublayer(playerLayer)

        // 创建一个新的播放器循环器
        playerLooper = AVPlayerLooper(player: player, templateItem: item)

        // 开始播放
        player.play()
    }
```

```
    override func layoutSubviews() {
        super.layoutSubviews()
        playerLayer.frame = bounds
    }
}
```

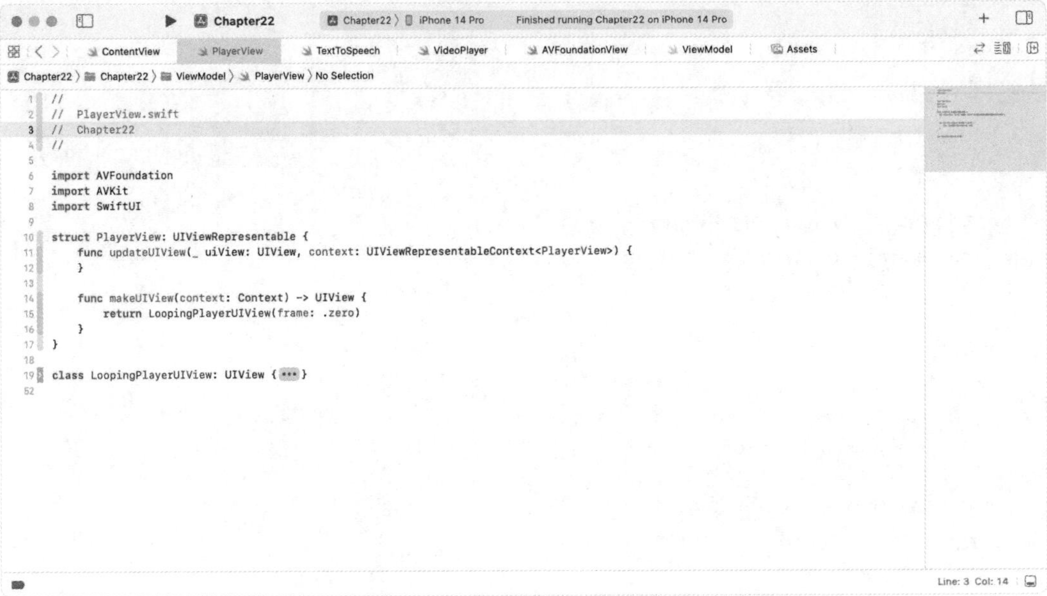

图 22-16　实现播放视频方法

上述代码中，我们定义了一个结构体 PlayerView，它符合 uiviewrepresable 协议。PlayerView 结构体中有两个方法，分别是 makeUIView 和 updateUIView，用于创建和更新视图。

我们还创建了一个名为"LoopingPlayerUIView"的实例，负责创建和管理视频播放器。 在 LoopingPlayerUIView 类中，我们首先使用 Bundle.main.url(forResource: witheextension:)方法获取视频文件的路径，然后创建 AVAsset 实例、AVPlayerItem 实例，用于获得资源文件的内容以及构建播放器资源。

接下来，我们创建一个 AVQueuePlayer 实例并将其分配给 playerLayer，playerLayer 是 AVPlayerLayer 的一个实例，用于显示视频内容。我们将 playerLayer 的 videoGravity 属性设置为 . resizeaspect，确保视频内容在保持其长宽比的同时，可以随意调整大小。

然后我们添加 playerLayer 作为视图层的子层，用 AVQueuePlayer 实例和 AVPlayerItem 实例创建 avplayerloop 实例。这样就建立了一个循环，无限地重复视频内容。

最后，我们调用 AVQueuePlayer 实例中的 play 方法来播放视频。

完成之后，我们回到 ContentView 中，在 videoPlayerView 播放视频窗口中，叠加展示视频播放视图，如图 22-17 所示。

图 22-17　调用播放视频方法

```Swift
// 播放视频窗口
private var videoPlayerView: some View {
    ZStack{
        PlayerView()
            .aspectRatio(contentMode: .fit)
            .frame(width: 315)

        Image("iPhone")
            .resizable()
            .aspectRatio(contentMode: .fit)
    }
}
```

上述代码中，我们使用 PlayerView 视频播放器视图，并设置 aspectRatio 等比例缩放修饰符调整视图大小为自适应，并使用 frame 尺寸修饰符设置宽度，以匹配 Image 图片展示的设备框架图片的大小。

在预览窗口我们可以看到，视频窗口中将循环播放导入的视频素材文件的内容。

22.6　本章小结

在本章中，我们接触了两个官网的音视频框架 AVFoundation、AVKit 在 SwiftUI 中的使用，并罗列了在日常开发中常见的几个应用场景。强烈建议读者在真机设备上体验和操作，并通过实际体验不断优化页面交互及代码逻辑。

第 23 章　新历和农历，使用 DateFormatter 格式化日期

时间匆匆而过，留下来的叫作记忆。

我们可以在很多应用中看到时间的存在，日记应用的创建时间，日历应用的节日时间、纪念日时间，待办事项的事项截止时间……时间无处不在，融入了我们生活的每一个角落。

在本章中，我们来学习使用 DateFormatter 格式化日期，实现获得时间、日期，切换新历农历等操作。先创建一个新的 SwiftUI 项目文件，命名为"Chapter23"。如图 23-1 所示。

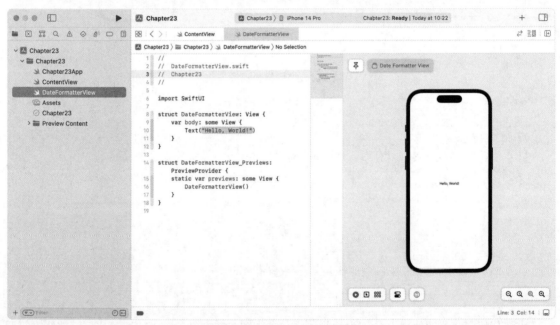

图 23-1　Chapter23 代码示例

23.1　实战案例：数字时钟

我们来完成一个简单的时钟案例，创建一个可以不断更新的数字时钟。首先是数字部分，可以使用 Text 展示时间内容，如图 23-2 所示。

```Swift
import SwiftUI
```

```
struct ContentView: View {
    @State var currentTime: String = "00:00:00"

    var body: some View {
        Text(currentTime)
            .font(.system(size: 48, design: .rounded))
            .bold()
    }
}

struct ContentView_Previews: PreviewProvider {
    static var previews: some View {
        ContentView()
    }
}
```

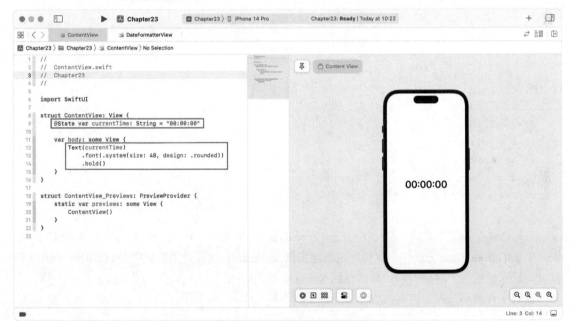

图 23-2　显示数字时钟文字

上述代码中，我们声明了一个参数 currentTime 作为数字时钟的内容，声明参数的原因是为了后续能够更新数字时钟的内容。

样式部分，使用 Text 文字控件展示内容，并使用 font 字体修饰符设置文字字号为 48，并且设置其样式为 rounded 圆体，最后使用 bold 加粗修饰符加粗文字。

下面我们创建一个方法来获得当前时间，如图 23-3 所示。

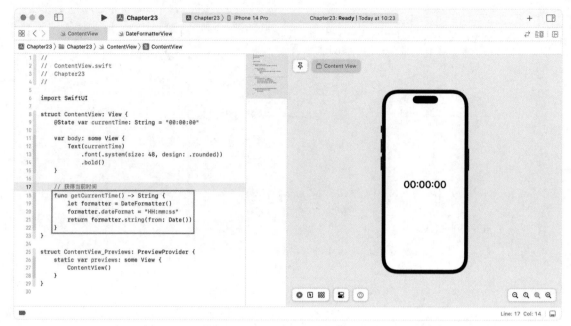

图 23-3　实现获得当前时间方法

```Swift
// 获得当前时间
func getCurrentTime() -> String {
    let formatter = DateFormatter()
    formatter.dateFormat = "HH:mm:ss"
    return formatter.string(from: Date())
}
```

　　上述代码中，我们创建了一个方法 getCurrentTime，并返回一个 String 类型的值作为时间参数值。在 getCurrentTime 方法中，我们首先创建实例 formatter，设置日期格式化参数 dateFormat 来设置时间返回格式为"时:分:秒"，最后返回 String 类型的时间。

　　我们在视图展示时，调用该方法，如图 23-4 所示。

```Swift
// 展示时
.onAppear {
    currentTime = getCurrentTime()
}
```

　　上述代码中，我们使用 onAppear 展示时修饰符，在 Text 组件展示时将 getCurrentTime() 返回值赋予 currentTime，在预览窗口中就能看到系统已经获得了当前的时间。

图 23-4　调用获得当前时间方法

　　但我们看到一个问题，即获得时间后时间就没有再更新了。因此，我们还需要创建一个方法来更新时间，如图 23-5 所示。

图 23-5　更新时间

```
// 计时器
var timer = Timer.publish(every: 1, on: .main, in: .common).autoconnect()

// 监听变化
.onReceive(timer) { _ in
    currentTime = getCurrentTime()
}
```

上述代码中，我们声明了一个参数 time 来获得时间戳，并赋值为 Timer 计时器时间，每 1 秒更新时间。如此便可以使用 onReceive 监听 time 的变化，并在其每次变化时给 currentTime 重新赋值，达到更新时间的效果。

最后，我们美化下样式部分的内容，如图 23-6 所示。

图 23-6　数字时钟样式美化

23.2　格式化日期

年月日和具体时间展示的不同点在于格式化日期的参数，通过设置参数，便可以实现展示不同时间维度的内容。为了呈现方便，我们将时间展示的视图内容进行抽离，如图 23-7 所示。

图 23-7 timeView 视图

```Swift
// 展示时间
private var timeView: some View {
    Text(currentTime)
        .font(.system(size: 48, design: .rounded))
        .bold()
        .frame(maxWidth: .infinity, maxHeight: 120)
        .background(Color(.systemGray6))
        .cornerRadius(16)
        .padding(.horizontal)
}
```

上述代码中，我们将展示时间的内容使用 timeView 视图代替，这样做的好处是使代码结构更加清晰，也方便我们单独创建年月日视图。

下一步，创建一个新的日期视图并展示，如图 23-8 所示。

```Swift
import SwiftUI

struct ContentView: View {
    @State var currentTime: String = "00:00:00"
    @State var currentDate :String = "2023年4月26日"
```

```
    var timer = Timer.publish(every: 1, on: .main, in: .common).autoconnect()

    var body: some View {
        VStack(spacing: 32) {
            dateView
            timeView
        }

            // 展示时
            .onAppear {
                currentTime = getCurrentTime()
            }

            // 监听变化
            .onReceive(timer) { _ in
                currentTime = getCurrentTime()
            }
    }

    // 展示日期
    private var dateView: some View {
        Text(currentDate)
            .font(.system(size: 17, design: .rounded))
            .bold()
    }

    // 展示时间
    private var timeView: some View {
        Text(currentTime)
            .font(.system(size: 48, design: .rounded))
            .bold()
            .frame(maxWidth: .infinity, maxHeight: 120)
            .background(Color(.systemGray6))
            .cornerRadius(16)
            .padding(.horizontal)
    }

    // 获得当前时间
    func getCurrentTime() -> String {
        let formatter = DateFormatter()
        formatter.dateFormat = "HH:mm:ss"
        return formatter.string(from: Date())
    }
}
```

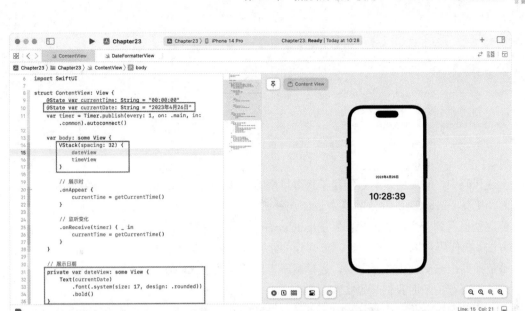

图 23-8　dateView 日期视图

上述代码中，我们首先声明了 String 类型的日期参数 currentDate，并赋予其默认值。又单独搭建了日期视图 dateView，用于展示日期文字内容，并在 body 视图中使用 VStack 纵向布局容器与 timeView 时间视图进行组合布局。

完成样式后，更新时间的方法只需要更改 formatter 实例的 dateFormat 日期格式化参数，即可实现展示时间或者日期，日期的格式为"YYYY 年 MM 月 dd 日"，如图 23-9 所示。

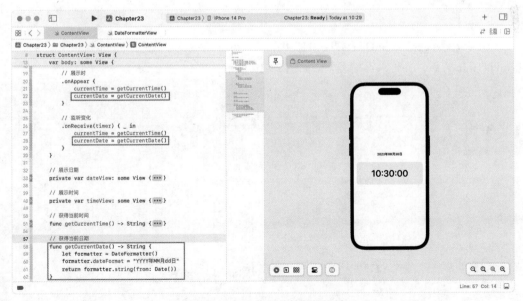

图 23-9　实现获得当前日期方法

```Swift
// 获得当前日期
func getCurrentDate() -> String {
    let formatter = DateFormatter()
    formatter.dateFormat = "YYYY年MM月dd日"
    return formatter.string(from: Date())
}
```

上述代码中，同理也是单独创建了获得日期的方法 getCurrentDate，并在视图展示和 time 参数变化时，更新 currentDate 参数的值为 getCurrentDate()。

但这里也遇到一个问题：我们发现 getCurrentTime() 获得时间的方法和 getCurrentDate() 获得日期的方法，在代码逻辑上基本一致，唯一不同的是 formatter 实例的参数 dateFormat，我们是否可以将参数值抽离出来，使用一个方法，通过赋予不同的参数值来实现展示日期或者时间呢？

理论上可行，下面我们开始实践。

首先，我们在 getCurrentTime() 中传入一个参数 time，并将 time 参数替换 dateFormat 的值，代码如下：

```Swift
// 获得当前时间
func getCurrentTime(_ time:String) -> String {
    let formatter = DateFormatter()
    formatter.dateFormat = time
    return formatter.string(from: Date())
}
```

下一步，注释 getCurrentDate() 方法的代码，在 currentTime 参数和 currentDate 赋值时，使用 getCurrentTime 方法，并传入日期类型，如图 23-10 所示。

```Swift
// 展示时
.onAppear {
    currentTime = getCurrentTime("HH:mm:ss")
    currentDate = getCurrentTime("YYYY年MM月dd日")
}

// 监听变化
.onReceive(timer) { _ in
    currentTime = getCurrentTime("HH:mm:ss")
    currentDate = getCurrentTime("YYYY年MM月dd日")
}
```

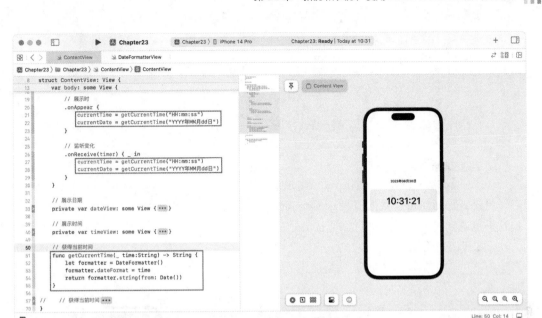

图 23-10　显示年月日

上述代码中，currentTime 参数赋值为 getCurrentTime 方法的返回值，传入的日期格式为 "HH:mm:ss"，即展示时间。currentDate 参数则赋值为传入的日期格式 "YYYY 年 MM 月 dd 日"，以此来展示年月日。

如此，我们减少了相似方法使用的重复代码，节省代码量的同时，也让代码结构更加清晰。

23.3　如何使用中国历法

除了标准的日期外，在应用中还会经常使用到农历。农历，是中国古人为了进行农业生产而发明的一种阴阳合历历法，是一种特殊的日期格式。因此，使用农历，则需要指定日期的地区为中国，且日历按照中国历法进行展示。

为了区分农历跟新历，我们可以在 getCurrentTime 方法中传入一个 Bool 类型的参数，用于区别日期格式，如图 23-11 所示。

```Swift
// 获得当前时间
func getCurrentTime(_ time: String, _ isLunar: Bool) -> String {
    // 实例
    let formatter = DateFormatter()

    // 判断新历农历
    if isLunar {
```

```
        formatter.dateStyle = .full
        formatter.timeStyle = .none
        formatter.locale = Locale(identifier: "zh_CN")
        formatter.calendar = Calendar(identifier: .chinese)
    } else {
        formatter.dateFormat = time
    }

    // 返回日期字符串
    return formatter.string(from: Date())
}
```

图 23-11　使用中国历法

上述代码中，我们新增控制参数 isLunar，并在 getCurrentTime 方法中根据 isLunar 参数的值执行不同的代码逻辑。

当 isLunar 为 true 时，则执行展示农历的代码。首先设置 formatter 实例的日期样式参数 dateStyle，设置为展示 full 完全内容的日期，dateStyle 参数值一共有五个，分别是完整、长、中、短、无。

设置 timeStyle 时间样式参数为 none，即不展示时间点。

农历的关键参数设置是 formatter.locale = Locale(identifier: "zh_CN")，即让系统按照中文作为本地语言进行展示。再通过 formatter.calendar = Calendar(identifier: .chinese)，设置使用的系统默认日历为中国日历，即农历。

当 isLunar 为 false 时，则和前面的案例相同，传入参数 time 作为设置的时间格式。如此，我们便实现了当 isLunar 为 true 时执行农历，否则执行新历。

我们切换传入的参数，可以查看新历和农历的效果，如图 23-12 所示。

图 23-12　切换新历和农历

最后，我们可以给日期展示添加简单的交互动作，用户可以点击日期切换新历或者农历的展示形式，如图 23-13 所示。

图 23-13　切换历法效果预览

```Swift
// 参数声明
@State var isLunar:Bool = false

// 切换日期
currentDate = getCurrentTime("YYYY年MM月dd日", isLunar)

// 点击切换农历
self.isLunar.toggle()
```

上述代码中，我们声明了一个 Bool 类型的参数 isLunar，用于控制展示内容，并将其传入 currentDate 方法中。

在 dateView 日期视图中添加 onTapGesture 点击手势修饰符，当日期视图被点击时，切换 isLunar 参数状态，便可实现点击切换日期格式效果。

最后，我们按照上述案例的知识点，再创建一个视图来展示"星期"，如图 23-14 所示。

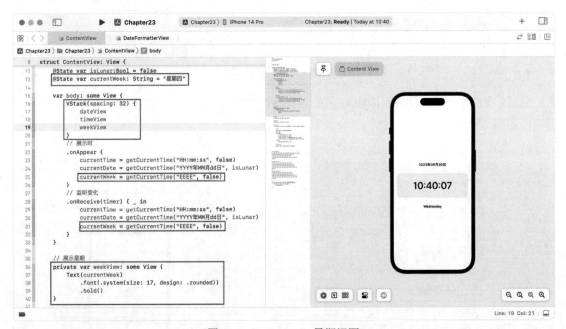

图 23-14　weekView 星期视图

```Swift
// 声明参数
@State var currentWeek: String = "星期四"

// 视图布局
VStack(spacing: 32) {
```

```
        dateView
        timeView
        weekView
    }

    // 展示时
    .onAppear {
        currentTime = getCurrentTime("HH:mm:ss", false)
        currentDate = getCurrentTime("YYYY 年 MM 月 dd 日", isLunar)
        currentWeek = getCurrentTime("EEEE", false)
    }

    // 监听变化
    .onReceive(timer) { _ in
        currentTime = getCurrentTime("HH:mm:ss", false)
        currentDate = getCurrentTime("YYYY 年 MM 月 dd 日", isLunar)
        currentWeek = getCurrentTime("EEEE", false)
    }

    // 展示星期
    private var weekView: some View {
        Text(currentWeek)
            .font(.system(size: 17, design: .rounded))
            .bold()
    }
```

上述代码中，和时间、年月日的展示方法一致，先声明参数 currentWeek 作为"星期"的内容，并赋予初始值。

创建一个视图 weekView 来展示"星期"的文字框架，并将其添加到 body 视图中。最后在展示时、监听变化时更新 currentWeek 的内容。其中，"星期"的格式化参数值为"EEEE"。

23.4　本章小结

在本章中，我们学习了 DateFormatter 格式化日期的常见用法，实现了年、月、日、星期、时间点等日期的展示方法。我们还接触了 Timer 计时器的使用，以获得实时更新的时间。

以此知识点为基础，使用简单的代码，我们便可以构建一个简单的数字时钟应用。

第 24 章 自定义样式，ViewModifier 协议的使用

如果在多个视图中需要使用到同样的样式，我们该如何实现？

这可能是所有开发者都会遇到的问题。在不同页面，为了应用的统一性，会尽可能地规范应用中使用到的主题色、按钮、样式布局等，避免由于两个页面风格差异太大而影响用户体验。

从开发的角度来说，统一样式的实现方法可以有很多种，在本章中，我们来学习 ViewModifier 协议制作自定义修改器。

我们先创建一个新的 SwiftUI 项目文件，命名为"Chapter24"，如图 24-1 所示。

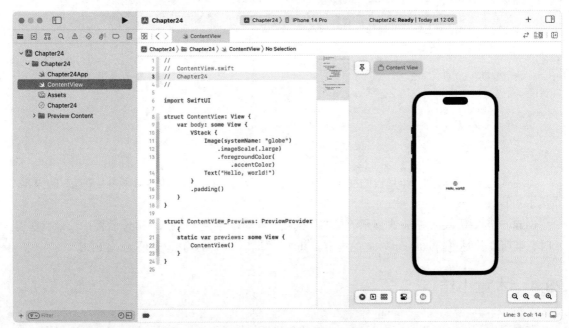

图 24-1 Chapter24 代码示例

24.1 创建自定义视图

在之前的章节中，我们分享了常用修饰符的使用案例，比如搭建一个文字按钮需要设置文字的字号、颜色、背景颜色、尺寸大小等。

当应用中多个视图需要使用同一个样式时，通常情况下开发者会考虑将该样式抽离出来作为单独的视图，便于实现样式上的统一，如图 24-2 所示。

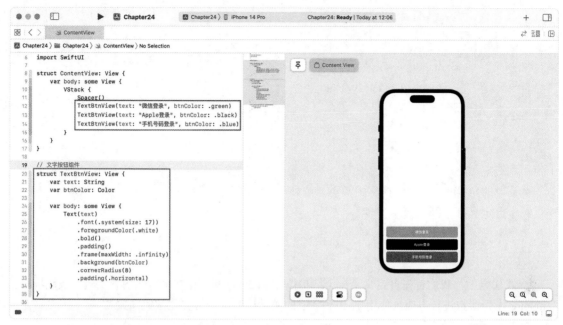

图 24-2 文字按钮组件

```Swift
import SwiftUI

struct ContentView: View {
    var body: some View {
        VStack {
            Spacer()
            TextBtnView(text: "微信登录", btnColor: .green)

            TextBtnView(text: "Apple 登录", btnColor: .black)

            TextBtnView(text: "手机号码登录", btnColor: .blue)

        }
    }
}

// 文字按钮组件
struct TextBtnView: View {
    var text: String
    var btnColor: Color


    var body: some View {
        Text(text)
            .font(.system(size: 17))
```

```
            .foregroundColor(.white)
            .bold()
            .padding()
            .frame(maxWidth: .infinity)
            .background(btnColor)
            .cornerRadius(8)
            .padding(.horizontal)
    }
}

struct ContentView_Previews: PreviewProvider {
    static var previews: some View {
        ContentView()
    }
}
```

上述代码中，我们首先自定义了一个结构体 TextBtnView，将文字按钮内容 text、按钮填充色 btnColor 作为参数进行声明，使用 Text 文字组件和常用的修饰符美化按钮样式。

在视图展示部分，我们通过给 TextBtnView 视图的参数赋值，呈现不同样式的按钮。

当需要对样式进行整体修改时，只需要修改 TextBtnView 结构体中的相关样式，在应用中使用到 TextBtnView 结构体的页面，其样式都会相对应地改变，如图 24-3 所示。

图 24-3　修改组件样式

```swift
// 文字按钮组件
struct TextBtnView: View {
    var text: String
    var btnColor: Color

    var body: some View {
        Text(text)
            .font(.system(size: 17))
            .foregroundColor(.white)
            .bold()
            .padding()
            .frame(maxWidth: .infinity,maxHeight: 56)
            .background(btnColor)
            .cornerRadius(32)
            .padding(.horizontal,60)
    }
}
```

上述代码中，我们通过修改 TextBtnView 中 Text 文字组件相关修饰符的样式参数值，可以看到预览窗口中展示的三个按钮的样式统一进行了更新。

以上，是针对相同组件的全局样式统一的开发思路。

但这也存在一个问题，即通过结构体搭建 View 视图的方式，若想修改按钮样式只能统一调整 TextBtnView 结构体中的组件样式，无法针对性地调整其中一个按钮的样式。

如果你接触过前端编程，一定知道 CSS 的概念，即将样式部分进行抽离形成样式规范，视图部分只需要完成基础的布局，再由 CSS 进行美化。

在 SwiftUI 中也引入了类似的概念，即 ViewModifier 协议。

24.2　自定义视图修饰器

ViewModifier 协议是一种轻量级的修饰符方法，适用于 View 视图，用于在代码中共享样式和配置。简单来说，就是将常用的修饰符进行整合，形成一个新的修饰符，如图 24-4 所示。

```swift
import SwiftUI

struct ContentView: View {
    var body: some View {
        VStack {
            Text("微信登录")
```

```
                .modifier(TextBtStyle())

        Text("Apple 登录")
                .modifier(TextBtStyle())

        Text("手机号登录")
                .modifier(TextBtStyle())
        }
    }
}

// 按钮修饰符
struct TextBtStyle: ViewModifier {
    func body(content: Content) -> some View {
        content
            .padding(10)
            .frame(maxWidth: .infinity)
            .overlay(
                RoundedRectangle(cornerRadius: 8)
                    .stroke(lineWidth: 1)
            )
            .padding(.horizontal)
    }
}
```

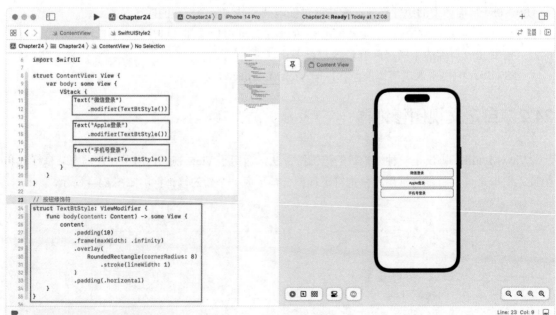

图 24-4　自定义按钮修饰符

上述代码中，我们首先创建了一个新的结构体 TextBtStyle，此时遵循的是 ViewModifier，即该结构可作为一个复用的视图修饰符，而不是一个 View 视图。

我们还在 TextBtStyle 结构体中创建了一个 body 函数，传入视图 content 作为被修饰对象，并使用修饰符给视图进行样式格式化。

和单独创建符合 View 协议的结构体相比，此时 TextBtStyle 充当的是一个具有多个修饰符的 CSS 的角色，我们将其使用 modifier 方法添加到对应的视图中，相当于将 CSS 效果添加到 HTML 视图中。

在 ContentView 的 body 函数中可以看到，VStack 纵向布局容器中的三个 Text 组件都使用 modifier 方法添加自定义修饰符 TextBtStyle。

这里大家可能会有一个疑问，即使用 ViewModifier 协议创建自定义修饰符，对比单独创建符合 View 协议的组件有什么好处？

举一个例子，当我们视图中使用不同组件的时候，自定义修饰符可以修饰不同类型的组件，如图 24-5 所示。

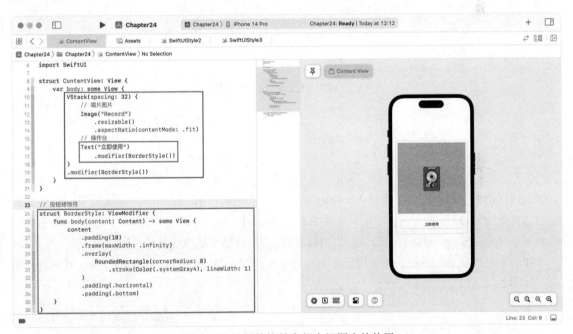

图 24-5　按钮修饰符在组合视图中的使用

```Swift
import SwiftUI

struct ContentView: View {
    var body: some View {
```

```
        VStack(spacing: 32) {
            // 唱片图片
            Image("Record")
                .resizable()
                .aspectRatio(contentMode: .fit)

            // 操作台
            Text("立即使用")
                .modifier(BorderStyle())
        }
        .modifier(BorderStyle())
    }
}

// 按钮修饰符
struct BorderStyle: ViewModifier {
    func body(content: Content) -> some View {
        content
            .padding(10)
            .frame(maxWidth: .infinity)
            .overlay(
                RoundedRectangle(cornerRadius: 8)
                    .stroke(Color(.systemGray4), lineWidth: 1)
            )
            .padding(.horizontal)
            .padding(.bottom)
    }
}
```

上述代码中，我们创建了遵循 ViewModifier 协议的结构体 BorderStyle，并实现了一个给视图添加边框线的修饰符，在 ContentView 视图的 body 函数中，给 Text 文字组件和 VStack 纵向布局容器添加了 BorderStyle 边框线样式，在预览窗口可以看到添加了边框线后的视图效果。

我们还可以将 modifier 直接作用于视图，创建一个 View 视图拓展，对视图修饰符本身进行拓展，如图 24-6 所示。

```
                                                              Swift
// 视图修饰符拓展
Extension View {
    Func borderstyle() -> some View {
        Modifier(borderstyle())
    }
}
```

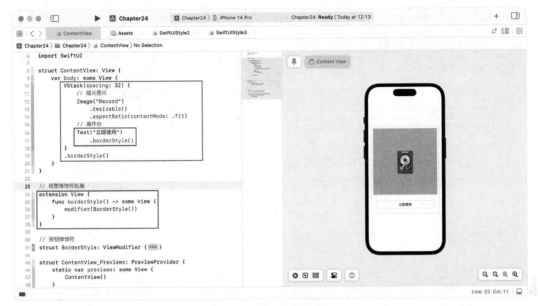

图 24-6　视图修饰符拓展

如此，我们便可以将边框线修饰符 borderStyle 直接作用在 View 视图上。

24.3　实战案例：注册页面

下面我们来实现一个简单的注册页面的案例，常见的注册页面由用户名、密码、二次密码输入框组成，如图 24-7 所示。

```swift
import SwiftUI

struct ContentView: View {
    @State var userName: String = ""
    @State var password: String = ""
    @State var passwordConfirm: String = ""

    var body: some View {
        VStack {
            TextField("请输入用户名", text: $userName)
            TextField("请输入密码", text: $password)
            TextField("请再次输入密码", text: $passwordConfirm)
        }
    }
}
```

图 24-7　注册页面框架

上述代码中，我们首先声明了注册界面需要使用的文本框的参数 userName 用户名、password 密码、passwordConfirm 密码确认，在 body 函数中使用 VStack 纵向布局视图排布 TextField 文本框组件。

下一步，使用 ViewModifier 创建样式修饰符，如图 24-8 所示。

图 24-8　注册页面样式美化

```swift
import SwiftUI

struct ContentView: View {
    @State var userName: String = ""
    @State var password: String = ""
    @State var passwordConfirm: String = ""

    var body: some View {
        VStack {
            TextField("请输入用户名", text: $userName)
                .textFieldStyle()
            TextField("请输入密码", text: $password)
                .textFieldStyle()
            TextField("请再次输入密码", text: $passwordConfirm)
                .textFieldStyle()
        }
    }
}

// 文本框修饰符
struct TextFieldStyle: ViewModifier {
    func body(content: Content) -> some View {
        content
            .padding(20)
            .background(Color(.systemGray6))
            .cornerRadius(8)
            .padding(.horizontal)
    }
}

// 视图修饰符拓展
extension View {
    func textFieldStyle() -> some View {
        modifier(TextFieldStyle())
    }
}
```

上述代码中，我们创建遵循 ViewModifier 协议的结构体 TextFieldStyle，并给传入的 content 视图添加样式修饰符，随后使用视图修饰符拓展 TextFieldStyle 结构体，创建可以直接作用在视图上的修饰符 textFieldStyle。

完成后，我们将 textFieldStyle 修饰符作用在 TextField 文本框上，可以看到原有的文本框只通过一个自定义修饰符，并可展示复杂的样式效果。

我们继续完成注册界面，创建一个按钮视图，并按照上述方法创建自定义按钮修饰符，如图24-9 所示。

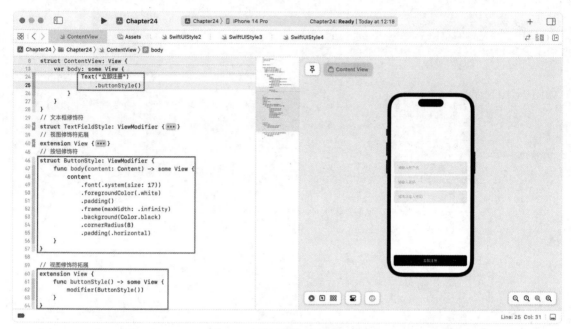

图 24-9　使用修饰符美化视图

```Swift
// 按钮
Text("立即注册")
    .buttonStyle()

// 按钮修饰符
struct ButtonStyle: ViewModifier {
    func body(content: Content) -> some View {
        content
            .font(.system(size: 17))
            .foregroundColor(.white)
            .padding()
            .frame(maxWidth: .infinity)
            .background(Color.black)
            .cornerRadius(8)
            .padding(.horizontal)
    }
}
```

```
// 视图修饰符拓展
extension View {
    func buttonStyle() -> some View {
        modifier(ButtonStyle())
    }
}
```

最后，我们往 Assets.xcassets 资源库中导入一张素材图片，并使用 Image 图片组件展示素材，如图 24-10 所示。

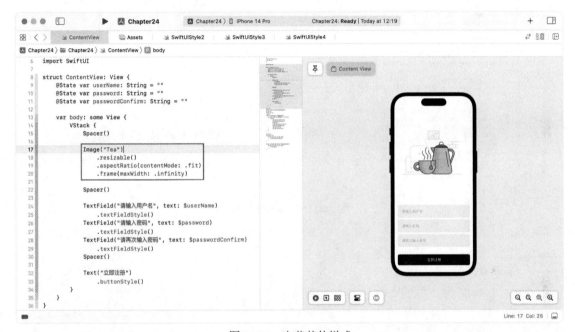

图 24-10　完善其他样式

```swift
// 素材
Image("Tea")
  .resizable()
  .aspectRatio(contentMode: .fit)
  .frame(maxWidth: .infinity)
```

24.4　实战案例：自定义 Toast 弹窗

学习过一段时间 SwiftUI 后，你会惊讶地发现，苹果官网竟然没有封装 Toast 弹窗。

既然官方并没有提供封装好的 Toast 组件，在实际开发过程中我们就需要自己实现 Toast 效果。

我们可以利用 ViewModifier 协议的特性，创建一个修饰视图的 Toast 修饰符，如图 24-11 所示。

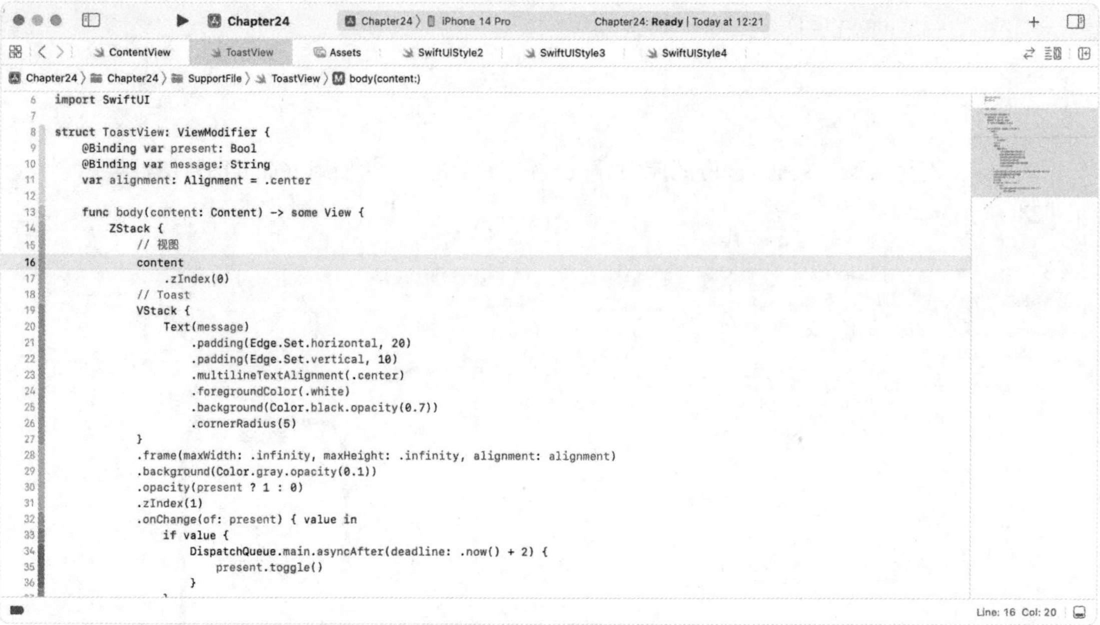

图 24-11　Toast 修饰符

```Swift
// Toast 修饰符
struct ToastView: ViewModifier {
    @Binding var present: Bool
    @Binding var message: String
    var alignment: Alignment = .center

    func body(content: Content) -> some View {
        ZStack {
            // 视图
            content
                .zIndex(0)

            // Toast
            VStack {
                Text(message)
                    .padding(Edge.Set.horizontal, 20)
                    .padding(Edge.Set.vertical, 10)
                    .multilineTextAlignment(.center)
                    .foregroundColor(.white)
```

```
            .background(Color.black.opacity(0.7))
            .cornerRadius(5)
        }
        .frame(maxWidth: .infinity, maxHeight: .infinity, alignment: alignment)
        .background(Color.gray.opacity(0.1))
        .opacity(present ? 1 : 0)
        .zIndex(1)
        .onChange(of: present) { value in
            if value {
                DispatchQueue.main.asyncAfter(deadline: .now() + 2) {
                    present.toggle()
                }
            }
        }
    }
}
```

上述代码中，我们在遵循 ViewModifier 协议的结构体 ToastView 中声明了三个关键参数，分别是 present 是否显示、message 信息内容、alignment 对齐方式，用于修改 Toast 展示时的触发条件和展示内容。

在 body 函数中，使用 ZStack 堆叠布局容器，将 content 视图和一个包含 Text 显示信息的 VStack 纵向布局容器包裹在内。设置 Text 显示信息的样式，包括边距、背景颜色圆角等，Text 文字在其父级视图 VStack 纵向布局容器中居中对齐。

Toast 视图包裹了一个 ZStack 堆叠布局容器，便可以将其覆盖在 content 视图内容上，实现 Toast 效果。其中，还需要设置 content 视图比 Toast 视图的 zIndex 低，以确保 toast 在顶部显示。

交互逻辑上，通过将 Toast 视图的不透明度设置为 0，实现 Toast 视图起初被隐藏；但当 present 参数设置为 true 时，Toast 视图转为显示状态。再使用 onChange 修饰器来监听 present 参数状态变化，使用 DispatchQueue 在 2 秒延迟后切换 present 参数状态，再次隐藏 Toast 视图。

完成后，我们可以将 ToastView 拓展其本身，作为一个视图修饰符进行使用，如图 24-12 所示。

```Swift
// 视图修饰符拓展
extension View {
    func toast(present: Binding<Bool>, message: Binding<String>, alignment: Alignment =
    .center) -> some View {
        modifier(ToastView(present: present, message: message, alignment: alignment))
    }
}
```

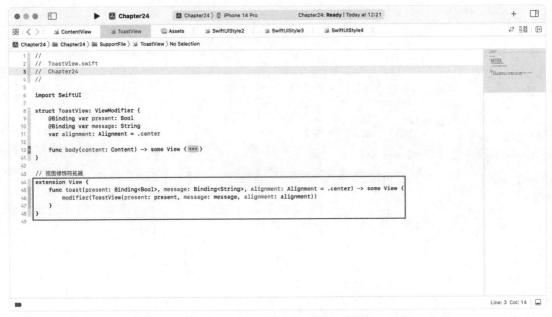

图 24-12　ToastView 视图修饰符拓展

上述代码中，我们在拓展 ToastView 时，还需要进行相关参数的绑定，将参数传递出去，由使用该修饰符的父级视图进行控制。

我们创建 toast 需要的参数，并将 toast 修饰符添加到视图中，如图 24-13 所示。

图 24-13　使用 ToastView

```Swift
// toast 参数
@State var showToast = false
@State var showToastMessage: String = ""

// 触发动作
.onTapGesture {
    self.showToast.toggle()
    self.showToastMessage = "注册成功"
}

// 使用 toast
.toast(present: $showToast, message: $showToastMessage,alignment: .center)
```

上述代码中，我们首先声明了 Toast 关联的参数 showToast、showToastMessage，用于显示 Toast 弹窗和设置 Toast 弹窗显示的内容。将 onTapGesture 点击手势修饰符添加到"立即注册"按钮上，用于触发显示 Toast 弹窗。最后将 toast 修饰符添加到视图中，并双向绑定相关参数。

在预览窗口中点击"立即注册"按钮，查看 Toast 弹窗效果，如图 24-14 所示。

图 24-14　Toast 弹窗效果预览

可以看到，Toast 弹窗显示后 2 秒自动消失，如此便实现了自定义 Toast 弹窗的相关交互。

24.5　知识拓展：修改 Toggle 控件样式

在之前的章节中，我们分享过在 Form 表单中使用 Toggle 开关控件，通过开启与关闭的切换，用户可以很便捷直观地对某项功能进行配置。

为了适应不同的开发场景，Toggle 开关控件也提供了专门的修饰符 ToggleStyle 对基础样式进行美化，我们创建一个简单的 Toggle 开关示例，如图 24-15 所示。

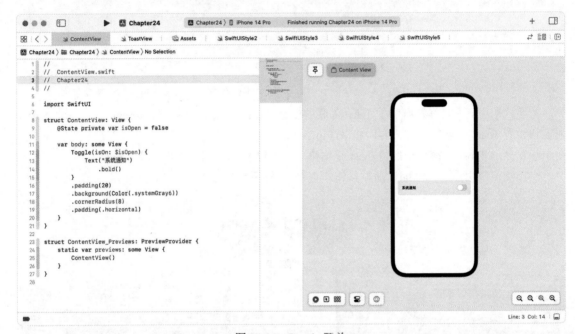

图 24-15　Toggle 开关

```swift
import SwiftUI

struct ContentView: View {
    @State private var isOpen = false

    var body: some View {
        Toggle(isOn: $isOpen) {
            Text("系统通知")
                .bold()
        }
        .padding(20)
        .background(Color(.systemGray6))
```

```
        .cornerRadius(8)
        .padding(.horizontal)
    }
}
```

上述代码中，Toggle 开关控件需要提前声明一个 Bool 类型的参数 isOpen，并在开关控件内部参数中设置 isOn 参数关联的值，这里我们关联声明好的状态参数 isOpen。在 Toggle 开关闭包中，使用 Text 文字控件作为开关的内容，并使用修饰符给 Toggle 开关控件美化样式。

我们还可以使用组合视图来搭建开关，如图 24-16 所示。

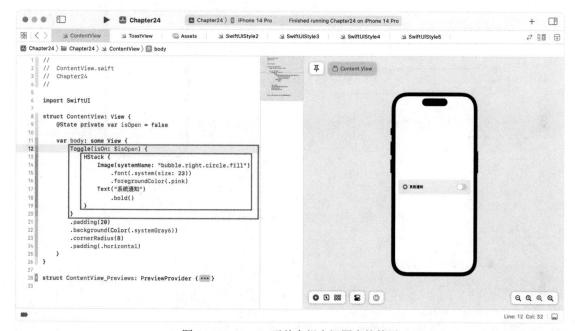

图 24-16　Toggle 开关在组合视图中的使用

```swift
Toggle(isOn: $isOpen) {
    HStack {
        Image(systemName: "bubble.right.circle.fill")
            .font(.system(size: 23))
            .foregroundColor(.pink)
        Text("系统通知")
            .bold()
    }
}
```

上述代码中，我们在 Toggle 开关闭包中使用 HStack 横向布局容器排列了 Image 图片和 Text 文字，形成了一个简单的带有图标的开关。

除了开关的样式外，Toggle 组件还可以使用 ToggleStyle 对基础的样式进行美化，比如将其转变成按钮样式，如图 24-17 所示。

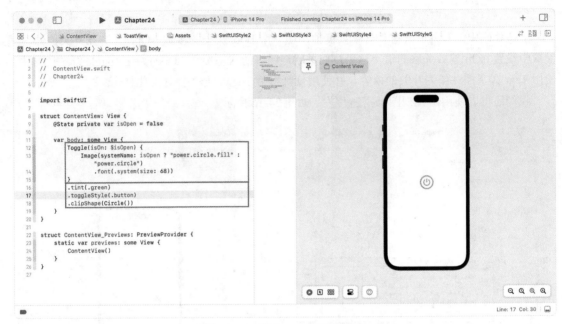

图 24-17　修改 Toggle 开关样式

```swift
import SwiftUI

struct ContentView: View {
    @State private var isOpen = false

    var body: some View {
        Toggle(isOn: $isOpen) {
            Image(systemName: isOpen ? "power.circle.fill" : "power.circle")
                .font(.system(size: 68))
        }
        .tint(.green)
        .toggleStyle(.button)
        .clipShape(Circle())
    }
}
```

上述代码中，我们在 Toggle 闭包中使用 Image 图片搭建开关样式，并根据 isOpen 开关状态参数展示不同的图标图片。使用 toggleStyle 状态样式修饰符，设置样式为 button 样式，如此 Toggle 开关就会从默认的 switch 转换为 button 按钮样式。

在预览窗口中点击 Toggle，查看 button 样式的切换效果，如图 24-18 所示。

图 24-18　Toggle 开关新样式预览

24.6　本章小结

在本章中，我们学习了如何制作自定义修饰器，并了解了 ViewModifier 协议的使用方法。

通过自定义修饰器，我们可以轻松地将通用的视图样式应用于应用的多个页面中，在实现 UI 上样式统一的同时，可以极大地减少视图样式的重复代码量。

和创建单独的视图组件思维类似，创建自定义的视图修饰符，可以很好地帮助我们实现代码结构的模块化。当某个样式效果在应用中被重复使用时，开发者就应该考虑是否将其单独设置为自定义修饰器了。

第 25 章　让应用"动"起来，加入 Animation 动画魔法

精美的动画效果，可能是很多人选择 iPhone 的主要原因之一。

无论是在任何时候都可以回到主界面的全面屏上滑缩放交互，还是在打开应用过程中截停应用的打断动画，或者是在使用 AppleMusic 时的个歌词显隐动画……Apple 似乎将动画细节做到了极致。

而在编程领域，SwiftUI 更是简化了 UI 动画和转场动画的开发难度，开发者可以很简单地使用官方提供的动画框架快速实现流畅精美的动画效果。

在本章中，我们将使用 SwiftUI 提供的显性动画和隐性动画两种动画类型，实现精美的动画及转场效果。创建一个新的 SwiftUI 项目文件，命名为"Chapter25"，如图 25-1 所示。

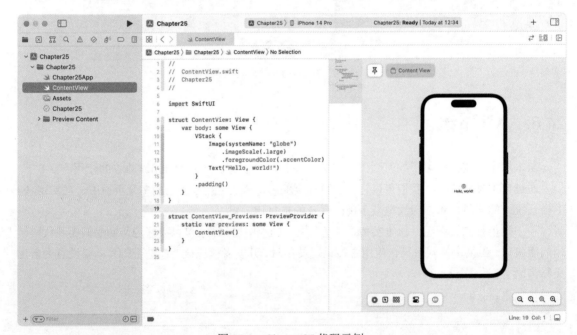

图 25-1　Chapter25 代码示例

25.1　为视图添加隐性动画

优秀的动画有助于提升用户的使用体验，在 SwiftUI 中，动画类型可以分为显性动画和隐性动画两种类型。隐性动画是将动画修饰器作用在视图上，并指定动画类型的动画方式。

在呈现两种状态切换的应用场景中，我们常常设置 Bool 值作为状态切换的参数，如图 25-2 所示。

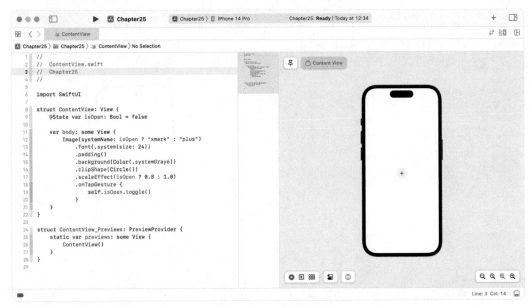

图 25-2　新增按钮

```Swift
import SwiftUI

struct ContentView: View {
    @State var isOpen: Bool = false

    var body: some View {
        Image(systemName: isOpen ? "xmark" : "plus")
            .font(.system(size: 24))
            .padding()
            .background(Color(.systemGray6))
            .clipShape(Circle())
            .scaleEffect(isOpen ? 0.8 : 1.0)
            .onTapGesture {
                self.isOpen.toggle()
            }
    }
}
```

上述代码中，我们定义了一个状态参数 isOpen，默认值为 false。在 body 函数中，Image 图片视图通过判断 isOpen 状态参数的状态展示 xmark 关闭按钮图标、plus 新增按钮图标。修饰符上使用了 scaleEffect 等比例缩放修饰符，根据 isOpen 状态参数从原始的 1.0 缩放至 0.8。我们添加了一个点击手势修饰符 onTapGesture 来进行状态切换，当点击按钮时，切换 Image 图片视图的样式。

在预览窗口中，当我们点击图标视图时，按钮样式发生变化，但切换的动作比较生硬。这时候我们可以给 Image 视图添加动画修饰符，使其过渡更加自然，如图 25-3 所示。

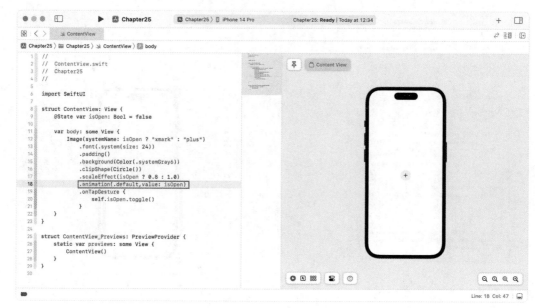

图 25-3 为视图添加动画

```
.animation(.default,value: isOpen)
```

上述代码中，给 Image 视图添加了 animation 动画修饰符后，SwiftUI 将自动渲染动画，跟随 isOpen 状态改变从一种状态切换至另一种状态，如图 25-4 所示。

图 25-4 动画效果预览

除了默认动画参数 default 外，还可以设置.spring、.linear、.easeIn、.easeOut、.easeInOut 来指

定动画的曲线，并可设置动画的相关参数，实现更加炫酷的效果。

以 .spring 弹性动画为例，通过调节动画的阻尼和融合度参数，我们可以实现一个具有弹跳反馈的动画交互效果，如图 25-5 所示。

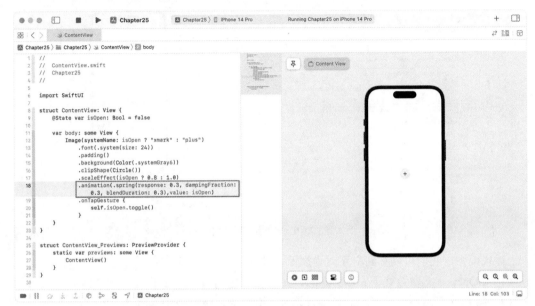

图 25-5　弹性动画效果预览

```Swift
.animation(.spring(response: 0.3, dampingFraction: 0.3, blendDuration: 0.3),value: isOpen)
```

25.2　在组合视图中使用隐性动画

在单个视图中，隐性动画可同时对视图中多个修饰符进行修改赋予动画效果，常见的应用场景有填充色、背景颜色、样式大小等，通过同一个参数判断，实现统一的交互动画，如图 25-6 所示。

```Swift
// 填充色
.foregroundColor(isOpen ? .gray : .white)

// 背景颜色
.background(Color(isOpen ? .systemGray5 : .systemBlue))

// 尺寸缩放
.scaleEffect(isOpen ? 0.8 : 1.2)
```

图 25-6　声明状态参数

上述代码中，我们可以看到交互动画执行了以下几步：

（1）isOpen 状态参数处于 true 状态时，图标填充色为白色；处于 false 状态时为灰色。

（2）isOpen 状态参数处于 true 状态时，背景颜色为蓝色；处于 false 状态时为浅灰色。

（3）isOpen 状态参数处于 true 状态时，默认缩放比例为 1.2；处于 false 状态时为 0.8。

通过状态参数 isOpen 的改变，我们赋予了 Image 图标图片不同的填充颜色、背景颜色和尺寸大小，在单一视图中用多个参数实现统一的动画效果，如图 25-7 所示。

图 25-7　多参数切换效果

除单个视图外，隐性动画还可以在组合视图中实现统一的动画效果，以应对复杂的使用场景。当多个视图使用布局容器组合成一个新的视图时，只需要给组合视图添加 animation 动画修饰符，即可对所在组合视图添加动画效果，如图 25-8 所示。

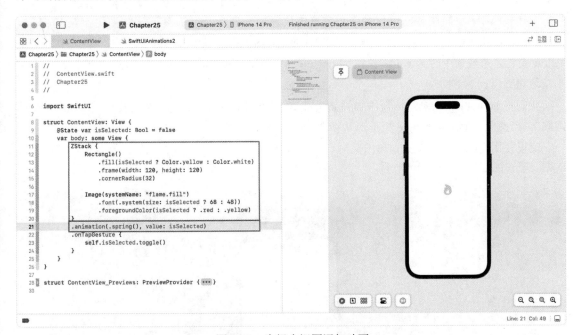

图 25-8　为组合视图添加动画

```swift
import SwiftUI

struct ContentView: View {
    @State var isSelected: Bool = false
    var body: some View {
        ZStack {
            Rectangle()
                .fill(isSelected ? Color.yellow : Color.white)
                .frame(width: 120, height: 120)
                .cornerRadius(32)

            Image(systemName: "flame.fill")
                .font(.system(size: isSelected ? 68 : 48))
                .foregroundColor(isSelected ? .red : .yellow)
        }
        .animation(.spring(), value: isSelected)
        .onTapGesture {
```

```
                self.isSelected.toggle()
            }
        }
    }
```

上述代码中，我们在 ZStack 堆叠布局容器中放置了一个 Rectangle 矩形形状视图和 Image 图片视图。Rectangle 矩形形状视图通过声明的状态参数 isSelected 设置其填充颜色，当被选中时呈现 yellow 黄色，未被选中时为 white 白色。Image 图片视图，则根据状态参数 isSelected 调整其尺寸大小及填充颜色。

我们将 animation 动画修饰符添加到 ZStack 堆叠布局容器上，执行效果相当于将 animation 动画修饰符分别添加到 Rectangle 矩形形状视图和 Image 图片视图中。

这里使用.spring 动画效果，在预览窗口中点击视图，可以看到组合视图的动画效果，如图 25-9 所示。

图 25-9　组合视图动画效果

25.3　为视图添加显性动画

上述案例为隐性动画的使用场景，隐性动画主要作用在视图上，让视图根据状态变化自动渲染动画效果。

我们还可以将状态变化直接包裹进动画的闭包中，不直接作用在视图上，而让 SwiftUI 自己寻找闭包中的参数在哪些视图中被使用，然后自动为使用到该参数的视图渲染动画效果，这种动画类型称为显性动画。

我们就上述案例调整代码示例，如图 25-10 所示。

图 25-10　使用显性动画

```Swift
// 显性动画
withAnimation(.spring()){
    self.isSelected.toggle()
}
```

上述代码中，我们不再使用 animation 动画修饰符，而是在点击手势修饰符中添加动画的闭包 withAnimation，并设置动画参数为 spring，在 withAnimation 动画闭包中，执行 isSelected 状态参数的切换动作。

如此使用显性动画，可以直接监听 withAnimation 动画闭包中的参数变化，并自动给状态参数相关联的视图添加动画效果。

使用显性动画在多个参数状态存在时，特别是在多个视图需要添加同一个动画效果时特别有效，只需要对状态参数执行动作添加动画，而无须在多个视图中分别添加隐性动画。

25.4　实战案例：计时器按钮组

下面我们来实现一个简单的案例。

在计时类应用中首要呈现的是"开始"按钮，当开始计时后，主要操作将由"开始"按钮转变为"暂停"按钮，当用户点击"暂停"按钮时，主要操作将会变为"停止"和"结束"按钮。以此作为示例，我们先完成基本的代码，如图 25-11 所示。

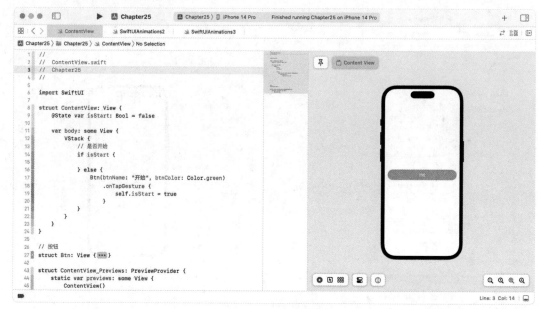

图 25-11　开始按钮视图

```Swift
import SwiftUI

struct ContentView: View {
    @State var isStart: Bool = false

    var body: some View {
        VStack {
            // 是否开始
            if isStart {

            } else {
                Btn(btnName: "开始", btnColor: Color.green)
                    .onTapGesture {
                        self.isStart = true
                    }
            }
        }
    }
}

// 按钮
struct Btn: View {
    var btnName: String
```

```
        var btnColor: Color

        var body: some View {
            Text(btnName)
                .foregroundColor(.white)
                .padding()
                .bold()
                .frame(maxWidth: .infinity)
                .background(btnColor)
                .cornerRadius(32)
                .padding(.horizontal)
        }
}
```

上述代码中，我们首先创建了一个结构体 Btn 作为按钮组件视图，声明按钮的文字内容参数 btnName 和填充颜色参数 btnColor，便可通过对其赋予不同的值得到不同颜色的按钮。

下一步，根据计时器的逻辑声明了状态参数 isStart。当 isStart 处于 false 状态时，使用 Btn 视图展示"开始"按钮，并添加点击手势修饰符；当"开始"按钮被点击时，切换 isStart 参数状态为 ture，即开始计时。

当开始计时后，计时器开始计时，此时还需要实现进一步的交互，如图 25-12 所示。

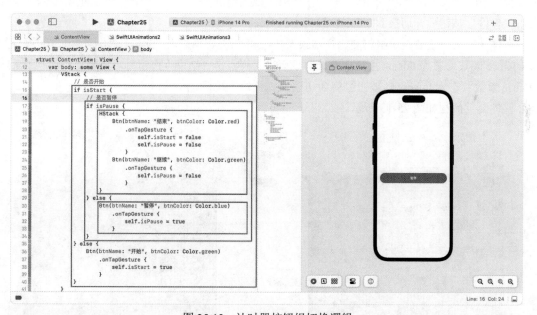

图 25-12　计时器按钮组切换逻辑

```
// 暂停参数
@State var isPause: Bool = false
```

```
// 是否暂停
if isPause {
   HStack {
      Btn(btnName: "结束", btnColor: Color.red)
         .onTapGesture {
            self.isStart = false
            self.isPause = false
         }
      Btn(btnName: "继续", btnColor: Color.green)
         .onTapGesture {
            self.isPause = false
         }
   }
} else {
   Btn(btnName: "暂停", btnColor: Color.blue)
      .onTapGesture {
         self.isPause = true
      }
}
```

上述代码中，计时器开始计时后，还需要判断用户是否点击了"暂停"按钮。声明 isPause 状态参数，当用户未点击"暂停"按钮时，使用 Btn 视图展示"暂停"按钮，并添加点击手势修饰符；点击"暂停"按钮后，切换 isPause 参数状态为 true。

暂停计时后，主要按钮组将变为"结束"按钮和"继续"按钮，当点击"继续"按钮时，则切换 isPause 参数状态为 false，执行继续计时。而当用户点击"结束"按钮时，需要同时切换 isStart、isPause 参数状态为 false，则按钮组将会切换为"开始"按钮。

整体交互流程如图 25-13 所示。

图 25-13 计时器按钮组交互流程

在实现基础逻辑后，我们给交互动作加入动画效果，让按钮组的切换展示更加自然，如图 25-14 所示。

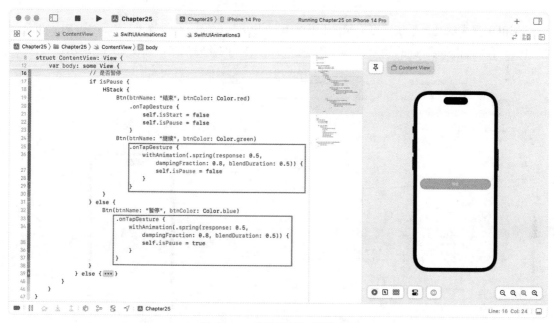

图 25-14　为视图添加显性动画

```Swift
// 继续按钮
Btn(btnName: "继续", btnColor: Color.green)
    .onTapGesture {
        withAnimation(.spring(response: 0.5, dampingFraction: 0.8, blendDuration: 0.5)) {
            self.isPause = false
        }
    }

// 暂停按钮
Btn(btnName: "暂停", btnColor: Color.blue)
    .onTapGesture {
        withAnimation(.spring(response: 0.5, dampingFraction: 0.8, blendDuration: 0.5)) {
            self.isPause = true
        }
    }
```

上述代码中，当视图内容在"暂停"按钮和"结束、继续"按钮组之间进行切换时，通过添加 withAnimation 显性动画，设置动画为 spring 并调整其参数，可以让原本的切换效果更加流畅，进而提升用户体验。

25.5　实战案例：Loading 加载动画

SwiftUI 强大的动画系统，可以帮助我们实现一些更加炫酷的动画效果。以常见的 Loading 动画为例，可以通过重复的间隔缩放动画，实现"加载中"的体验效果，如图 25-15 所示。

图 25-15　Loading 加载动画

```swift
import SwiftUI

struct ContentView: View {
    @State var isLoading: Bool = false


    var body: some View {
        HStack {
            ForEach(0 ..< 4) { index in
                Circle()
                    .fill(Color.green)
                    .frame(width: 20, height: 20)
                    .scaleEffect(isLoading ? 1.0 : 0.5)
                    .animation(Animation.easeInOut(duration: 0.5)
                        .repeatForever()
                        .delay(Double(index) * 0.2),
```

```
                        value: isLoading)
                }
            }
            .onAppear {
                self.isLoading.toggle()
            }
        }
    }
}
```

上述代码中，我们在 HStack 横向布局容器中使用 ForEach 循环创建了四个 Circle 圆形形状，通过声明状态参数 isLoading，让 Circle 圆形形状根据状态参数 isLoading 的状态在 0.5 至 1.0 之间等比例缩放。

动画方面，使用 animation 动画修饰符创建隐性动画，使用指定动画 easeInOut 渐入渐出 0.5 秒，并设置参数 repeatForever 让动画重复执行，重复执行时间隔根据当前执行的圆形形状延迟 0.2 秒，从而达到"此起彼伏"的加载效果。

最后我们使用 onAppear 在界面载入时，加载动画效果。

同理，我们也可以实现圆形进度条的加载效果，如图 25-16 所示。

图 25-16　圆形进度条加载动画

```swift
import SwiftUI

struct ContentView: View {
```

```
    @State var isLoading: Bool = false

    var body: some View {
        ZStack {
            // 背景外环
            Circle()
                .stroke(Color(.systemGray6), lineWidth: 8)
                .frame(width: 48, height: 48)

            // 加载进度条
            Circle()
                .trim(from: 0, to: 0.4)
                .stroke(Color.green, lineWidth: 4)
                .frame(width: 48, height: 48)
                .rotationEffect(Angle(degrees: isLoading ? 360 : 0))
                .animation(Animation.linear(duration: 0.6)
                    .repeatForever(autoreverses: false),
                    value: isLoading
                )
        }
        .onAppear {
            self.isLoading = true
        }
    }
}
```

上述代码中，内环使用 trim 裁剪修饰符获得 Circle 圆形形状的一部分，利用 rotationEffect 旋转修饰符并设置其旋转角度跟随 isLoading 状态参数变化从 0~360°进行旋转。

animation 动画修饰符和上述案例一致，使视图重复执行线性动画，最后使用 onAppear 修饰符开始执行动画。

25.6　实战案例：3D 旋转动画

在卡片游戏中，我们经常会见到抽卡的游戏场景，用户点击卡片背面，卡片会翻转到正面。想要实现这一 3D 翻转效果，可以通过 rotation3DEffect 三维旋转修饰符和 animation 动画修饰符相互配合，如图 25-17 所示。

```
                                                                    Swift

import SwiftUI

struct ContentView: View {
    @State var isSelected: Bool = false
```

```
var body: some View {
    Rectangle()
        .fill(isSelected ? Color.green : Color.black)
        .frame(width: 200, height: 300)
        .cornerRadius(16)
        .rotation3DEffect(
            .degrees(isSelected ? 180 : 0),
            axis: (x: 0, y: 1, z: 0)
        )

        .onTapGesture {
            withAnimation(.linear(duration: 0.4)) {
                self.isSelected.toggle()
            }
        }
    }
}
```

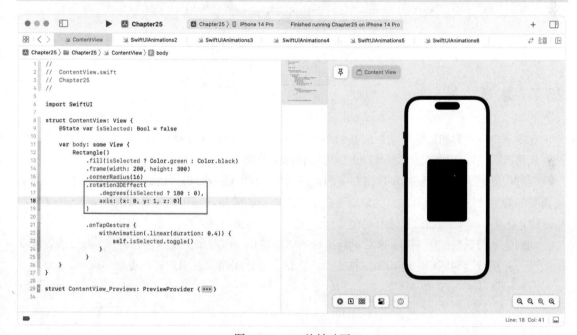

图 25-17　3D 旋转动画

上述代码中，Rectangle 矩形视图根据 isSelected 状态参数显示黑色或者蓝色。rotation3DEffect 三维旋转修饰符中 degrees 旋转角度参数，根据 isSelected 状态参数的状态设置从 0～180°翻转。其中，axis 坐标轴参数设置 Y 轴为 1，X 轴和 Z 轴为 0，则视图旋转时将按照 Y 轴 180°旋转。

动画方面，使用 onTapGesture 点击手势修饰符切换 isSelected 状态参数，并使用 withAnimation 显性动画闭包，使用持续 0.4 秒的 linear 线性动画。

完成后，我们可以在预览窗口中点击卡片查看动画效果，如图 25-18 所示。

图 25-18　3D 旋转动画效果预览

25.7　本章小结

在本章中，我们通过学习动画的基础知识，初步见识了 SwiftUI 动画系统的强大之处。只需要几行代码，就可以在原有的交互基础上添加漂亮的动画效果。

同时我们也了解到，要想制作出精美的动画效果，我们还需要和其他修饰符相互配合，共同实现需要的效果，这并不简单。而如果需要更加深入的动画效果，则可能还需要借助像 SpriteKit 和 SceneKit 之类的动画游戏引擎才有可能实现，在此不作更多介绍。

动画是一门系统性的学科，本章也只是对基础知识和一些简单的案例进行分享，希望读者能有所收获，并在以后的应用中逐步加深这方面的认识，设计出精美且用户体验更好的应用。

第 26 章　CoreData 和 CloudKit，帮你更好地管理数据

通过前面章的学习，相信你对数据持久化的几种方法均有了一定了解。无论是使用@AppStorage 应用存储包装器还是使用 FileManager 框架，最终目的都是帮助用户将需要的数据保存下来。

在数据持久化概念提出之前，应用数据常常临时保存在内存中，当我们关闭应用或者由于某些原因断开应用时，原有的数据将会丢失。而数据持久化的原理，是在应用中创建一个存储空间，然后将数据按照一定的格式存放起来，通过存储、提取等操作，使用户感知到数据一直都在。

在本章中，我们将分享另一个常用的数据持久化框架——CoreData 框架。与数据库不同，CoreData 是一个管理数据对象的框架，但由于其底层是 SQL 数据库，因此可以实现数据的增、删、查、改等操作。

除此之外，CoreData 框架可以很好地和 CloudKit 云端存储框架相配合，将本地数据同步到云端，保障用户在多设备，甚至是更换设备、卸载应用等操作后的数据找回，可以说是目前 iOS 最为优秀的原生数据持久化解决方案。

下面我们将正式进入主题，了解并使用 CoreData 和 CloudKit 框架。

26.1　初探 CoreData 框架

在创建新的 SwiftUI 项目时，Xcode 会提示我们是否使用 CoreData 框架，当勾选之后，Xcode 会自动帮我们创建使用 CoreData 框架所需的项目文件。

创建一个新的 SwiftUI 项目文件，命名为"Chapter26"，并且勾选 Use CoreData，如图 26-1 所示。

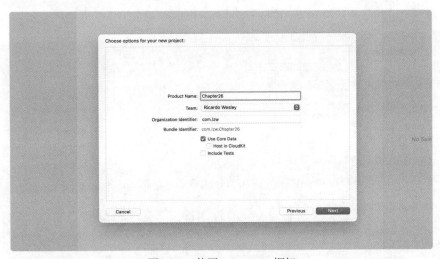

图 26-1　使用 Chapter26 框架

项目创建完成之后，我们会看到 Xcode 创建了几个核心的项目文件 Persistence.swift、SwiftUICoreData.xcdatamodeld，以及在 ContentView 视图文件中可以看到一个使用 CoreDate 框架的 Demo。

在预览窗口中，我们可以看到 SwiftUI 创建的时间戳列表，如图 26-2 所示。

图 26-2 CoreData 模板项目

我们简单介绍一下这几个文件及其在项目中的作用。首先是 SwiftUICoreData.xcdatamodeld 实体模型，我们可以将其视作一个具有多个实体的数据模型，主要用于管理核心数据的配置。

我们在 SwiftUICoreData 模型中可以看到项目创建好的实体 Item，并且在 Item 实体中声明了一个 Date 日期类型的参数 timestamp，如图 26-3 所示。

图 26-3 实体 Item

　　其次是 Persistence.swift 文件，Persistence.swift 文件是数据保存到持久存储区的文件，通过将管理对象上下文注入环境中，来实现在任何视图都可以检索上下文，并且能够管理数据。

　　我们删除多余的注释信息，可以得到核心的代码内容，如图 26-4 所示。

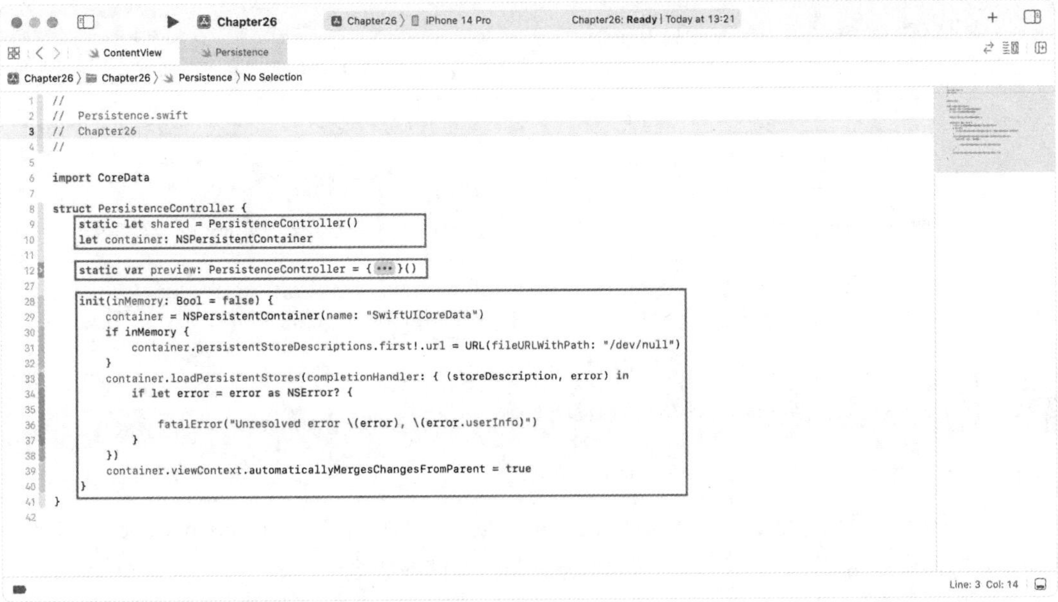

图 26-4　Persistence 文件

```swift
import CoreData

struct PersistenceController {
    static let shared = PersistenceController()

    static var preview: PersistenceController = {
        let result = PersistenceController(inMemory: true)
        let viewContext = result.container.viewContext
        for _ in 0..<10 {
            let newItem = Item(context: viewContext)
            newItem.timestamp = Date()
        }
        do {
            try viewContext.save()
        } catch {
            let nsError = error as NSError
            fatalError("Unresolved error \(nsError), \(nsError.userInfo)")
        }
```

```
        return result
    }()


    let container: NSPersistentContainer

    init(inMemory: Bool = false) {
        container = NSPersistentContainer(name: "SwiftUICoreData")
        if inMemory {
            container.persistentStoreDescriptions.first!.url = URL(fileURLWithPath:
                "/dev/null")
        }
        container.loadPersistentStores(completionHandler: { (storeDescription, error) in
            if let error = error as NSError? {

                fatalError("Unresolved error \(error), \(error.userInfo)")
            }
        })
        container.viewContext.automaticallyMergesChangesFromParent = true
    }
}
```

上述代码中，我们依次引入了 CoreData 框架，创建了结构体 PersistenceController，创建了一个 shared 单例供应用调用，声明了一个容器 container 存储核心数据。

使用 init 函数方法加载 Core Data 的初始化程序，从实体模型 SwiftUICoreData 中获得存储区，如果内存中找到了数据库，则在应用中加载数据。

中间的 preview 单例为 SwiftUI 预览的测试配置数据，简单来说就是创建 10 条时间戳数据，并保存在存储容器中。

在 ContentView 提供的示例代码中，通过环境属性包装器@Environment 存储 CoreData 托管对象上下文，并且使用@FetchRequest 属性包装器使用环境的托管对象上下文执行提取请求。如此，我们便可以在视图中加载和操作数据，如图 26-5 所示。

```
                                                                    Swift

@Environment(\.managedObjectContext) private var viewContext

@FetchRequest(
    sortDescriptors: [NSSortDescriptor(keyPath: \Item.timestamp, ascending: true)],
    animation: .default)
private var items: FetchedResults<Item>
```

作为 Apple 生态中最为核心的框架之一，CoreData 框架的实现路径会稍微复杂一些。我们先了解 CoreData 框架的核心组成文件及基本逻辑，下面将以实际案例为例，从 0 到 1 使用 CoreData 框架。

图 26-5　实现托管对象上下文

26.2　实战案例：ToDo 应用

创建一个新的 SwiftUI 项目文件，命名为 "ToDo"，并且不需要勾选 Use CoreData，如图 26-6 所示。

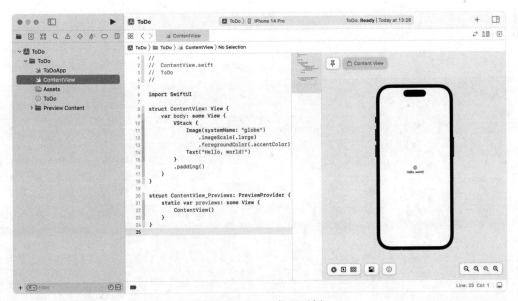

图 26-6　ToDo 代码示例

ToDo 应用是一个非常有效的储存、整理、排序、实现任务并回顾任务达成情况的工具。一款简单高效的 ToDo 应用能够符合大多数人对于时间管理的需求，也可以在一定程度上改变人们的时间管理观念和习惯。

26.2.1　创建 ToDoModel 数据模型

下面的 ToDo 应用案例以核心功能为主，实现 ToDo 应用的创建和完成事项功能。首先是数据模型部分，创建一个 Swift 文件，命名为 "Model"，并实现其代码，如图 26-7 所示。

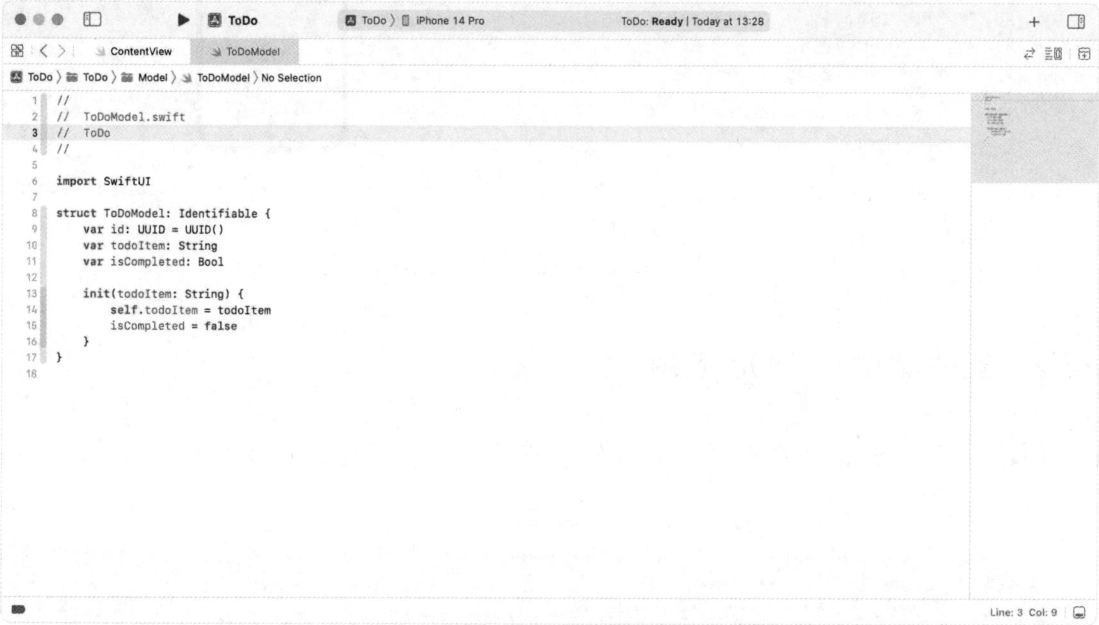

图 26-7　ToDoModel 数据模型

```swift
import SwiftUI

struct ToDoModel: Identifiable {
    var id: UUID = UUID()
    var todoItem: String
    var isCompleted: Bool

    init(todoItem: String) {
        self.todoItem = todoItem
        isCompleted = false
    }
}
```

上述代码中，ToDoModel 结构体符合 Identifiable 协议，这使 id 作为每一个任务项的唯一标识符，即便是相同名称、相同优先级的任务，系统也不会把它们作为同一个。

ToDo 应用的核心参数定义为 todoItem 任务项目、isCompleted 任务是否完成参数，紧接着我们实例化数据，给予相关参数引用值或者默认值。如此，我们便完成了 Model 数据模型的准备。

26.2.2　创建 ToDoListRow 视图

回到 ContentView 文件中，引入 ToDoModel 数据模型，并完成相关的视图样式代码，如图 26-8 所示。

图 26-8　ToDoListRow 任务事项视图

```Swift
// 展示内容
struct ToDoListRow: View {
    var todoItem: ToDoModel

    var body: some View {
        HStack {
            Text(todoItem.todoItem)
                .foregroundColor(todoItem.isCompleted ? .gray : .black)
                .lineLimit(1)
                .strikethrough(todoItem.isCompleted, color: .gray)

            Spacer()
```

```
            Image(systemName: todoItem.isCompleted ? "checkmark.circle.fill" : "circle")
                .foregroundColor(todoItem.isCompleted ? .green : .black)
        }
        .padding(.horizontal)
        .frame(height: 75)
        .background(Color(.systemGray6))
        .cornerRadius(8)
    }
}
```

上述代码中，按照自下而上的编程方式，我们首先创建了 ToDoListRow 视图，用于展示单个 ToDo 任务视图。单个 ToDo 任务视图的关联参数后续需要绑定 ToDoModel 模型的参数，因此可以直接声明一个 ToDoModel 模型类型的参数 todoItem，并在相关代码中使用"点语法"的方式使用参数，如 todoItem.isCompleted。

这样做的好处显而易见，在 ContentView 视图中使用 ToDoListRow 视图时，只需要赋予 todoItem 参数值即可将 ToDoModel 模型的相关参数向下传递。

ToDoListRow 视图的样式由 HStack 横向布局容器中包含 todoItem 参数的 Text 文字内容，以及 isCompleted 参数设置的 Image 图标图片组成。在这里我们大量使用了"三元运算符"语法，根据 isCompleted 参数状态显示不同的内容。

回到 ContentView 视图中，引入 ToDoModel 模型，并使用 List 列表组件展示事项列表，如图 26-9 所示。

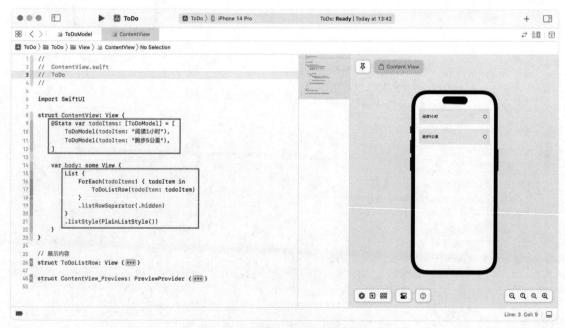

图 26-9　使用 List 展示任务列表

```swift
import SwiftUI

struct ContentView: View {
    @State var todoItems: [ToDoModel] = [
        ToDoModel(todoItem: "阅读 1 小时"),
        ToDoModel(todoItem: "跑步 5 公里"),
    ]

    var body: some View {
        List {
            ForEach(todoItems) { todoItem in
                ToDoListRow(todoItem: todoItem)
            }
            .listRowSeparator(.hidden)
        }
        .listStyle(PlainListStyle())
    }
}
```

上述代码中，在声明参数 todoItems 数组时，除了需要符合 ToDoModel 数据模型数组格式外，为了演示效果，这里创建了 2 个符合 ToDoModel 数据模型的示例数据。

视图代码逻辑上，使用 List 列表和 ForEach 循环方式，遍历 todoItems 数据中的数据，并将其数据赋予 ToDoListRow 任务视图中的 todoItem 参数，完成数据的传递。

最后使用 List 列表相关运算符 listRowSeparator、listStyle，设置 List 列表展示的样式，并且去掉 List 列表项之间的分割线。

26.2.3　实现 toggleToDoItemCompleted 方法

接下来，我们来实现一个交互动作，即点击任务事项时，更新该任务事项的状态为"完成"，如图 26-10 所示。

```swift
                                                                    Swift
// 点击完成事项方法
func toggleToDoItemCompleted(_ todoItem: ToDoModel) {
    if let index = todoItems.firstIndex(where: { $0.id == todoItem.id }) {
        todoItems[index].isCompleted.toggle()
    }
}

// 点击完成
.onTapGesture {
    toggleToDoItemCompleted(todoItem)
}
```

图 26-10　点击完成事项方法

上述代码中，我们创建了一个方法 toggleToDoItemCompleted，通过传入 ToDoModel 数据模型，判断当前数据项在数组 todoItems 中的 index 序号，当找到该数据项后，切换 isCompleted 参数状态。

在 ToDoListRow 任务事项视图中添加 onTapGesture 点击手势修饰符，调用 toggleToDoItemCompleted 方法，传入当前点击的事项 todoItem，即可实现任务事项的点击完成操作。

26.2.4　创建 InputTextField 视图

下一步，我们来完成新增事项的相关视图和交互逻辑。创建一个文本输入视图，如图 26-11 所示。

```Swift
// 输入内容
struct InputTextField: View {
    @State var newToDoItem = ""

    var body: some View {
        HStack {
            TextField("添加新事项", text: $newToDoItem)
                .textFieldStyle(RoundedBorderTextFieldStyle())

            Image(systemName: "plus.circle.fill")
                .font(.system(size: 28))
                .foregroundColor(.blue)
```

```
        }
        .padding()
    }
}
```

图 26-11　新增事项视图

上述代码中，InputTextField 视图为创建的新增事项视图，声明参数 newToDoItem 绑定 TextField 文本框输入的内容，使用 HStack 横向布局容器排布 TextField 文本框和 Image 图标。

完成视图搭建后，将 InputTextField 视图和 ContentView 使用 VStack 垂直布局容器和 ToDo 列表形成组合视图。

26.2.5　实现 addToDoItem 方法

下一步，我们来实现新增笔记操作。新增笔记需要注意一点，由于事项数组 todoItems 是在 ContentView 视图中声明的，而且 List 列表展示的数据来源也是 ContentView 视图中的 todoItems，因此，在新的视图中要想创建数据到父级视图，则需要建立绑定关系，如图 26-12 所示。

```Swift
// 文本输入
InputTextField(todoItems: $todoItems)

// 关联绑定
@Binding var todoItems: [ToDoModel]
```

```
// 新增笔记方法
func addToDoItem() {
    if !newToDoItem.isEmpty {
        todoItems.append(ToDoModel(todoItem: newToDoItem))
        newToDoItem = ""
    }
}
```

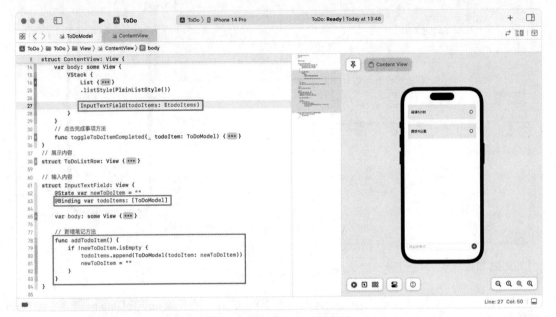

图 26-12 实现添加事项方法

上述代码中,我们使用@Binding绑定属性包装器关联参数 todoItems,其类型为符合 ToDoModel 数据模型的数组。完成后，在 InputTextField 视图中关联绑定 ContentView 视图中使用@State 状态属性包装器声明的参数 todoItems。

在添加事项的方法 addToDoItem 中，当输入的内容 newToDoItem 不为空时，将 newToDoItem 参数内容传入 ToDoModel 数据模型中，并且使用 append 添加方法将其添加到 todoItems 数组中。

在添加完成时，还需要重新给 newToDoItem 参数赋值为空字符串内容。最后，我们将 addToDoItem 方法添加到添加按钮上，如图 26-13 所示。

```
                                                                    Swift
// 点击新增笔记
.onTapGesture {
    addToDoItem()
}
```

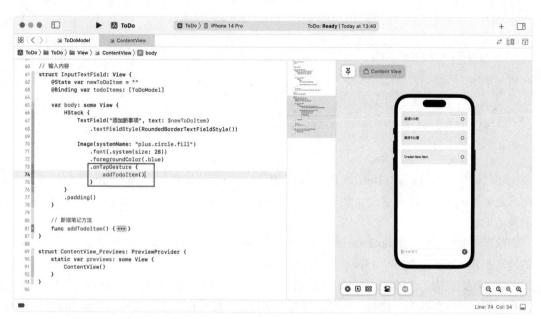

图 26-13　添加事项预览

26.2.6　实现 deleteTodoItem 方法

最后，我们再补充一下执行删除的方法。删除事项在之前的章节中使用的方法类似，可以直接使用 List 列表提供的左滑删除的方法，如图 26-14 所示。

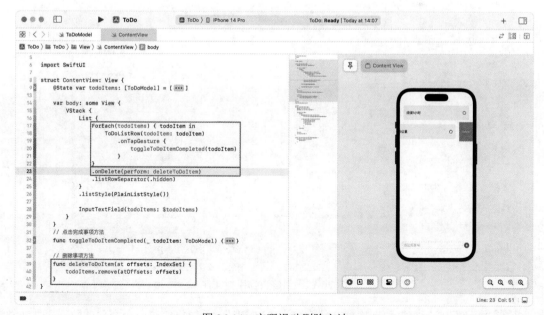

图 26-14　实现滑动删除方法

```
                                                                    Swift
// 滑动删除
.onDelete(perform: deleteToDoItem)

// 删除事项方法
func deleteToDoItem(at offsets: IndexSet) {
    todoItems.remove(atOffsets: offsets)
}
```

上述代码中，在 deleteToDoItem 删除列的方法中，我们接收单一的 IndexSet 类型的参数，它是用来定位要删除的事项位置的。然后调用 remove(atOffsets: ....)方法来删除 Messages 数组中被定位的特定项。

删除事项时，需要调用 onDelete 删除触发方法，并且在 ForEach 循环的闭包中，执行对单个事项的滑动删除，而不是对整个 List 列表执行删除操作。

至此，我们完成了 ToDo 应用基础功能的搭建，但当我们创建任务事项后重新打开模拟器，新增的任务事项将全部丢失。这时，我们就需要借助于数据持久化方法，来实现对创建事项的保存。

26.3 创建实体模型

根据上述关于 CoreData 框架的说明，要实现数据持久化，首先需要创建数据模型文件，并声明相关参数。在左侧栏中点击鼠标右键，选择 New File，选择 Data Model，如图 26-15 所示。

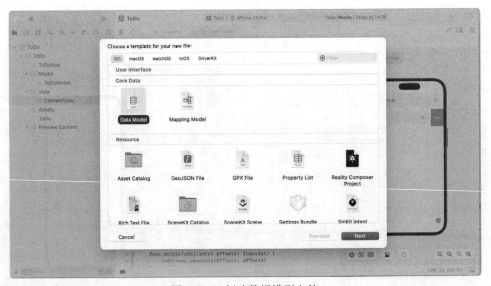

图 26-15　创建数据模型文件

点击"Next"按钮，将数据模型文件命名为"Model"，系统将创建一个空白的数据模型文件。

模型创建好后，需要创建一个新的实体 todoItem 来存储我们需要用到的参数。点击左下角的"Add Entity"按钮新增一个实体，系统将自动创建一个名为"Entity"的实体，如图 26-16 所示。

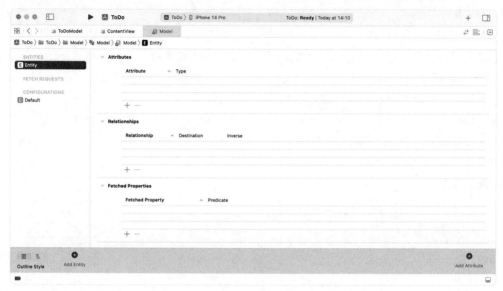

图 26-16　创建实体

双击实体可以修改其名称，这里暂不做多余的更改。在实体右侧我们可以添加实体使用的相关参数，即之前创建的 Model 数据类创建的参数。点击"+"按钮新增参数，重命名参数并且选择参数类型，如图 26-17 所示。

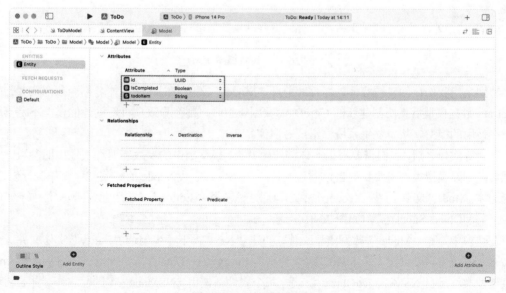

图 26-17　声明实体参数

```Swift
id:UUID
todoItem:String
isCompleted:Boolean
```

最后关键的一步，当我们定义新的实体，或者重新定义实体时，需要保证 Module 模块选择 CurrrentProductModule 当前产品的模型，Codegen 代码基因选择 Manual/None，不然我们在项目中引用模型时可能会找不到定义的 Entity 实体，如图 26-18 所示。

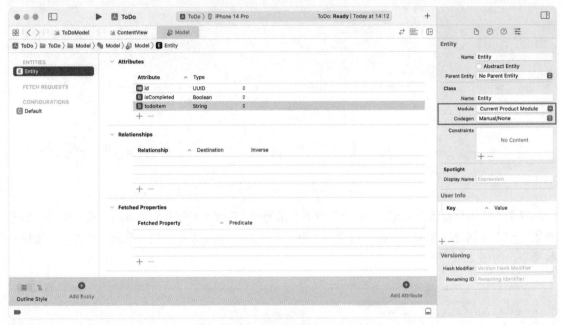

图 26-18　设置模型状态

特别是当我们在创建的实体的名称和前面"Model"文件中创建的实体名称一致，或者删除了 CoreData 数据模型后重新创建新的 CoreData 数据模型时，都会导致项目新创建的模型不是当前项目正在使用的模型，从而发生系统报错或者崩溃。

创建好实体之后，我们需要根据实体创建模型类，模型类中的参数需要和实体中的参数一一进行配对。创建模型类不需要我们自己创建文件，而是可以借助 Xcode 的相关文件操作进行创建。

选中 Model 文件，在 Xcode 顶部工具栏上选择"Editor"，在下拉菜单中选择"Create NSManagedObject Subclass"，如图 26-19 所示。

在弹窗中勾选"Model"数据模型文件，点击"Next"，下一步勾选"Entity"实体文件，点击"Next"，系统将自动创建 2 个 Swift 文件，分别为 Entity+CoreDataClass、Entity+CoreDataProperties。

模型类继承自 NSManagedObject 协议，每个属性都使用@NSManaged 进行注释，并且对应我们 todoItem 创建的属性 id、todoItem、isCompleted，如图 26-20 所示。

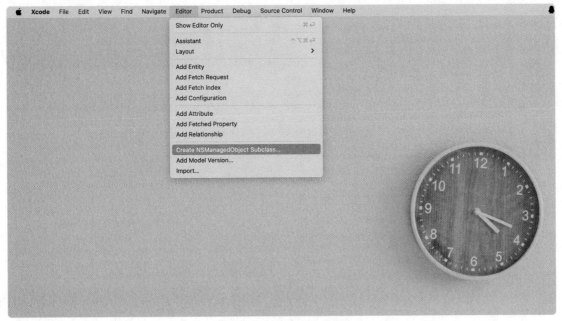

图 26-19　生成模型类操作

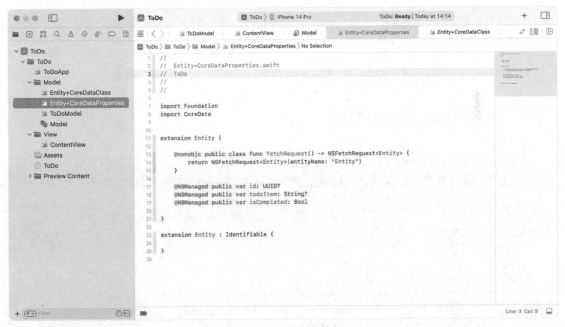

图 26-20　实体模型类

在模型类中可以看到 id、todoItem 使用了可选类型，避免由于必要参数值为空导致的报错。如果我们后续在业务上避免了这种情况，这里也可以去掉可选类型，如图 26-21 所示。

图 26-21　实体模型类参数

```Swift
@NSManaged public var id: UUID
@NSManaged public var todoItem: String
@NSManaged public var isCompleted: Bool
```

26.4　创建 Persistence 单例

　　数据模型文件创建完成之后，我们需要创建管理数据的文件，用于将数据保存到持久存储区。创建一个新的 Swift 文件，命名为"Persistence"，并键入以下代码，如图 26-22 所示。

```Swift
import CoreData

struct Persistence {
    static let shared = Persistence()

    let container: NSPersistentContainer

    init(inMemory: Bool = false) {
        container = NSPersistentCloudKitContainer(name: "Model")
```

```
        if inMemory { container.persistentStoreDescriptions.first!.url =
            URL(fileURLWithPath: "/dev/null")
        }

        container.loadPersistentStores(completionHandler: { _, error in
            if let error = error as NSError? {
                fatalError("Unresolved error \(error), \(error.userInfo)")
            }
        })
    }
}
```

图 26-22　Persistence 单例

　　这一部分代码在前面的小节中讲解过，可以将这部分代码作为代码框架使用，只需要调整其存储容器为"Model"数据模型文件即可。

26.5　实现 CoreData 本地数据存储

　　接下来，我们来使用 CoreData 本地数据存储框架实现 ToDo 应用的本地存储。

26.5.1　在项目中使用 CoreData 容器

　　首先我们需要将 CoreData 容器的托管对象上下文注入 SwiftUI 环境，如图 26-23 所示。

图 26-23　将托管对象注入环境

```Swift
import SwiftUI

@main
struct ToDoApp: App {

    let persistenceController = Persistence.shared

    var body: some Scene {
        WindowGroup {
            ContentView()
                .environment(\.managedObjectContext,
                    persistenceController.container.viewContext)
        }
    }
}
```

在 ToDoApp 文件中，我们为 ToDo 应用提供一个属性来存储持久性控制器，并且使用 environment 修饰符将新的 CoreData 视图上下文附加到环境中的.managedObjectContext 键。

这一步至关重要，我们将托管对象上下文注入 SwiftUI 环境后，才能在 ContentView 视图中请求 CoreData 容器的数据及其他相关操作。

回到 ContentView 文件，我们注释之前声明数组的相关代码，使用@FetchRequest 核心数据请求属性包装器创建和管理 CoreData 提取请求，如图 26-24 所示。

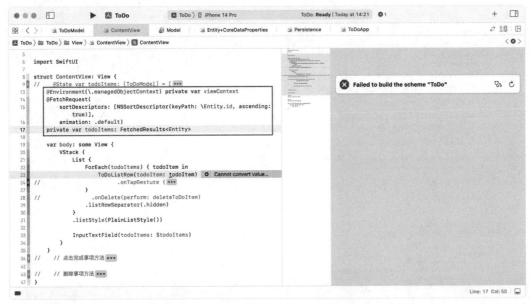

图 26-24 创建和管理 CoreData 提取请求

```Swift
@Environment(\.managedObjectContext) private var viewContext

@FetchRequest(
    sortDescriptors: [NSSortDescriptor(keyPath: \Entity.id, ascending: true)],
    animation: .default)
private var todoItems: FetchedResults<Entity>
```

上述代码中，我们注释了使用@State 属性包装器声明的数组 todoItems，也同步注释了"点击完成事项方法""删除事项方法"，包括在 List 列表中执行的相关代码。

下一步，将托管对象上下文通过.managedObjectContext 键附加到环境中，并使用@FetchRequest 属性包装器创建提取请求。我们创建了一个具有名称和创建者属性的 Entity 实体，并设置其 sortDescriptors 排序顺序根据 Entity 实体的 id 进行排序。

完成后，我们会发现 ToDoListRow 任务事项视图报错了，提示信息为"无法将 FetchedResults<Entity>请求转变为 ToDoModel 模型类"。

报错是因为之前构建 ToDoListRow 任务事项视图时，关联的对象是 ToDoModel 模型类。因此，我们还需要在 ToDoListRow 任务事项视图中更改 ToDoModel 模型类为 Entity 实体类，如图 26-25 所示。

```Swift
var todoItem: Entity
```

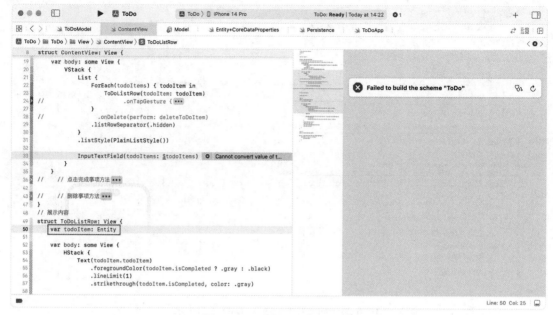

图 26-25　更换 Entity 实体类

这里又出现了报错信息，经判断为同样的问题：由于 InputTextField 文本视图中使用@Binding绑定属性包装器声明的参数是 ToDoModel 类型，而现在使用的是 Entity 实体类类型。

因此，可以直接注释原有的关联以及"新增事项方法"，如图 26-26 所示。

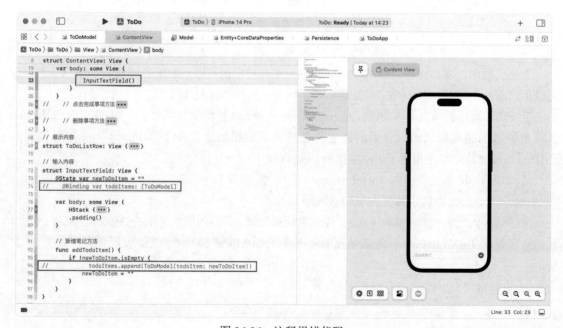

图 26-26　注释报错代码

26.5.2　修改 addToDoItem 方法

下面我们来完成"新增事项方法"，在完善方法前仍然需要从环境中获取管理对象上下文，创建一个 newItem 实例获得 Entity 实体中的.managedObjectContext 键，如图 26-27 所示。

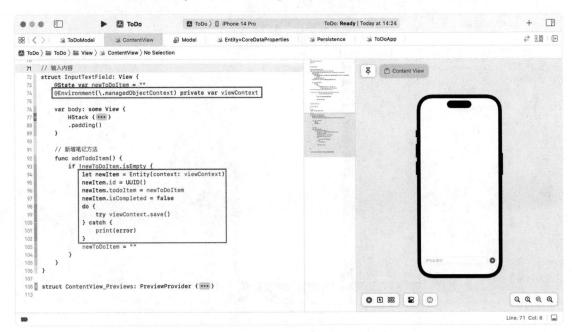

图 26-27　修改新增事项方法

```Swift
//托管对象上下文通过 .managedObjectContext 键附加到环境中
@Environment(\.managedObjectContext) private var viewContext

// 新增并存储事项
let newItem = Entity(context: viewContext)
newItem.id = UUID()
newItem.todoItem = newToDoItem
newItem.isCompleted = false
do {
    try viewContext.save()
} catch {
    print(error)
}
```

上述代码中，创建事项的方法 addToDoItem，通过创建实例 newItem，并给实例的相关参数赋值，最后调用 save 方法将数据存储到存储区中，以此实现通过 CoreData 容器保存更改的内容。

我们运行模拟器，在模拟器中查看数据持久化的效果，如图 26-28 所示。

图 26-28　在模拟器中操作新增事项

当创建事项之后，关闭应用再重新打开，已经创建的任务事项仍然会保留在应用中。

26.5.3　修改 deleteToDoItem 方法

紧接着，我们再来完成删除任务事项的方法。在前面的例子中，我们实现了左滑删除的方法，这里我们再分享另一种删除事项的方法，即通过事项 ID 定位进行指定事项的删除。

在创建数据模型文件时，在事项相关参数中，每一个事项都有唯一的 ID 标识符。因此，我们可以通过 ID 找到当前需要操作的事项，并执行删除操作，如图 26-29 所示。

```Swift
// 通过点按弹窗执行删除
.contextMenu {
    Button("删除") {
        deleteToDoItem(itemId:todoItem.id)
    }
}
```

```
// 删除事项方法
func deleteToDoItem(itemId: UUID) {
    if let deleteItem = todoItems.first(where: { $0.id == itemId }) {
        viewContext.delete(deleteItem)

        do {
            try viewContext.save()
        } catch {
            print(error)
        }
    }
}
```

图 26-29　修订删除事项方法

　　上述代码中，deleteToDoItem 删除事项方法传入 UUID 类型的参数 itemId，通过判断传入的 itemId 参数在 todoItems 数组中的位置，找到相关的事项赋予 deleteItem 实例，执行 delete 方法删除事项。完成后，还需要调用 save 方法，将当前操作存储下来。

　　在运行的模拟器中，我们体验创建事项和删除事项的完整操作，如图 26-30 所示。

图 26-30　删除事项流程预览

26.5.4　修改 toggleToDoItemCompleted 方法

toggleToDoItemCompleted 方法的调整和 deleteToDoItem 删除事项方法类似，也是根据传入的 UUID 类型的 itemId 参数判断点击的事项是哪一个，然后更改该事项的 isCompleted 状态参数，实现 "完成事项" 的效果，如图 26-31 所示。

```Swift
// 点击完成事项方法
func toggleToDoItemCompleted(itemId: UUID) {
    guard let todoItem = todoItems.first(where: { $0.id == itemId }) else { return }

    withAnimation {
        todoItem.isCompleted.toggle()

        do {
            try viewContext.save()
        } catch {
            print(error)
        }
    }
}

// 点击完成
.onTapGesture {
    toggleToDoItemCompleted(itemId: todoItem.id)
}
```

图 26-31　修订完成事项方法

完成后，我们在模拟器中测试时发现一个问题：由于 toggleToDoItemCompleted 方法中的更改没有及时反映在视图中，当我们重新打开应用时才能看到上一次更改的内容。

这是由于 ToDoListRow 任务事项视图的状态与父级视图进行共享，因此父级视图发生的状态更新无法在 ToDoListRow 任务事项视图中更新。

要想解决这一问题，我们可以增加@ObservedObject 属性包装器，当相关参数发生更改时，可以刷新正在监视对象的视图。

再回到模拟器中，进行事项的创建和完成操作，如图 26-32 所示。

图 26-32　完成事项操作流程

26.6 实现 iCloud 云端数据存储

上述案例中，我们完成了 ToDo 应用的数据持久化工作。CoreData 作为本地数据存储框架，可以很好地将用户的数据保存在本地中，只要应用未被卸载或者系统没有被重置，则数据一直都在。

但如果我们希望应用能够跨平台使用，或者卸载后重装仍保留原有数据，这时候就需要用到另一个官方框架——CloudKit 云端存储框架。

使用 CloudKit 云端存储框架需要注意两点：首先，我们需要拥有一个已经注册过的开发者账号，即已经开通了开发者权限，而不仅是苹果账号，开通费用大概是 99 美元一年；其次，我们在测试云端同步时，需要接入真机设备才能进行测试。

26.6.1 添加 iCloud 数据库容器

首先我们需要添加 iCloud 到项目中，选中左侧栏中的项目文件，在目标 Targets 中选中应用，在 Signing&Capability 中点击 Capability 选项来添加能力，如图 26-33 所示。

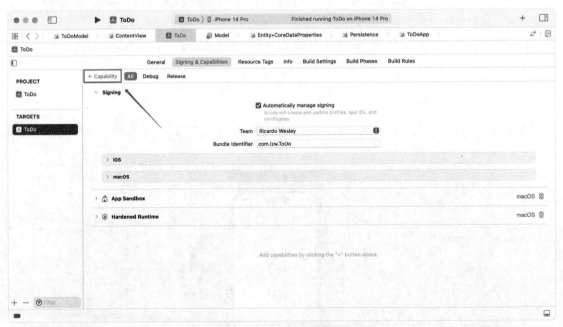

图 26-33　添加能力操作

在弹窗中选择 iCloud，双击添加，如图 26-34 所示。

添加完成后，我们可以看到在 Signing&Capability 列表中新增了 iCloud 相关的内容。在 Services 选项中勾选 CloudKit，如图 26-35 所示。

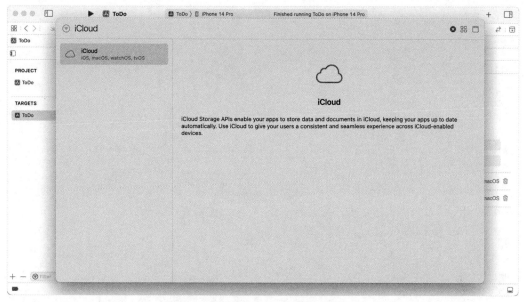

图 26-34　添加 iCloud 数据库容器

图 26-35　配置使用 CloudKit

勾选 CloudKit，如果是首次使用，则系统会弹出一个 Add a new container 弹窗，我们也可以点击"+"按钮添加数据库容器，给新容器命名时与 CoreData 文件保持一致，如图 26-36 所示。

新建数据库容器后，容器会显示红字，点击下方高亮的"刷新"按钮，稍等片刻后，数据库容器便创建完成，如图 26-37 所示。

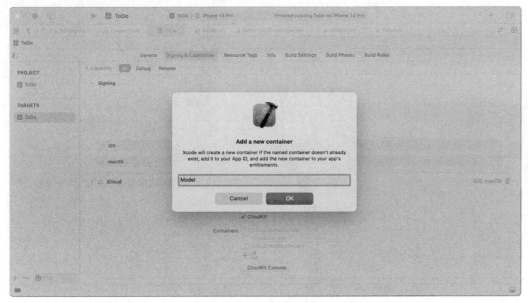

图 26-36　添加数据库容器

图 26-37　刷新容器状态

26.6.2　添加 Background Modes 能力

下一步，我们还需要给项目添加 Background Modes 能力，允许本地数据库接收云端数据库的更新，以实现本地数据库和云端数据库的同步。

在 Signing&Capability 中点击 Capability 选项来添加能力，选择 Background Modes，如图 26-38 所示。

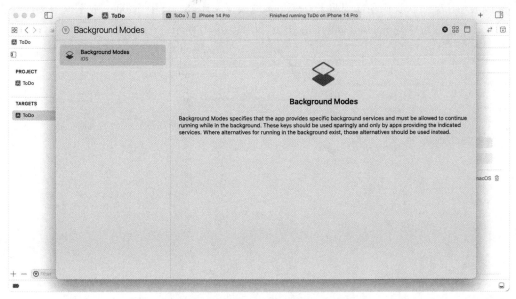

图 26-38　添加 Background Modes 能力

新增 Background Modes 能力后，在页面中勾选 Remote Notification 选项，如此便可以接收来自云端数据库的更新，如图 26-39 所示。

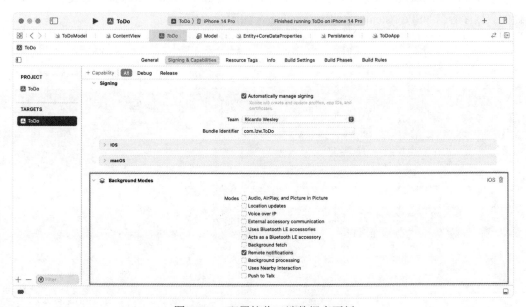

图 26-39　配置接收云端数据库更新

26.6.3　设置 CloudKit 云存储开发

完成上述步骤后，我们还需要将云存储与本地数据库连接。选中 Model 数据模型文件，选择 Default，在右侧面板中勾选 Used with CloudKit，如图 26-40 所示。

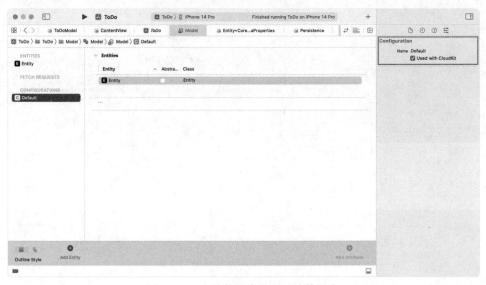

图 26-40　本地数据库关联云端数据库

下一步来到 Persistence 文件中，更改原先使用的容器 NSPersistentContainer 为支持本地和网络存储的数据库容器 NSPersistentCloudKitConatiner，如图 26-41 所示。

图 26-41　设置数据库容器类型

```Swift
let container: NSPersistentCloudKitContainer

container = NSPersistentCloudKitContainer(name: "Model")
```

至此，实现 iCloud 云端数据存储的所有工作均已完成。

26.7　本章小结

在本章中，我们分享了通过 CoreData 本地数据库框架及 CloudKit 云端数据库框架进行数据存储，并以 ToDo 应用为案例进行了详细讲解。

结合前面章节所学的数据持久化的方法，或是你已经掌握的其他实现数据持久化的方式，我们已经掌握了大部分关于数据处理的内容。当然，具体使用什么方法或者框架，完全取决于业务或者个人开发习惯。

本地数据存储已经覆盖了大部分的用户场景，再结合云端存储，我们无须额外的服务器或者后端的加入，SwiftUI 利用简单的代码和框架，即可帮助我们快速实现产品的核心数据处理功能。

如果你已经掌握了本章的知识，不妨自己开发一个 ToDo 或者笔记应用吧。

第 27 章　轻量互动，Widget 桌面小组件的使用

第一次接触 Widget 桌面小组件时既熟悉又陌生，曾几何时，在安卓系统的设备上，在桌面放置音乐小组件快速切换歌曲何其便捷。而在更换 iOS 设备后，就几乎只能点击音乐应用进入主页方可进行交互操作。

自从 iOS 14 版本加入 Widget 桌面小组件后，小组件差不多变成了笔者日常最为频繁使用的功能。查看快递信息、进行桌面个性化设置，甚至使用叠加功能，在减少桌面空间占用的同时也能实现更多的功能操作。

在 iOS 16 版本的更新中，新增了锁屏小组件，在用户的使用、触达上又进行了优化。

在本章中，我们将分享如何搭建一个 Widget 桌面小组件项目，并介绍其背景和原理，以让我们更快地学习和掌握 Widget 的使用。

创建一个新的 SwiftUI 项目文件，命名为"Chapter27"，如图 27-1 所示。

图 27-1　Chapter27 代码示例

27.1　创建 Widget 小组件项目

在使用 Widget 小组件之前，我们需要提前了解几点信息。

首先，小组件依赖的 WidgetKit 框架是基于 SwiftUI 开发的，因此只能使用 SwiftUI 进行开发，这就需要在项目开发语言上以 SwiftUI 和 Swift 为基础。

其次，Widget 只支持 systemSmall（2×2）、systemMedium（4×2）、systemLarge（4×4）三种尺寸，在小尺寸的小组件上目前只能实现信息的展示，而与小组件进行更加复杂的交互动作，则需要在大尺寸的小组件上方可进行。

最后，由于 Widget 小组件是在 iOS 14 版本之后加入的，因此在 iOS14 版本以下的设备上，用户将无法使用小组件。

了解了上述信息后，我们在项目中添加 Widget 小组件功能。首先需要在项目中添加 Widget Extension，在 Xcode 顶部工具栏中选择 File-New-Target，如图 27-2 所示。

图 27-2　创建新项目操作

在弹窗中选择 iOS-Application Extension 栏目下选中 Widget Extension，点击"Next"按钮，如图 27-3 所示。

在创建 Widget 小组件的弹窗中，给小组件项目命名。这里需要注意的是，为区分小组件项目和当前项目，应避免两个项目名称重复，这里给小组件项目命名为"MyWidget"，并点击"Finish"按钮，如图 27-4 所示。

图 27-3　选择小组件类型项目

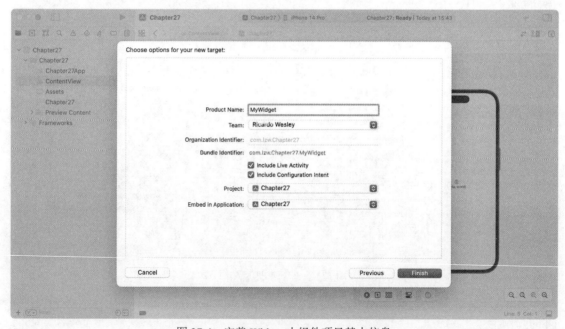

图 27-4　完善 Widget 小组件项目基本信息

完成后，Xcode 会自动创建 Widget 小组件所需要的项目文件，并且在"MyWidget"文件中提供一个简单的数字时钟应用的示例代码供开发者参考，如图 27-5 所示。

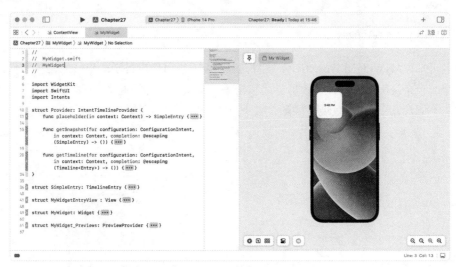

图 27-5　Widget 小组件项目预览

27.2　小组件项目文件详解

下面我们简单介绍下 Widget 小组件项目的文件。

27.2.1　MyWidgetBundle 文件

MyWidgetBundle 文件是 Widget 小组件项目的入口文件，类似 iOS 项目的 SwiftUIWidgetApp 文件，文件中包含了小组件的摘要信息部件和详细信息部件。可以将其看作项目的容器文件，用于包裹小组件项目所需要的配置以及样式内容，如图 27-6 所示。

图 27-6　入口文件

27.2.2　MyWidgetLiveActivity 文件

从命名可知，MyWidgetLiveActivity 文件是 Widget 小组件项目活动更新的相关文件。其主要功能有两个：一个是配置小组件在锁屏界面和横幅通知（灵动岛等通知）的 UI 呈现；另一个是配置小组件在不同尺寸下的 UI 呈现，如图 27-7 所示。

图 27-7　活动更新文件

27.2.3　MyWidget 文件

MyWidget 文件是核心文件，该文件用来配置小组件样式及其更新机制、数据共享等，我们对小组件的相关编程大多在此文件中进行，如图 27-8 所示。

图 27-8　主视图文件

我们重点拆解下 MyWidget 文件中的代码，从下往上简要说明代码实现的相关功能。

MyWidget_Previews 部分为预览代码内容，我们可以更改 family 参数，设置预览时显示的小组件的尺寸，如图 27-9 所示。

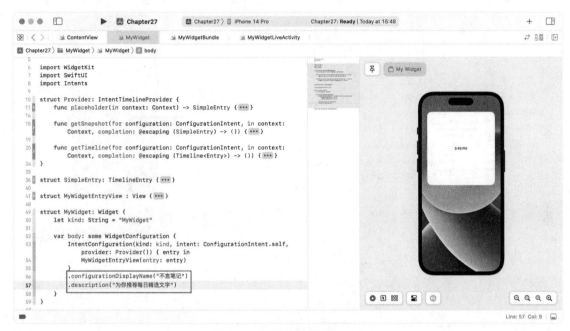

图 27-9　修改小组件预览尺寸

```Swift
struct MyWidget_Previews: PreviewProvider {
    static var previews: some View {
        MyWidgetEntryView(
            entry: SimpleEntry(date: Date(),
            configuration: ConfigurationIntent()))
        .previewContext(WidgetPreviewContext(family: .systemLarge))
    }
}
```

上述代码中，小组件预览时的尺寸大小可以通过设置 family 参数而定，默认为小尺寸 systemSmall，可设置中等尺寸参数值 systemMedium、大尺寸参数值 systemLarge、超大尺寸参数值 systemExtraLarge。

MyWidget 代码部分为用户设置小组件时的流程参数设置，该部分代码允许开发者设置添加小组件时的小组件标题、描述信息、默认尺寸，我们修改相关参数信息，如图 27-10 所示。

图 27-10　修改小组件预览参数

```swift
struct MyWidget: Widget {
    let kind: String = "MyWidget"

    var body: some WidgetConfiguration {
        IntentConfiguration(kind: kind, intent: ConfigurationIntent.self, provider:
            Provider()) { entry in
            MyWidgetEntryView(entry: entry)
        }
        .configurationDisplayName("不言笔记")
        .description("为你推荐每日精选文字")
    }
}
```

上述代码中，kind 参数为小组件唯一的 ID，我们修改 configurationDisplayName 参数和 description 参数的内容，如此在添加小程序过程中可以看到自定义显示的内容。

修改后预览效果时，需要在真机环境中，且我们需要切换安装的项目为 SwiftUIWidget 项目，如图 27-11 所示。

如此在真机情况下，将会把 SwiftUIWidget 项目及 MyWidget 项目打包安装到真机设备中，真机上预览小组件添加效果如图 27-12 所示。

图 27-11　切换预览项目

图 27-12　小组件真机操作流程

在图 27-12 中，第 3 张图中的小组件标题名称及标题下的描述信息，为修改后的 configurationDisplayName 参数和 description 参数的内容。

MyWidgetEntryView 和 SimpleEntry 代码部分为小组件的样式和数据模型，SimpleEntry 代码部

分，遵循 TimelineEntry 协议，存储 Widget 所需的数据模型，类似于 iOS 项目中的 Model；MyWidgetEntryView 代码部分则充当 View 视图，用于搭建小组件的 UI 样式。

我们修改 MyWidgetEntryView 视图代码，如图 27-13 所示。

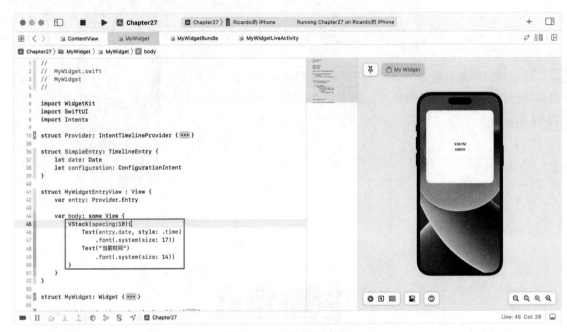

图 27-13　添加显示文字

```Swift
struct SimpleEntry: TimelineEntry {
    let date: Date
    let configuration: ConfigurationIntent
}

struct MyWidgetEntryView : View {
    var entry: Provider.Entry

    var body: some View {
        VStack(spacing:10){
            Text(entry.date, style: .time)
                .font(.system(size: 17))
            Text("当前时间")
                .font(.system(size: 14))
        }
    }
}
```

上述代码中，在 MyWidgetEntryView 视图中使用 VStack 纵向布局容器放置了 2 组 Text 文字，上面的 Text 用于接收 SimpleEntry 数据模型中的 date 时间参数，并自动更新；下面的 Text 为我们新增的 Text 文字，用于显示文字内容。

值得注意的是，entry 变量的类型为 Provider.Entry，Entry 类型可以看作对 SimpleEntry 类型的一个封装，用于传递数据和渲染 UI。Entry 类型通常会遵循 TimelineEntry 协议，并包含一些用于描述小组件当前状态的属性。

最后我们再来看看 Provider 代码块的内容。Provider 提供者的主要功能是展示和更新小组件的信息，包括预览时的小组件信息、添加到桌面时的小组件信息、小组件更新后的信息刷新，如图 27-14 所示。

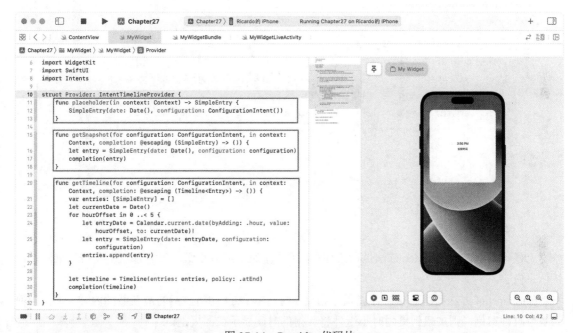

图 27-14　Provider 代码块

```Swift
import Intents
import SwiftUI
import WidgetKit


struct Provider: IntentTimelineProvider {
    func placeholder(in context: Context) -> SimpleEntry {
        SimpleEntry(date: Date(), configuration: ConfigurationIntent())
    }
```

```
func getSnapshot(for configuration: ConfigurationIntent, in context: Context,
    completion: @escaping (SimpleEntry) -> Void) {
    let entry = SimpleEntry(date: Date(), configuration: configuration)
    completion(entry)
}

func getTimeline(for configuration: ConfigurationIntent, in context: Context,
    completion: @escaping (Timeline<Entry>) -> Void) {
    var entries: [SimpleEntry] = []

    // Generate a timeline consisting of five entries an hour apart, starting from
    the current date.
    let currentDate = Date()
    for hourOffset in 0 ..< 5 {
        let entryDate = Calendar.current.date(byAdding: .hour, value: hourOffset, to:
        currentDate)!
        let entry = SimpleEntry(date: entryDate, configuration: configuration)
        entries.append(entry)
    }

    let timeline = Timeline(entries: entries, policy: .atEnd)
    completion(timeline)
}
}
```

上述代码中，placeholder 方法是在添加小组件预览时，或者小组件没有加载更新时所展示的默认信息内容。

getSnapshot 方法则是当小组件被添加到桌面时，SwiftUI 刷新显示的最新截图内容，比如当前为数字时钟案例，则加载到桌面时小组件将获得的时间显示在面板上。

getTimeline 方法为根据设定的时间轴，在指定的时间刷新小组件的信息内容，比如设置为每小时刷新，则小组件将会按照设置的时间轴参数每过一小时刷新一次小组件显示的内容。

这里需要注意的是，由于 iOS 底层的机制，小组件刷新机制将会根据设备实际使用情况而动态调整，底层执行的机制若高于小组件刷新机制的优先级，则将会优先执行底层机制。这有可能导致小组件刷新不及时，也无可厚非。

27.2.4 MyWidget.intentdefinition 文件

MyWidget.intentdefinition 文件较为复杂，作为小组件的高阶扩展功能，该文件是帮助开发者实现更加复杂的小组件交互动作的，比如点击小组件时选择更多内容，或者动态配置显示信息等，如图 27-15 所示。

图 27-15　小组件高阶扩展功能

27.2.5　Assets.xcassets 文件

最后是 Assets.xcassets 文件，我们在 iOS 项目中导入项目素材时常常会使用到该文件，作为项目素材库，可以设置主题色、AppIcon、项目图片素材等。

而在 MyWidget 项目中也同样创建了一个 Assets 素材库文件，用于搭建小组件项目时存放所需的素材文件，并与主项目的素材分开，如图 27-16 所示。

图 27-16　小组件素材文件

下面我们将借助 Widget 小组件的案例，来深入了解 Widget 小组件的具体用法。

27.3 实战案例：跳转微信扫一扫

跳转至其他应用，或者打开其他应用的某项操作，是 Widget 小组件最为简单的案例。

使用 Widget 小组件跳转至其他 App 的方法有两种：一种是 widgetURL 方法，通常应用于点击整个 Widget 小组件进行跳转的场景；另一种是使用 Link 方法，适用于在中大型 Widget 小组件中，点击组件内某一个区域进行跳转。

下面我们使用这两种方法来实现 Widget 小组件跳转功能，如图 27-17 所示。

图 27-17　实现小组件跳转功能

```Swift
struct MyWidgetEntryView: View {
    var entry: Provider.Entry
    @Environment(\.widgetFamily) var widgetFamily

    private var deeplinkURL: URL {
        URL(string: "weixin://scanqrcode")!
    }

    var body: some View {
        if widgetFamily == .systemSmall {
```

```
            weChatScanView
                .widgetURL(deeplinkURL)
        } else {
            Link(destination: deeplinkURL) {
                weChatScanView
            }
        }
    }

    // 微信扫一扫视图
    private var weChatScanView: some View {
        VStack(alignment: .center, spacing: 24) {
            Image(systemName: "qrcode.viewfinder")
                .font(.system(size: 32))
            Text("微信扫一扫")
                .font(.system(size: 14))
        }
    }
}
```

上述代码中，weChatScanView 视图作为小组件所需要展示的内容，使用 VStack 纵向布局容器包裹图标和说明文字。

从环境中 widgetFamily 获得小组件的尺寸，并声明跳转的 URL 链接 deeplinkURL。在 body 视图中，通过判断 widgetFamily 小组件的尺寸参数执行不同的代码逻辑，当小组件尺寸为 systemSmall 小尺寸时，使用 widgetURL 方法进行跳转，而其他尺寸情况下则使用 Link 方法进行跳转。

完成后，我们还需要回到 SwiftUIWidget 项目中，在 iOS 项目中的 SwiftUIWidgetApp 文件中实现链接的方法，如图 27-18 所示。

```
                                                                    Swift
import SwiftUI

@main
struct SwiftUIWidgetApp: App {
    var body: some Scene {
        WindowGroup {
            ContentView()
                .onOpenURL(perform: { url in
                    UIApplication.shared.open(url)
                })
        }
    }
}
```

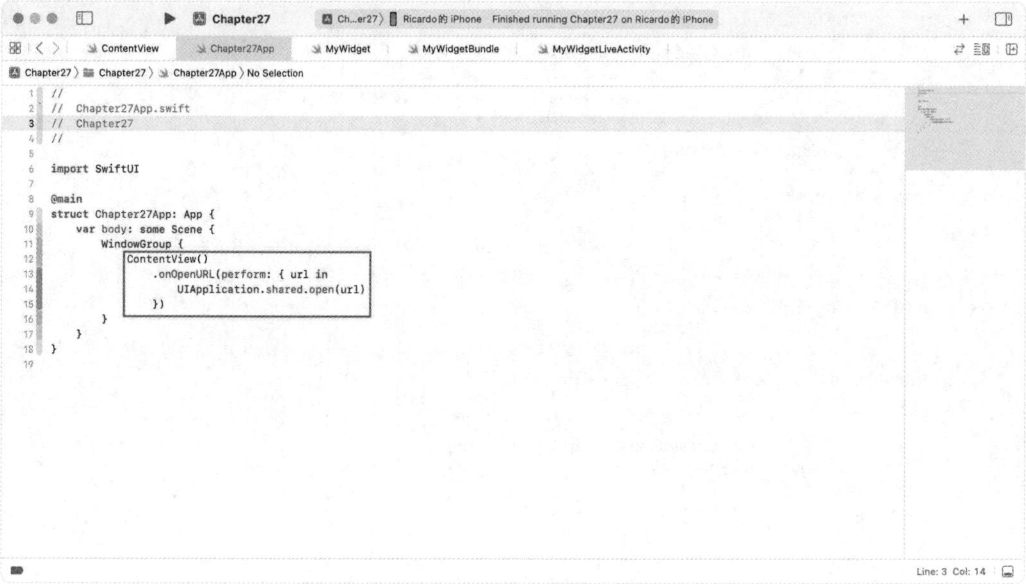

```
1   //
2   //  Chapter27App.swift
3   //  Chapter27
4   //
5
6   import SwiftUI
7
8   @main
9   struct Chapter27App: App {
10      var body: some Scene {
11          WindowGroup {
12              ContentView()
13                  .onOpenURL(perform: { url in
14                      UIApplication.shared.open(url)
15                  })
16          }
17      }
18  }
19
```

图 27-18　实现链接方法

上述代码中，当点击 Widget 小组件时，会自动引导打开应用并展示 ContentView 视图内容。而当 ContentView 视图展示时，使用 onOpenURL 方法打开指定链接。

如此，便实现了点击 Widget 小组件打开微信扫一扫的交互操作。在真机中，我们可以添加小组件并尝试点击跳转，如图 27-19 所示。

图 27-19　微信扫一扫案例操作流程

我们也可以通过创建复杂的视图，以及创建更多短链来实现跳转其他应用操作的交互，相信你已经在很多桌面小组件应用中看到过了，赶紧试试吧。

27.4　实战案例：每日一句

是否有很多人像我一样，喜欢收藏一些唯美的句子，或温暖、或激励、或伤感。曾几何时，很长一段时间使用文字作为壁纸，每次打开手机时都会被文字所感染，这可能是一种属于读书人的情怀吧。

接下来的案例，我们分享如何使用 Widget 小组件展示文字，并且随着时间自动更新。创建一个新的 SwiftUI 项目，命名为"OneWord"。并且按照上面的案例，同步创建 Widget 小组件项目，如图 27-20 所示。

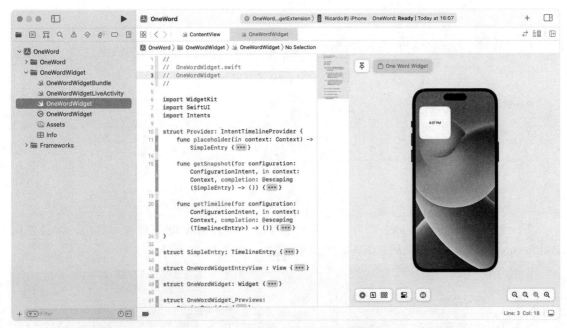

图 27-20　创建 OneWord 小组件项目

很多类似的应用采用的方式，是在 iOS 项目中通过网络请求获得文字列表，并将文字列表同步给 Widget 小组件项目。Widget 小组件项目接收到共享的文字列表后，通过更新机制从文字列表中抽取一条文字并渲染展示。

27.4.1　完成 OneWord 项目

在 OneWord 项目中，使用 MVVM 架构创建相关代码。首先是数据模型，我们使用简单的文字 ID 和文字内容 sentence 作为参数，如图 27-21 所示。

图 27-21　Model 数据模型

```Swift
// Model
struct SentenceModel: Hashable, Codable, Identifiable {
    var id: Int
    var sentence: String
}
```

下一步，完成 ViewModel 部分。声明一个数组 wordsArray 来存储文字数组，并且使用 URLSession 网络请求框架来从云端获得文字列表数据，如图 27-22 所示。

```Swift
// ViewModel
class ViewModel: ObservableObject {
    var jsonURL: URL = URL(string: "https://api.npoint.io/×××")!
    @Published var wordsArray: [String] = []

    // 初始化
    init() {
        getSentences()
    }

    // 网络请求-请求句子
    func getSentences() {
```

```
        let session = URLSession(configuration: .default)
        session.dataTask(with: jsonURL) { data, _, _ in
            guard let jsonData = data else { return }

            do {
                let sentences = try JSONDecoder().decode([SentenceModel].self,
                from: jsonData)
                DispatchQueue.main.async {
                    // 写入数组
                    for item in sentences {
                        self.wordsArray.append(item.sentence)
                    }
                }
            } catch {
                print(error)
            }
        }
        .resume()
    }
}
```

图 27-22　从远端获得数据

最后一步，View 视图部分引入 VM，并使用 ForEach 循环遍历展示列表中的数据，如图 27-23 所示。

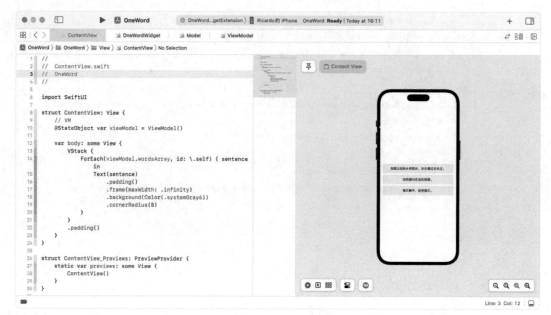

图 27-23　展示数据结果

```swift
// View
struct ContentView: View {
    // VM
    @StateObject var viewModel = ViewModel()

    var body: some View {
        VStack {
            ForEach(vicwModel.wordsArray, id: \.self) { sentence in
                Text(sentence)
                    .padding()
                    .frame(maxWidth:.infinity)
                    .background(Color(.systemGray6))
                    .cornerRadius(8)
            }
        }
        .padding()
    }
}
```

　　由于上述案例中使用到的框架及知识点，在前面的章节中均有详细讲解，本章我们只完成相关的代码，不再作详细说明。

　　OneWord 项目搭建完成之后，我们希望通过网络请求的文字数组 wordsArray 中的内容，能够同步到 OneWordWidget 小组件项目中。

27.4.2　使用 App Group 实现数据共享

由于 iOS 项目和 Widget 相互独立，因此我们需要借助 App Group 数据共享功能实现。首先我们需要添加 App Group 到项目中，选中左侧栏中的项目文件，在目标 Targets 中选中应用，在 Signing&Capability 中点击 App Group 选项来添加能力，如图 27-24 所示。

图 27-24　添加 App Group 能力

添加完成后，我们可以看到在 Signing&Capability 列表中新增了 App Group 相关的内容。在其选项中点击"+"按钮，创建一个共享空间容器并命名为"group.mySentence"，如图 27-25 所示。

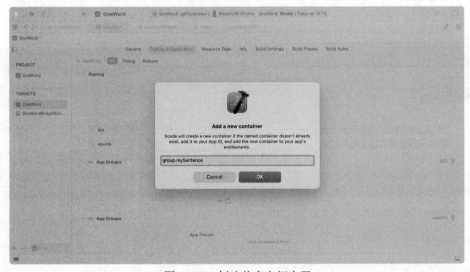

图 27-25　创建共享空间容器

　　新建 App Group 容器后，容器会显示红字，点击下方高亮的"刷新"按钮，稍等片刻后，App Group 容器便会创建完成，如图 27-26 所示。

图 27-26　刷新容器状态

　　点击 OneWord 项目下面的 OneWordWidget 项目，同样在 Signing&Capability 中点击 App Group 选项来添加能力。而这次我们可以直接勾选上 OneWord 项目中创建好的 group.mySentence 容器，如图 27-27 所示。

图 27-27　在小组件项目中使用共享容器

至此，我们就搭建完成了数据共享的桥梁。回到 OneWord 项目中的 ContentView 文件，我们使用 UserDefaults 将网络请求的文字数据添加到共享空间容器 group.mySentence 中，写入数据使用 set 方法，如图 27-28 所示。

图 27-28　写入共享数据方法

```Swift
// 写入共享数据
if let myDefaults = UserDefaults(suiteName: "group.mySentence") {
    myDefaults.set(item.sentence, forKey: "textArray")
}
```

至此，我们已经完成了共享空间容器的创建，以及文字数据的存储工作，文字内容被存储在 group.mySentence 容器中。接下来，我们就可以回到 OneWordWidget 小组件项目中，继续完成在小组件上显示文字信息。

27.4.3　完成 OneWordWidget 项目

回到 OneWordWidget 小组件项目中的 OneWordWidget 文件，我们先修改 Widget 小组件添加到桌面时的标题和提示信息，如图 27-29 所示。

```Swift
struct OneWordWidget: Widget {
    let kind: String = "OneWordWidget"
```

```
    var body: some WidgetConfiguration {
        IntentConfiguration(kind: kind, intent: ConfigurationIntent.self,
            provider: Provider()) { entry in
            OneWordWidgetEntryView(entry: entry)
        }
        .configurationDisplayName("每日一句")
        .description("每日推荐精选文字。")
        .supportedFamilies([.systemMedium])
    }
}
```

图 27-29　修订小组件预览效果

上述代码中，我们设置了小组件添加预览时的 configurationDisplayName 标题、description 描述文字，并设置小组件支持的尺寸 supportedFamilies 参数值为 systemMedium 中等尺寸。

下一步我们声明显示的文字参数到小组件数据模型中，并在视图中展示文字信息，如图 27-30 所示。

```swift
struct SimpleEntry: TimelineEntry {
    let date: Date
    let configuration: ConfigurationIntent
    let sentence: String
}
```

```swift
struct OneWordWidgetEntryView : View {
    var entry: Provider.Entry

    var body: some View {
        Text(entry.sentence)
    }
}
```

图 27-30　添加文字参数

上述代码中，我们在 SimpleEntry 时间轴模型中声明了文字参数 sentence，并在 OneWordWidget EntryView 视图中展示文字信息。

这里我们可以看到出现了几处报错信息，这是因为我们在数据模型中新增了参数，而在小组件项目中所有用到的数据模型的部分，都需要补充该参数并赋值。

首先在 OneWordWidget_Previews 预览视图中补充 sentence 文字参数，如图 27-31 所示。

```swift
OneWordWidgetEntryView(
    entry: SimpleEntry(date: Date(),
    configuration: ConfigurationIntent(),
    sentence: "偶尔躺平，经常偶尔。")
)
```

图 27-31　预览时提供默认参数值

再来到 Provider 代码块中，这里也有 3 处报错信息，分别对应 placeholder 预览时、getSnapshot 添加到桌面时、getTimeline 数据更新时对于 SimpleEntry 视图的显示，同样是缺少 sentence 文字参数。

前两块我们可以直接补充参数并赋予默认值，如图 27-32 所示。

图 27-32　Provider 代码块补充参数值

```swift
                                                                    Swift

func placeholder(in context: Context) -> SimpleEntry {
    SimpleEntry(date: Date(),
            configuration: ConfigurationIntent(),
            sentence: "每日推荐精选文字。"
    )
}


func getSnapshot(for configuration: ConfigurationIntent, in context: Context,
    completion: @escaping (SimpleEntry) -> ()) {
    let entry = SimpleEntry(date: Date(),
                    configuration: configuration,
                    sentence: "每日推荐精选文字。"
    )
    completion(entry)
}
```

而小组件更新时，我们需要从 group.mySentence 容器中获得文字数组，并根据时间更新文字。先注释原有的数字时钟的代码，并完成显示文字的相关代码，如图 27-33 所示。

图 27-33　实现随机获得文字方法

```
                                                                        Swift
// 声明数组
var sentences: [String] = []

// 读取共享数据
if let myDefaults = UserDefaults(suiteName: "group.mySentence") {
    sentences = myDefaults.object(forKey: "textArray") as! [String]
}

// 单例
let currentDate = Date()
let entryDate = Calendar.current.date(byAdding: .minute, value: 15, to: currentDate)!
var sentence: String = ""
let errorSentence = "网络似乎出了点问题，请稍后重试"

// 判断文字数据是否为空
if sentences.isEmpty {
    sentence = errorSentence
} else {
    let index = Int(arc4random() % UInt32(sentences.count))
    sentence = sentences[index]
}

// 更新文字到 entry 中
let entry = SimpleEntry(date: entryDate, configuration: configuration, sentence:
    sentence)
entries.append(entry)
```

上述代码中，我们在小组件更新时，首先声明了 sentences 文字数组，并使用 UserDefaults 方法从 group.mySentence 中读取共享数据，使用 object 方法读取数据写入 sentences 数组中。

声明单例 sentence 文字、currentDate 当前时间、entryDate 更新时间、errorSentence 错误提示信息，判断 sentences 数组中是否存在文字内容。当数组内容不为空时，则随机从 sentences 数组中读取一条文字赋值给 sentence 文字；如果为空的情况，则将 errorSentence 错误提示信息赋值给 sentence 文字。

最后组合 entry，将 sentence 文字的值传递给小组件的显示文字参数 sentence，并将 entry 添加至 entries 中。

完成后，我们将 OneWord 项目安装到真机上，操作添加 Widget 小组件流程，如图 27-34 所示。

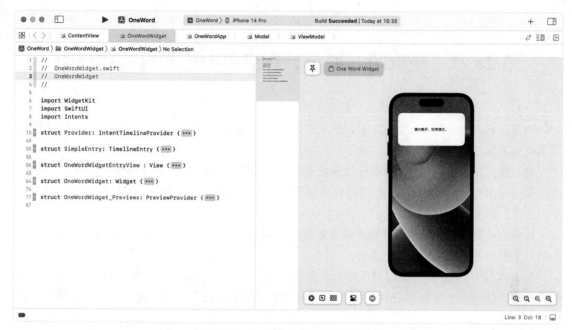

图 27-34　OneWord 小组件项目预览

27.5　本章小结

在本章中，我们分享了 Widget 小组件的基础知识以及使用案例。Widget 小组件作为轻量级的交互视图，所承载的内容及相关交互相对有限，Apple 似乎也在强调轻量交互这一点，所开放的功能相对保守些。

当然，本章也只是提及了一些简单的应用，如果需要实现更加复杂的小组件交互场景，可能需要额外花费更多的时间学习其特性和新增的功能点。

但总地来说，我们也希望小组件别那么复杂，专注于单一的目的而实现功能，也不希望把 App那一套机制完全搬到小组件上面来。

毕竟小组件也没那么复杂，生活也是。

第 28 章　赚取第一桶金，在应用中添加内购和订阅

当应用的核心功能开发完成之后，在正式上架之前可能还需要做一件事情，那就是完成应用盈利模式相关的功能开发。

盈利模式在应用最初立项时就应该开始考虑，毕竟用爱发电不是一件能够长久的事业。开发者除了完成应用的核心功能开发，如何能够实现营收、实现价值反馈，也是在开发过程中应首要关注的问题之一。

毕竟在苹果生态中，个人开发者每年需要缴纳 99 美元的开发者账号费用，如果不能将这笔费用赚回来，也是一件极为可惜的事情。

那么本章中，我们将介绍应用项目关于盈利的部分，了解如何使用官方的框架实现应用的订阅付费功能。创建一个新的 SwiftUI 项目文件，命名为 "Chapter28"，如图 28-1 所示。

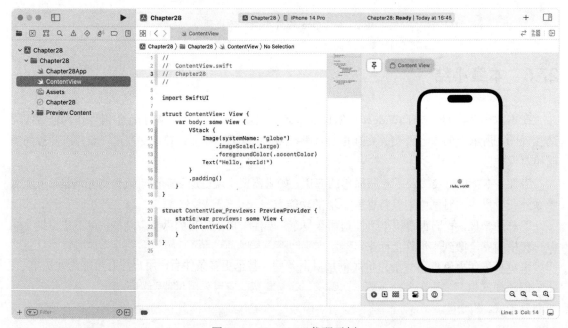

图 28-1　Chapter28 代码示例

28.1　了解应用付费机制

在苹果生态体系中，应用的盈利模式可以简单分为三种：付费购买、应用内购、应用订阅。

28.1.1　付费购买

付费购买模式是一种直观但门槛较高的方式，用户必须先支付应用规定的费用，才能下载并使用应用。而没有支付之前，完全无法进行哪怕应用功能的试用。下面以 Mac 端的 AppleStore 中的应用为例，如图 28-2 所示。

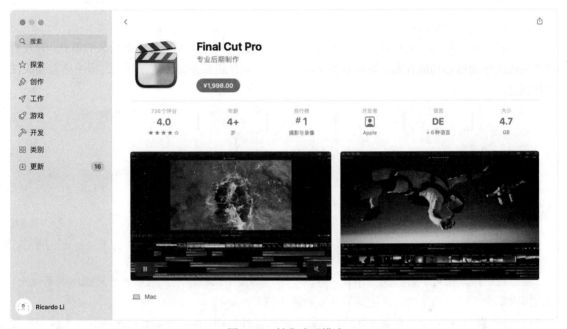

图 28-2　付费购买模式

苹果旗下的专业视频编辑软件 Final Cut Pro，中国地区软件售价高达 1998 元，用户需要支付软件费用，方可下载使用。

付费购买模式的缺点十分明显，要促进应用销售，一方面要求软件提供商具有一定的市场影响力，另一方面要求该软件对于某一类细分领域的人员是刚需产品，且用户能够通过使用该软件收获的价值远远大于该软件本身的售价。满足以上条件，甚至更多条件后，用户才有可能为此买单。

但该模式也有显著的优点，即一次购买、终身免费。应用采用付费购买的方式，类似传统的商业交易模式，用户购买软件后，将享受该应用软件的所有功能，并且包括往后软件的所有版本更新功能。

28.1.2　应用内购

第二种模式是应用内购模式，该模式最常出现在游戏类应用中。软件面向用户下载是免费的，用户能够体验应用的基本功能，但如果需要获得更优的体验或者应用中某项功能的特权，用户则需要在应用内购买相应的道具。比如游戏中常见的"首充 6 元"机制，如图 28-3 所示。

图 28-3　应用内购模式

应用内购模式相对于付费购买模式，降低了用户的使用门槛，用户可以在了解应用的基础上，为应用内其中某项机制买单，从而提升体验和愉悦感。

但该模式需要和应用机制紧密配合，具备一定的运营技巧，且在合适的用户场景中才能实现盈利最大化。

28.1.3　应用订阅

应用订阅模式是最为常见，也是个人认为最为友好的盈利模式。应用内核心功能包括基础功能和高级功能，基础功能免费且满足大部分用户的需求。

而用户在使用基础功能基础上要想获得更加深入的功能，则需要额外进行订阅，订阅方式通常为按月付费、按年付费、一次性买断等，如图 28-4 所示。

应用订阅模式需要具备几项条件。首先，应用本身基础功能和高级功能需要具备明显的界限，基础功能必须能够满足大部分用户的基础使用，高级功能相较于基础功能具备一定的付费亮点。

另一个条件是应用发布的地区人群具有一定的付费意识，有意愿为了更加深入的功能，或者应用内某个亮点功能买单，并愿意持续付费。

基于上述条件，应用订阅模式对于应用开发者的要求更高，无论是在应用核心功能的开发上，还是对于免费用户和付费用户的划分上，都需要具备一定的商业眼光。

图 28-4 应用订阅模式

28.1.4 广告

最后，我们还需要了解一种在苹果生态之外，但最为频繁使用的盈利模式——广告。

这是一种行之有效，但个人认为对用户不太友好的方式。即在未形成付费习惯的地区，用户可以通过观看广告的方式"免费"使用应用功能的使用场景。应用内常见的开屏广告、首页广告、应用内弹窗广告、激励视频广告等，都是对接广告商通过用户对于广告的观看、点击转化等形式，向广告商收费的一种盈利模式。

该模式的优点是，用户无须支付费用，通过观看或者点击广告的方式，即可获得应用功能的使用次数。缺点也很明显，对于追求体验的用户而言，广告是一种极易"劝退用户"的运营模式，这里也不作过多评价。

做个小结，上述内容中，应用常用的盈利模式可以分为付费购买、应用内购、应用订阅、广告几种形式，开发者可以根据应用特性选择合适的盈利模式，为自己的应用创建可持续获得收入的渠道，打造正向的价值反馈链条，在实现独立开发价值的同时，也获得一定的实际金钱回报。

28.2 实战案例：内购页面

接下来，我们将以应用内购模式作为实战案例。在大多数正规的应用当中，产品的付费设计方案常常是当用户进行某项高级功能操作时，应用会打开内购页面告知用户当前操作是高级功能，需要解锁 Pro 版本才能继续使用。

以笔记类应用为例,标准版本的用户可以创建 5 条笔记,而当用户创建的笔记数量达到 5 条时,此时点击新增操作,应用内则会打开一个内购页面询问用户是否解锁 Pro 版本功能,解锁完成后方可继续进行操作。

我们来尝试实现这一简单的交互,在 ContentView 视图中创建一个按钮,当点击按钮时打开订阅视图,如图 28-5 所示。

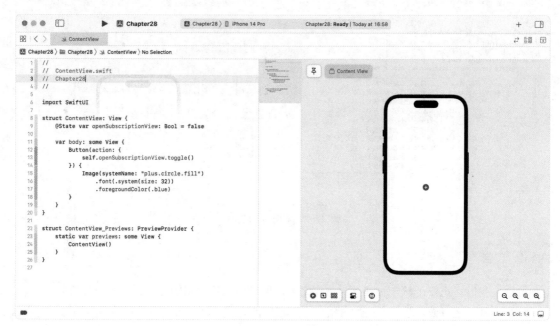

图 28-5　创建主页按钮

```swift
import SwiftUI

struct ContentView: View {
    @State var openSubscriptionView: Bool = false

    var body: some View {
        Button(action: {
            self.openSubscriptionView.toggle()
        }) {
            Image(systemName: "plus.circle.fill")
                .font(.system(size: 32))
                .foregroundColor(.blue)
        }
    }
}
```

上述代码中，参数 openSubscriptionView 为打开内购页面的状态参数，我们创建了一个图标按钮，当点击图标时，切换 openSubscriptionView 参数的状态。

下一步，创建一个内购页面的视图，并在 ContentView 视图上实现页面之间的跳转，如图 28-6 所示。

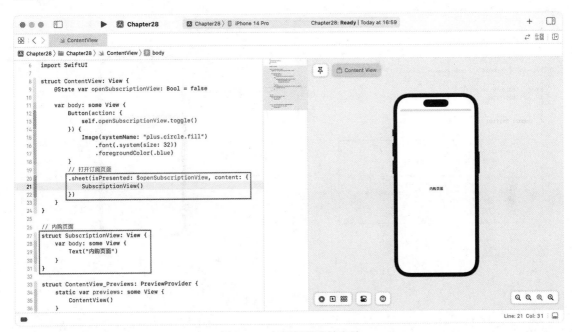

图 28-6　实现页面跳转方法

```Swift
// 打开订阅页面
.sheet(isPresented: $openSubscriptionView, content: {
    SubscriptionView()
})

// 内购页面
struct SubscriptionView: View {
    var body: some View {
        Text("内购页面")
    }
}
```

上述代码中，SubscriptionView 为新增的内购页面视图，显示 Text 文字信息。

在 ContentView 中的 Button 按钮视图外添加 sheet 模态弹窗修饰符，绑定状态参数 openSubscriptionView，当 openSubscriptionView 状态参数切换时，以模态弹窗的方式打开 SubscriptionView 视图。

下一步来到 SubscriptionView 视图中，要想实现模态弹窗的关闭方法，可以使用环境变量，如图 28-7 所示。

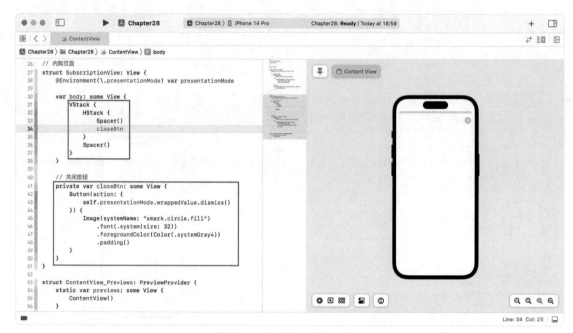

图 28-7　实现页面返回方法

```Swift
// 内购页面
struct SubscriptionView: View {
    @Environment(\.presentationMode) var presentationMode

    var body: some View {
        VStack {
            HStack {
                Spacer()
                closeBtn
            }
            Spacer()
        }
    }

    // 关闭按钮
    private var closeBtn: some View {
        Button(action: {
            self.presentationMode.wrappedValue.dismiss()
        }) {
```

```
            Image(systemName: "xmark.circle.fill")
                .font(.system(size: 32))
                .foregroundColor(Color(.systemGray4))
                .padding()
        }
    }
}
```

上述代码中，我们新增了 closeBtn 关闭按钮视图，作为点击关闭内购页面的样式部分，使用 VStack 纵向布局容器、HStack 横向布局容器，以及 Spacer 组件将 closeBtn 关闭按钮放置在页面的右上角。

从环境中获得 presentationMode 参数，并在点击 closeBtn 关闭按钮时，调用 wrappedValue.dismiss() 方法关闭当前页面。该方法在前面的章节中有作详细说明，这里不过多赘述。

紧接着我们来设计一个简单的内购页面的样式，往 Assets 素材库中导入图片素材，并使用素材组合来搭建页面样式，如图 28-8 所示。

图 28-8　内购页面视图组件搭建

```swift
// 图片&标题
private var titleView: some View {
    VStack(spacing: 15) {
        Image("Wallet")
```

```
            .resizable()
            .aspectRatio(contentMode: .fit)
            .frame(width: 200)

        Text("解锁完整功能")
            .font(.system(size: 14))
            .bold()
    }
}

// 支付按钮
private var payBtn: some View {
    Button(action: {
    }) {
        Text("支付 $6.00")
            .foregroundColor(.white)
            .padding()
            .padding(.horizontal, 60)
            .background(.green)
            .clipShape(Capsule())
    }
}

// 功能说明
private var functionDescription: some View {
    VStack(alignment: .leading, spacing: 24) {
        Text("1.超大空间，随心收藏与备份")
        Text("2.极速下载，最高 50M/s")
        Text("3.180 天内删除的文件快速恢复")
        Text("4.大文件上传，最高 100GB")
        Text("5.视频备份，支持高清原画")
        Text("......")
    }
    .font(.system(size: 15))
    .foregroundColor(.gray)
    .padding()
}
```

　　上述代码中，我们单独搭建了 titleView 示意图视图、payBtn 支付按钮视图、functionDescription 功能说明视图。其中，payBtn 支付按钮视图当前使用固定的按钮样式，显示的价格为预设，后续我们将根据内购框架返回的内容对其进行动态调整。

　　完成单独的视图后，我们在 SubscriptionView 的主视图中进行显示布局，如图 28-9 所示。

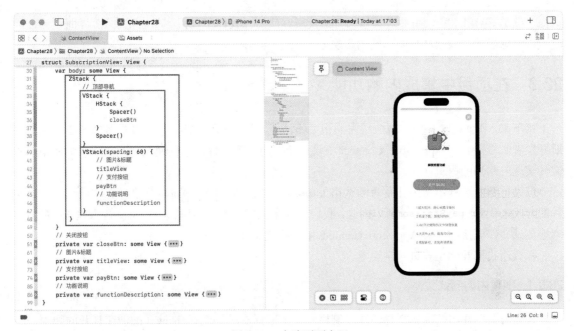

图 28-9　内购页面布局

```Swift
ZStack {
    // 顶部导航
    VStack {
        HStack {
            Spacer()
            closeBtn
        }
        Spacer()
    }

    VStack(spacing: 60) {
        // 图片&标题
        titleView

        // 支付按钮
        payBtn

        // 功能说明
        functionDescription
    }
}
```

上述案例中，我们完成了内购页面的样式设计，通过简单的视图组合呈现一个完整的订阅说明页面。熟悉 SwiftUI 基础组件及其修饰符的使用方法后，我们可以很容易地完成 UI 界面设计，同时可以将更多的时间放在核心功能的实现上。

28.3　在项目中集成内购功能

接下来，我们在项目中实现应用内购相关的功能。实现应用内购功能需要具备的核心条件是注册开发者账号，并在 App Store Connect 中设置相关的配置文件，审核通过后，在项目中使用相关文件实现内购功能逻辑。

但为了开发过程中帮助开发者测试相关功能代码的实现情况，Apple 提供了在本地创建测试文件的方式来代替相关的配置文件。因此，我们可以在完成功能之后测试支付机制是否生效，最后将本地测试文件更换为来自 App Store Connect 中的配置文件。

那么让我们开始正式进入学习吧。

28.3.1　创建内购测试文件

首先需要创建内购测试文件，在左侧栏中点击鼠标右键，选择 New File，在打开的弹窗中的 other 栏目中找到 StoreKit Configuration File 文件，点击"Next"按钮，命名为"Configuration"，如图 28-10 所示。

图 28-10　创建内购测试文件

点击"Next"按钮，添加时请记得勾选 Target Membership 栏目中的 SwiftUISubscription 当前项目，确保该文件能够被当前项目使用，如图 28-11 所示。

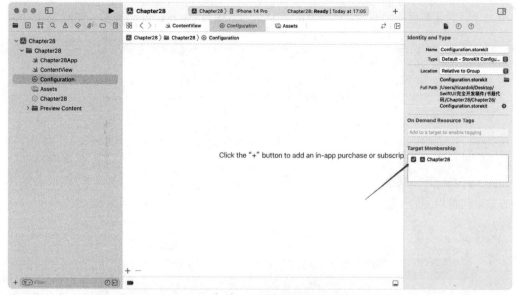

图 28-11　在项目中使用内购文件

内购测试文件创建好以后，点击左下角的"+"按钮，选择 Add Non-Consumable In App Purchase，即不可消耗-内购模式，如图 28-12 所示。

图 28-12　添加内购项目操作

点击后系统会打开完善商品信息弹窗，其中的 Reference Name 为内购项目的名称，可以填写"开通高级功能"。Product ID 是该应用内购的唯一识别码，通常由应用名称和说明字母组成，后续应用正式上线时需要更换为正式文件的 ID，在这里可以填写"subscription.pro"，如图 28-13 所示。

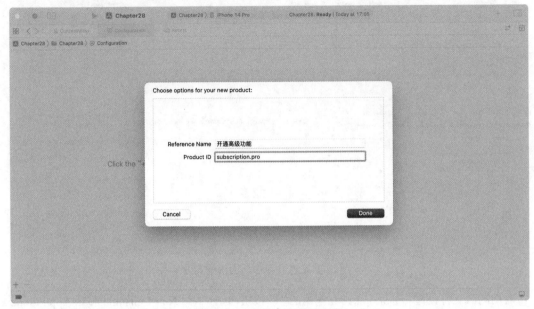

图 28-13　完善内购项目信息

点击"Done"按钮，我们便完成了应用内购相关测试文件的创建，并且随时可以在 Configuration 文件中修改相关的参数，如图 28-14 所示。

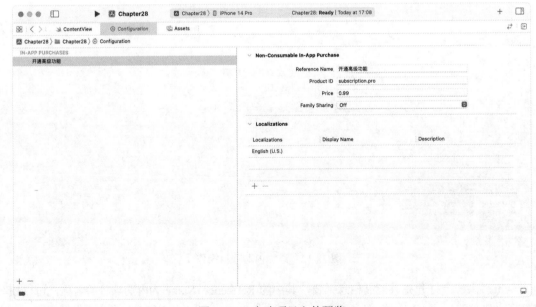

图 28-14　内购项目文件预览

完成后，下一步我们将基于 Configuration 文件，来实现应用内购相关代码的调用。

28.3.2 创建 StoreKit 框架引用文件

在左侧栏新增一个 Swift 文件，命名为"Store"，首先创建一个数据模型来定义内购产品的详细信息，如图 28-15 所示。

图 28-15 内购产品详细信息

```Swift
import StoreKit

struct Product: Hashable {
    let id: String
    let title: String
    let description: String
    var isLocked: Bool
    var price: String?
    let locale: Locale
    let imageName: String

    lazy var formatter: NumberFormatter = {
        let nf = NumberFormatter()
        nf.numberStyle = .currency
        nf.locale = locale
        return nf
```

```
    }()

    init(product: SKProduct, islocked: Bool = true) {
        id = product.productIdentifier
        title = product.localizedTitle
        description = product.localizedDescription
        isLocked = islocked
        locale = product.priceLocale
        imageName = product.productIdentifier

        if islocked {
            price = formatter.string(from: product.price)
        }
    }
}
```

上述代码中，Product 结构体为内购产品的详细信息。产品信息中的相关参数包括产品唯一标识符 id、标题 title、描述 description、是否已解锁 isLocked、价格 price、本地化 locale 和图片名称 imageName。

创建一个懒加载的 NumberFormatter 实例 formatter，用于格式化内购产品的价格信息。然后使用 init(product:islocked:)方法初始化内购产品的详细信息。

下一步我们来实现内购的核心代码，这部分代码可以作为 StoreKit 框架的示例代码，如图 28-16 所示。

图 28-16　内购功能核心代码

```swift
                                                                      Swift
typealias FetchCompletionHandler = (([SKProduct]) -> Void)
typealias PurchaseCompletionHandler = ((SKPaymentTransaction?) -> Void)

class Store: NSObject, ObservableObject {
    @Published var allProducts = [Product]()

    //内购唯一识别码
    private let allProductIdentifiers = Set(["subscription.pro"])
    private var completedPurchases = [String]() {
        didSet {
            DispatchQueue.main.async { [weak self] in
                guard let self = self else { return }
                for index in self.allProducts.indices {
                    self.allProducts[index].isLocked
                      = !self.completedPurchases.contains(self.allProducts[index].id)
                }
            }
        }
    }
    private var productsRequest: SKProductsRequest?
    private var fetchedProducts = [SKProduct]()
    private var fetchCompletionHandler: FetchCompletionHandler?
    private var purchaseCompletionHandler: PurchaseCompletionHandler?
    var purchased: Bool {
        !completedPurchases.isEmpty
    }

    override init() {
        super.init()
        startObservingPaymentQueue()
        fetchProducts { products in
            self.allProducts = products.map {
                Product(product: $0)
            }
            print("products + \(products)")
        }
    }

    func loadStoredPurchases() {
        if let storedPurchases = UserDefaults.standard.object(forKey:
            "completedPurchases") as? [String] {
            self.completedPurchases = storedPurchases
        }
    }
```

```
    private func startObservingPaymentQueue() {
        SKPaymentQueue.default().add(self)
    }

    private func fetchProducts(_ completion: @escaping FetchCompletionHandler) {
        guard self.productsRequest == nil else { return }
        fetchCompletionHandler = completion
        productsRequest = SKProductsRequest(productIdentifiers: allProductIdentifiers)
        productsRequest?.delegate = self
        productsRequest?.start()
    }

    private func buy(_ product: SKProduct, completion: @escaping PurchaseCompletionHandler) {
        purchaseCompletionHandler = completion
        let payment = SKPayment(product: product)
        SKPaymentQueue.default().add(payment)
    }
}

extension Store {
    func product(for identifier: String) -> SKProduct? {
        return fetchedProducts.first(where: { $0.productIdentifier == identifier })
    }

    func purchaseProduct(_ product: SKProduct) {
        startObservingPaymentQueue()
        buy(product) { _ in }
    }

    func restorePurchases() {
        SKPaymentQueue.default().restoreCompletedTransactions()
        if !completedPurchases.isEmpty {
            UserDefaults.standard.setValue(completedPurchases, forKey: "completedPurchases")
        }
    }
}

extension Store: SKPaymentTransactionObserver {
    func paymentQueue(_ queue: SKPaymentQueue,
        updatedTransactions transactions: [SKPaymentTransaction]) {
        for transaction in transactions {
            var shouldFinishTransaction = false
            switch transaction.transactionState {
            case .purchased , .restored:
                completedPurchases.append(transaction.payment.productIdentifier)
                shouldFinishTransaction = true
```

```
            case .failed:
                shouldFinishTransaction = true
            case .deferred, .purchasing:
                break
            @unknown default:
                break
            }

            if shouldFinishTransaction {
                SKPaymentQueue.default().finishTransaction(transaction)
                DispatchQueue.main.async {
                    self.purchaseCompletionHandler?(transaction)
                    self.purchaseCompletionHandler = nil
                }
            }

            if !completedPurchases.isEmpty {
                UserDefaults.standard.setValue(completedPurchases,
                    forKey: "completedPurchases")
            }
        }
    }
}


extension Store: SKProductsRequestDelegate {
    func productsRequest(_ request: SKProductsRequest,
        didReceive response: SKProductsResponse) {
        let loadedProducts = response.products
        let invalidProducts = response.invalidProductIdentifiers

        guard !loadedProducts.isEmpty else {
            print("Could not load.")
            if !invalidProducts.isEmpty {
                print("Invalid products are: \(invalidProducts)")
            }
            productsRequest = nil
            return
        }

        fetchedProducts = loadedProducts
        DispatchQueue.main.async {
            self.fetchCompletionHandler?(loadedProducts)
            self.fetchCompletionHandler = nil
            self.productsRequest = nil
        }
    }
}
```

上述代码中，声明 Store 类来管理内购产品，声明 allProducts 参数用于存储所有内购产品信息，声明 allProductIdentifiers 参数存储应用内所有内购产品的唯一标识符，这里需要与前面创建的 Configuration 文件中的 Product ID 保持一致，即"subscription.pro"。

startObservingPaymentQueue()方法用于监听内购支付队列 SKPaymentQueue 的更新事件。fetchProducts(:)方法用于请求所有内购产品的信息，并将其存储到 fetchedProducts 数组中。buy(:, completion:)方法用于购买内购产品。

SKProductsRequestDelegate 中的 productsRequest(:didReceive:)方法用于处理内购产品信息请求的响应结果。SKPaymentTransactionObserver 中的 paymentQueue(:updatedTransactions:)方法用于处理交易更新事件，其中包括购买、恢复购买和购买失败等情况。purchaseProduct(_:)方法用于开始购买某个内购产品。restorePurchases()方法用于恢复之前已经购买过的内购产品。

完成这一系列代码后，应用内购功能的准备工作就完成了。下面我们来将内购功能集成到视图当中。

28.3.3 实现应用内购功能

在视图中要使用 StoreKit 框架，首先要将 StoreKit 框架引入项目中，然后还需要获得上述完成的 store 框架内容，如图 28-17 所示。

图 28-17 在项目中使用 Store

```swift
// 使用 StoreKit
import StoreKit

// 引入 Store
@StateObject var store = Store()
```

下一步，我们在 payBtn 支付按钮视图中获得内购产品列表，并且将产品价格提取出来显示在按钮中，如图 28-18 所示。

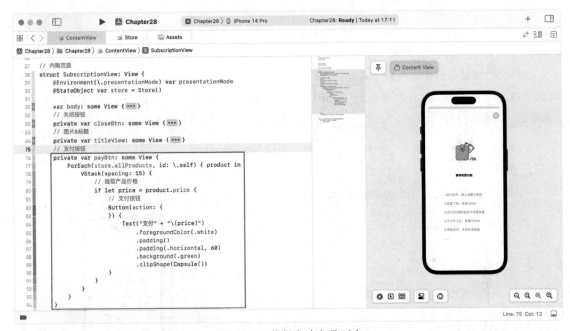

图 28-18　获得内购产品列表

```swift
// 支付按钮
private var payBtn: some View {
    ForEach(store.allProducts, id: \.self) { product in
        VStack(spacing: 15) {

            // 提取产品价格
            if let price = product.price {

                // 支付按钮
                Button(action: {
                }) {
```

```
            Text("支付" + "\(price)")
                .foregroundColor(.white)
                .padding()
                .padding(.horizontal, 60)
                .background(.green)
                .clipShape(Capsule())
            }
        }
    }
}
}
```

上述代码中，我们使用 ForEach 循环遍历 store 中的 allProducts 产品列表，提取产品的价格 price 并显示在 Text 文字控件中。

如果此时预览窗口中看不到 payBtn，可能是由于项目预览时没有指定读取 Configuration 内购测试文件，点击 Xcode 上边菜单的 SwiftUISubscription 项目图标，在弹出的菜单中选择 Edit Scheme，如图 28-19 所示。

图 28-19　编辑项目预览参数

在弹窗中，找到 StoreKit Configuration 选项，将其中默认的 None 更改为 Configuration.storekit，如图 28-20 所示。

点击"Done"按钮，就可以在预览窗口和真机操作时看到 payBtn 支付按钮视图。

下一步，我们实现点击唤起应用内购的支付操作，可以直接使用 purchaseProduct 发起支付，如图 28-21 所示。

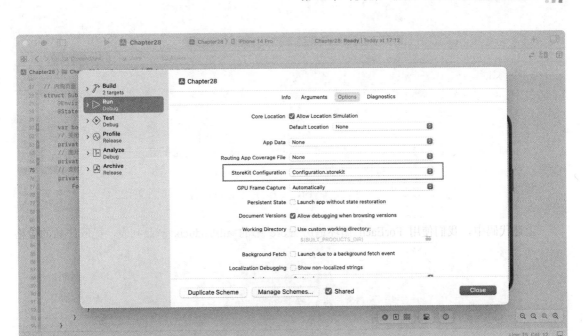

图 28-20　设置 StoreKit Configuration 来源文件

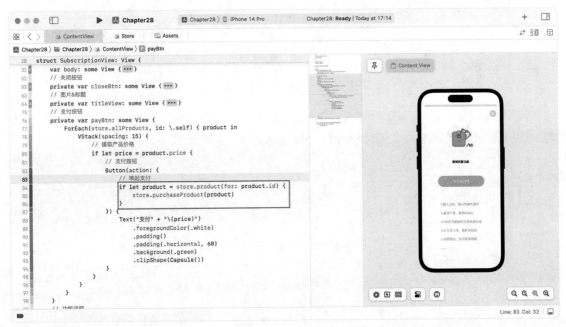

图 28-21　唤起支付

```Swift
// 唤起支付
if let product = store.product(for: product.id) {
    store.purchaseProduct(product)
}
```

上述代码中，通过获得 product 产品的 id，判断当前用户选择支付的是哪一项内购项目，调用 purchaseProduct 方法唤起底层支付操作。

我们将项目安装到真机设备上，点击 payBtn 按钮发起支付操作，如图 28-22 所示。

图 28-22　内购项目支付流程

当用户完成支付之后，我们还需要完善相关的交互，即关闭当前页面。可以通过异步执行的方式，监听产品的内购状态，当完成内购时，调用相关方法关闭内购页面，如图 28-23 所示。

```Swift
// 异步执行
.task {
    if !product.isLocked {

        // 关闭弹窗
        DispatchQueue.main.asyncAfter(deadline: .now() + 2) {
            self.presentationMode.wrappedValue.dismiss()
        }

    }
}
```

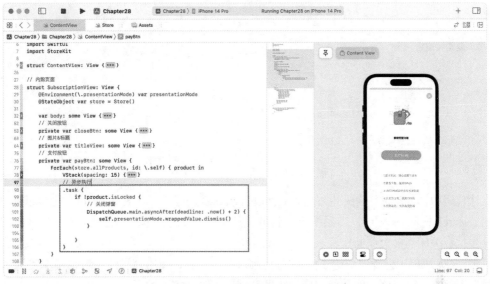

图 28-23　添加异步执行操作

28.3.4　实现恢复购买功能

最后别忘了应用内购还有一个场景，当用户重新安装应用，或者产品在多个平台通用时，用户无须重新支付而只需要通过恢复购买操作，即可重新获得内购后的相关权益。

我们可以和创建 **payBtn** 按钮视图方式一致，创建恢复购买按钮视图，并将其添加到主视图上。当用户点击恢复购买按钮视图，执行恢复购买方法，如图 28-24 所示。

图 28-24　恢复购买功能

```
// 恢复购买按钮
private var restoreBtn: some View {
    Button(action: {
        // 恢复购买
        store.restorePurchases()
    }) {
        Text("恢复购买")
    }
}
```

上述代码中，实现恢复购买的方法为 restorePurchases 方法。点击 restoreBtn 恢复购买按钮视图时调用 restorePurchases 方法，当系统检查到用户已经购买过的订单时，将会更新 isLocked 状态，进而异步执行关闭当前页面操作。

以上，我们便完成了整个应用内购的全过程。应用购买、应用订阅的逻辑也基本类似。

最后再补充一个思路，即如何将应用内购和现有产品业务相配合。

实现逻辑上可以声明一个数据持久化参数，在应用内根据该参数的状态展示或者限制某些应用功能。在应用内购页面监听用户的购买状态，当用户购买成功后，即 isLocked 状态为 false 时，同步更新声明的状态参数，进而实现开启高级功能的业务逻辑。

而这种设计思路的好处是，内购功能的相关逻辑可以和业务功能逻辑分开，做到代码之间的低耦合，后续不仅可以增加代码的易读性，也方便后续进行逻辑修订。

28.4　本章小结

在本章中，我们介绍了苹果生态下应用的常见付费类型，以及通过实际案例来学习使用 StoreKit 框架实现应用内购。

付费机制，是众多开发者的收入来源。用户愿意为应用进行付费，同时也促进开发者开发更加优质的应用，构成一个良性循环。

不过 Apple 对于应用的付费机制审核较为严格，这也对应用开发者提出了更高的要求。除了应用功能具有丰富性外，在付费业务上，还需要额外突出对付费用户的友好性及权益保护。这也需要开发者下一番心思。

实际上的应用付费机制，以及应用上架，最终需要回归到 Apple 的开发者生态当中，本章也只是完成了应用内购的流程测试，真正实现支付操作还需要应用上架、提交财务信息等流程。

下一章，我们将分享应用上架的全流程，真正将开发好的应用提交到 App Store 市场。

第 29 章　应用上架，发布你的第一款 App

走走停停，最终我们相遇在最后一章。

本章是整本书最后一章，也是尤为关键的一章。我们最终完成了应用的开发并提交至 AppleStore 进行应用上架，上架完成后，其他人就可以通过 AppleStore 下载并使用我们的应用。

在上架之前，完成基本功能的应用还需要补充一些产品运营相关的内容，包括但不限于应用图标、应用商店图、应用官网、隐私政策和用户协议等内容。

请不用担心，这些内容的准备并没有你想象中那么难，只需要利用一些简单的技巧，就可以完成应用上架前的准备，并通过本章中讲述的流程进行应用上架。

那么，就让我们开始吧。

29.1　AppIcon 应用图标

在 AppleStore 中搜索应用，映入眼帘的便是应用的图标。应用图标的设计可以是精美的，也可以是简约的，但无论使用什么样的设计语言，最终的目的都是凸显应用的风格特性，加深用户对于产品的认知深度。

在项目开发过程中，当我们将应用安装到模拟器或者真机上时，可以看到应用图标是一个"待设计"的状态。我们往 Assets 素材库中的 AppIcon 文件中导入应用的图标素材，方可在所有设备预览时加载应用图标，如图 29-1 所示。

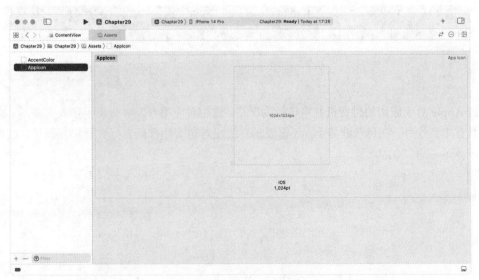

图 29-1　AppIcon 文件

iOS 项目的 AppIcon 需要一张尺寸为 1024*1024 的图片素材，可以借助 UI 设计软件，如 Photoshop、AdobeXD、Figma，或者其他简单的画图软件，通过简单的修改背景颜色和添加 icon 素材、文字的方式绘制应用图标。

这里使用 Figma 作为例子，首先创建一个新的文件，拖入一个矩形，设置其坐标轴为（0，0），矩形尺寸为 1024*1024，填充颜色为#FFFFFF，如图 29-2 所示。

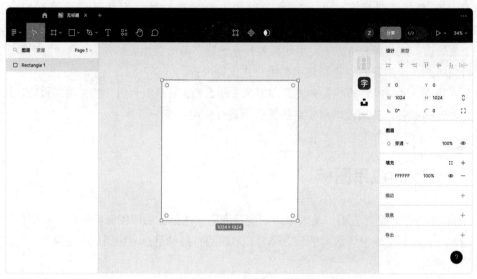

图 29-2　创建空白背景

应用背景完成后，添加文字到画布中，并修改文字的内容和文字的颜色、尺寸，如图 29-3 所示。

图 29-3　创建应用 LOGO

应用图标通常可以使用背景颜色+文字的方式组合，也可以使用 SVG 图片+背景颜色的组合。设计上采用何种风格，取决于开发者对于应用的认识，以及审美的偏向，倒是没有特别明确限制一定使用什么方式。

完成应用图标设计后，将其导出为 PNG 图片，再打开 Xcode 的 Assets 素材库，将应用图标素材导入至 AppIcon 文件，如图 29-4 所示。

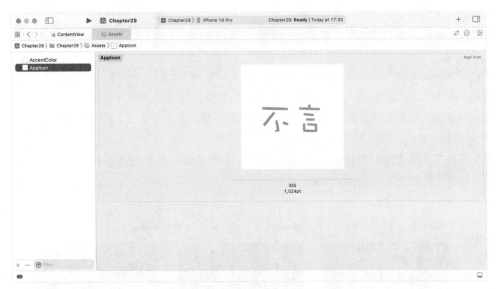

图 29-4　导入素材至 AppIcon 文件

在模拟器中安装应用，可以在桌面上看到原本"待设计"的应用图标，已经转换为我们导入的应用图标素材的图示，如图 29-5 所示。

图 29-5　模拟器预览项目图标

29.2　商店预览图

设计方面的另一项准备工作是 AppleStore 商品的预览图。

当应用上架通过后，用户搜索应用或者点击进入应用详情时，可以看到应用的预览图信息，帮助用户在正式使用前了解应用的基本功能、设计理念和产品营销活动等内容。

而且精美的商店预览图，也会吸引用户进行下载和宣传。因此，商店预览图的准备工作也尤为重要。

在提交 AppleStore 时，苹果会要求必须提交 5.5 英寸和 6.5 英寸两种尺寸的商店预览图，分别对应的分辨率为 1242*2208 和 1284*2778，预览图数量每种尺寸需要大于 3 张。

商店预览图可能对于单独的应用开发者来说有些困难，这里分享一个简单的方案，即通过应用截图+产品边框+文字说明的方式组合，制作商店预览图。

首先可以在苹果官网的设计素材-资源中找到产品的边框，苹果提供了几乎所有生态下产品线的产品边框设计图供开发者使用，如图 29-6 所示。

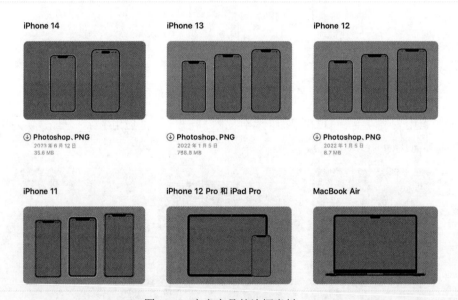

图 29-6　官方产品的边框素材

下载好素材后，再打开设计软件或者画图软件，创建 1242*2208 和 1284*2778 尺寸的画布，将产品边框、应用操作流程的截图，以及功能亮点的文字进行排布组合，就可以完成商店预览图的设计，如图 29-7 所示。

完成后，将其批量导出，作为应用上架的准备文件。创建一个文件夹，放置上架的准备素材，方便后续应用上架时使用，如图 29-8 所示。

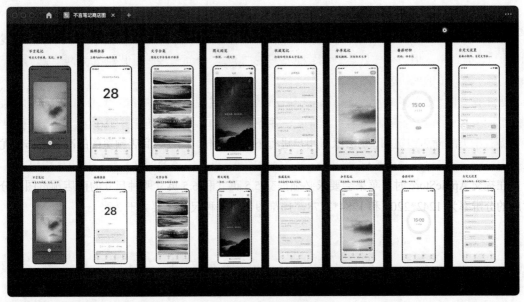

图 29-7　商店预览图

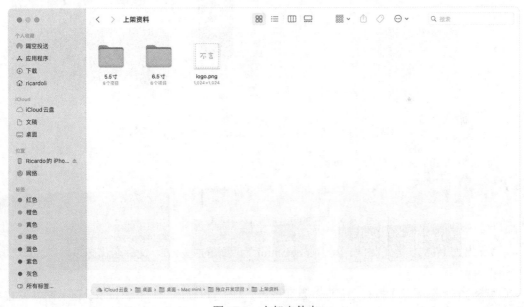

图 29-8　上架文件夹

29.3　技术支持网址 URL

用户在 AppleStore 查看应用详情时，可以通过应用的指定网页查看应用的技术相关信息，苹果要求上架 AppleStore 的应用，必须具备一个可以被访问的且与当前应用相关的技术支持网址。

如果你已经具备了 Web 网页开发能力，可能很容易参考一些应用官网的页面布局和内容规划，来设计自己的官网。但如果你只是具备了 iOS 开发能力，而尚未接触过其他语言的开发，那么这里也分享一种简单的解决方案。

现如今，市场上很多 UI 设计软件、产品设计软件均具备将设计稿导出为 HTML 文件的功能。我们可以借助此功能，绘制网站的页面样式，并导出 HTML 文件上传至开源社区，就可以获得一个可以被用户访问的关于应用技术说明的网站。

以 Axure 原型设计软件为例，新建一个空白的项目，以最简单的图文排版方式设计应用官网样式，如图 29-9 所示。

图 29-9　应用官网样式

将其导出为 HTML 格式文件，其中 index.html 为网站的主入口，文件名称必须以"index"命名，如图 29-10 所示。

实现静态官网部署除了自行购买服务器和域名外，还可以使用一些开源技术社区的网站发布功能部署网站，如 GitHub、Gitee 等。

具体流程在这里不作详细描述，核心流程大体一致：注册网站，创建开源仓库，上传代码，部署网站。部署完成后，我们就可以得到一个可直接访问静态网站的 URL 链接，如图 29-11 所示。

该链接可以直接点击访问，当然也可以作为应用上架时所需的技术支持网址 URL 使用。

图 29-10　应用官网代码

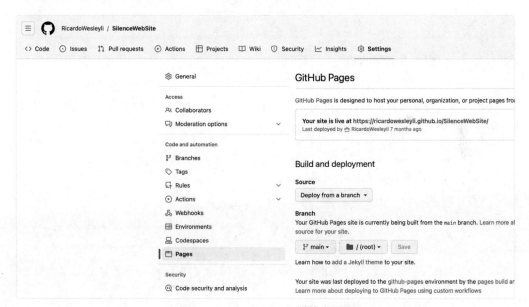

图 29-11　在 GitHub 部署静态网站

29.4　隐私政策网址 URL

可能很多开发者会为隐私政策和用户协议感到头疼。

隐私政策用于声明当前会获得用户哪些数据以及如何运用这些数据，在严格的 AppleStore 审核机制下，隐私政策需要详细描述应用中使用到的用户权限及数据安全等信息。

对于这部分内容，最简单的方式是从互联网上找到一些相似产品的隐私政策，按照通用的格式进行修订，并补充有关权限调用和用户数据使用等相关信息，如图 29-12 所示。

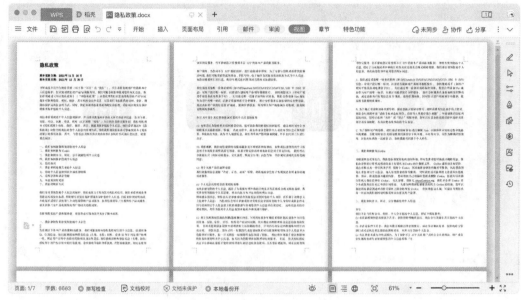

图 29-12　隐私政策文档

下载并修改文档格式后，可以将其导出为 HTML 格式的文件，和技术支持网址方式类似，可将其上传至开源技术社区中，获得 URL 地址，如图 29-13 所示。

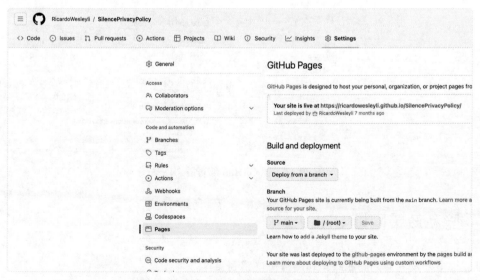

图 29-13　在 GitHub 部署隐私政策文件

29.5　协议、税务和银行业务设置

在正式应用上架之前，无论是免费使用的应用，还是集成了任意一种付费模式的应用，个人都需要支付每年 99 美元的 Apple Developer 费用，并配置相关的协议、税务和银行业务信息。

打开 Apple Store Connect 网站，点击"协议、税务和银行业务"选项，如图 29-14 所示。

图 29-14　"协议、税务和银行业务"入口

进入详情页后，如果没有配置过相关信息，则付费 App 会显示"查看并同意条款"的相关操作，跟随流程操作填写真实信息，依次完成税务、银行业务等信息，提交完成后，1～3 个工作日苹果将审核完成。之后方可设置内购项目等付费机制的配置，如图 29-15 所示。

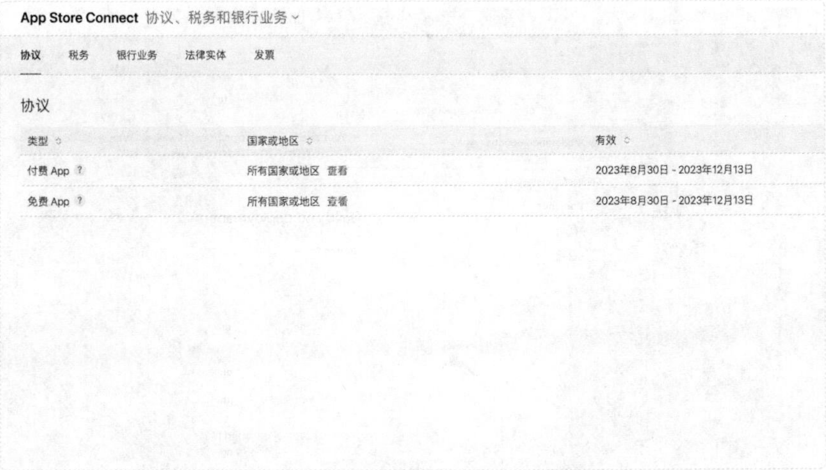

图 29-15　配置应用付费机制

29.6 正式提交上架

准备工作完成之后，我们开始应用的正式上架。

提交应用上架的大体流程为：在 Apple Store Connect 中创建项目；完善项目基本信息；在 Xcode 上打包项目并上传；提交审核；审核通过后应用正式开始在 AppleStore 上进行销售。

打开 Apple Store Connect 网站，在首页引导中选择"我的 App"，如图 29-16 所示。

图 29-16 "我的 App"入口

点击 Apps 右侧的"+"按钮，选择新建 App，在弹出的 New App 弹窗中完善应用基础信息，如图 29-17 所示。

图 29-17 新增上架应用

值得注意的是，套装 ID 选项需要为在 Xcode 中创建项目的 Bundle ID，即项目的唯一标识符。

项目创建完成后，下一步需要依次补充项目的基本信息、商店预览图、价格与销售范围、App 隐私信息等内容，可以按照 Apple Store Connect 空白的内容进行填写补充。

在商店预览图项目栏中，选择 6.5 英寸显示屏和 5.5 英寸显示屏，接着导入准备好的商品预览图文件。上传完成后，拖动图片进行排序，排序后的顺序将作为 Apple Store 商店应用展示时的应用预览图顺序。

因此，请尽量按照产品操作逻辑或者功能亮点进行先后排序，如图 29-18 所示。

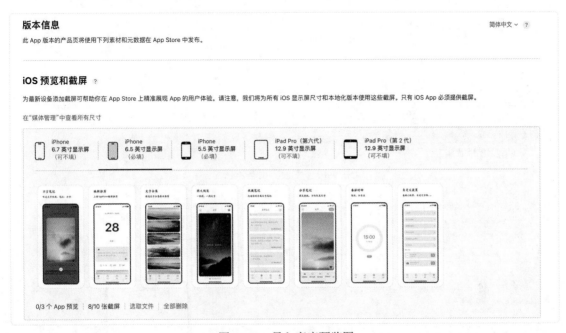

图 29-18　导入商店预览图

产品的推广信息和功能描述等内容，则需要开发者下一番心思。该信息将会在 Apple Store 中的应用详情页进行展示，以引起用户的兴趣。

这部分的内容也可以参考 Apple Store 其他应用的编写结构进行仿写，在确定文字框架上进行应用亮点的补充和完善，尽可能让用户感知应用的专业度和功能亮点，直击用户的痛点。

若版本发布后填写的信息有误，则每次版本更新时，都可以修改这部分的内容，如图 29-19 所示。

完成信息的填写后，点击页面右上角的"存储"按钮，保存当前编辑的信息。

同理，我们也同步补充综合栏目下的 App 信息、价格和销售范围、App 隐私等相关信息的录入，此类信息都是应用上架时，苹果进行应用审核的应用相关信息，也是上架完成后在 Apple Store 展示的应用详情信息。

完成信息填写后，回到 Xcode 中，我们开始打包并上传开发好的应用包。首先停止模拟器或者真机的项目预览，设置模拟器预览设备为"Any iOS Device"，如图 29-20 所示。

推广文本 ？

\# Apple Store 新品推荐& 编辑推荐

\# 你的专属文字笔记工具，快速收藏和记录唯美文字

119

描述 ？

【不言笔记功能】

「每日一句」每日唯美文字推荐，收藏文字到笔记，随机图文混排，20+文字合集，专属字体

「文字笔记」创建专属笔记，搜索笔记，分享笔记到社交软件

3,854

此版本的新增内容 ？

4,000

关键词 ？

笔记，文字收藏，创建，分享

87

技术支持网址 (URL) ？

https://ricardowesleyli.github.io/SilenceWebSite/

营销网址 (URL) ？

http://example.com（可不填）

图 29-19 完善应用基本信息

图 29-20 设置项目预览设备

下一步，选择顶部菜单栏中的 Product-Archive 来创建当前版本应用的 .ipa 文件，如图 29-21 所示。

图 29-21 创建 ipa 文件入口

等待片刻，Xcode 将会打开 Archives，点击"Distribute App"按钮来分发应用，如图 29-22 所示。

图 29-22 分发应用步骤

在弹出的 Select a method of distribution 弹窗中，选择 App Store Connect 作为分发渠道，如图 29-23 所示。

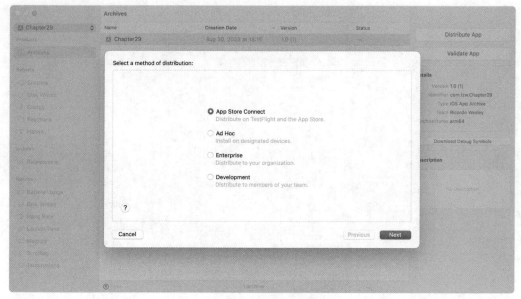

图 29-23　设置分发渠道

点击 "Next" 按钮，在下一步中选择 Upload 来上传，如图 29-24 所示。

图 29-24　设置操作方式

此时，Xcode 将会自动分析项目信息并开始打包成.ipa 文件。分析过程中还会提示 "是否交由 Xcode 自动管理签名"，此时需要选择 Automatically，将签名行为交由官方执行，如图 29-25 所示。

图 29-25　设置自动管理签名

签名设置完成后，系统将完成签名校对和应用打包工作，在最终的信息确认窗口中点击"Upload"按钮，将打包好的项目文件上传，如图 29-26 所示。

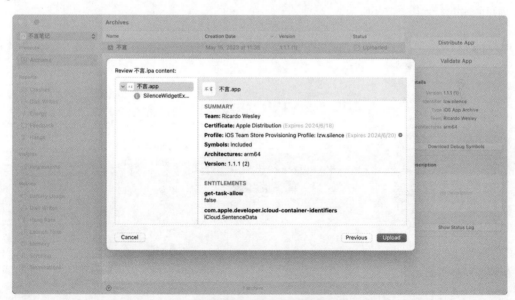

图 29-26　文件打包完成

上传完成之后，Xcode 将会反馈上传成功的相关信息，可以点击"Done"按钮关闭弹窗。若出现上传失败信息，则可根据提示信息进行调整，或者重新打包上传。上传成功信息弹窗如图 29-27 所示。

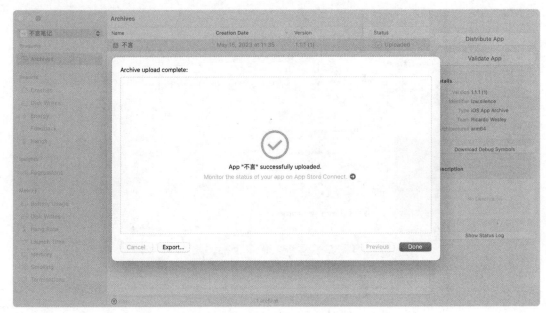

图 29-27　文件上传完成

最后还需要回到 Apple Store Connect 网站中，稍等片刻，在构建版本栏目中点击"+"按钮来添加项目版本包，如图 29-28 所示。

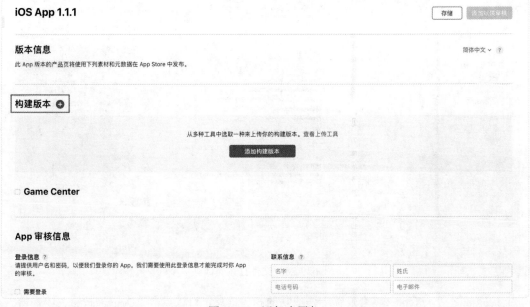

图 29-28　添加应用包

在 Add Build 弹窗中，可以看到上传好的应用包，选择对应的版本号的应用包，如图 29-29 所示。

图 29-29　选择已上传的应用包

　　添加新版本应用包后，我们发现在状态列会显示"缺少出口合规证明"提示。这是因为在新版本应用包提交时，苹果会要求提交一些法律信息，比如是否使用加密算法，是否使用第三方广告或者数据采集等。若没有此类算法，则选择"不属于上述的任意一种算法"，点击"存储"按钮，如图 29-30 所示。

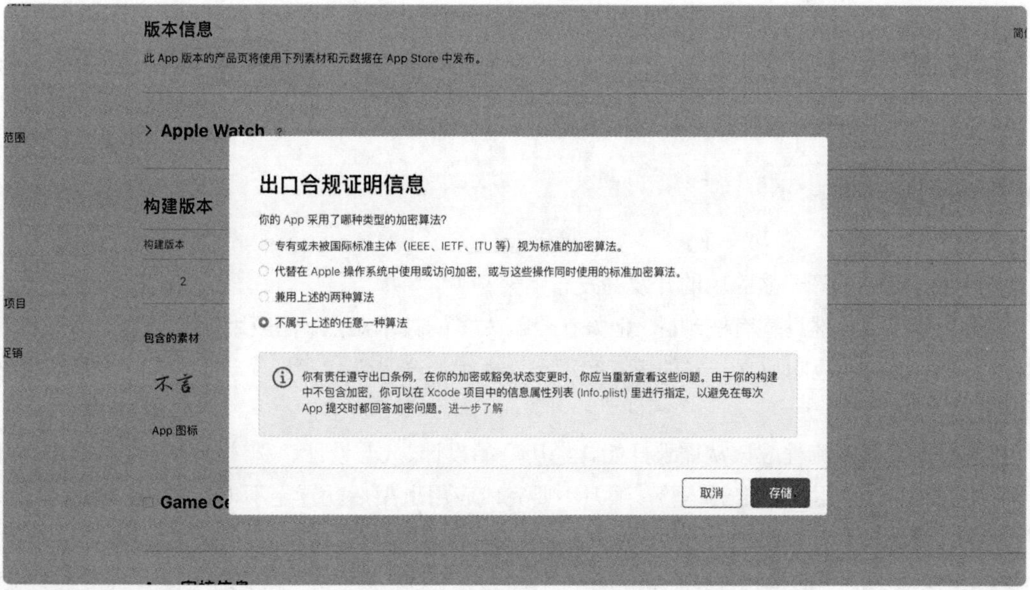

图 29-30　设置出口合规证明信息

完成上述操作，新版本应用包便加载完成。点击右上角的"存储"按钮，保存成功后点击"添加以供审核"，应用将正式提交至苹果进行审核。

第一次提交应用审核可能会稍微需要些时间，审核事项也会稍显严格，审核过程中若存在问题，应用将会被打回。开发者则需要根据审核人员提供的内容修改项目包，并重新打包提交上架。

提交审核、审核中、审核完成等进度，苹果都会以邮件进行通知，开发者也可通过下载 App Store Connect 的移动端软件查看进度，如图 29-31 所示。

图 29-31　在 App Store Connect 中查看进度

当然，通过移动端的 App Store Connect，我们也可以查看前一天统计的用户下载数据、订阅付费数据、用户评价等信息。

29.7　本章小结

恭喜你，完成了第一款应用的开发并发布上架！

应用上架流程虽然过程有些琐碎，但好在没有太多的技术难点。但应用发布上架并不是我们的最终目的，这也只是迈向独立开发的第一步而已，后续的产品迭代更新、产品运营，才是应用在市场上长久不衰的保障。

完整的项目开发流程应该从需求开始，经历产品设计、UI 设计、程序设计、运营维护，最后保持持续更新，给予用户稳定的体验。千万不要完成应用上架后就置之不理，这对于应用本身、应用开发者、用户都是一种遗憾。

因此，请对生活中的事物保持热情和期待吧，慢慢感受这个世界，感受这个世界所带来的温暖，也请将这份温暖传递给更多的人。